ISO GPS + ASME GD&T

王廷强　编著

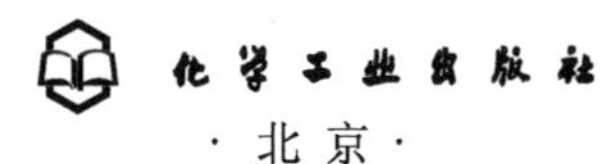

内容简介

本手册基于 ISO GPS、ASME GD&T 标准当前的最新版本，并兼顾以前版本内容，全面系统地介绍和梳理了 ISO GPS 和 ASME GD&T 图纸的特点、基本术语和定义，详细阐述了 ISO GPS 和 ASME GD&T 的公差原则、公差修饰符号的使用、基本公差符号的定义、功能和检测等内容。

本手册可供制造企业，尤其是汽车行业的机械设计工程师、质量工程师、工艺工程师和测量工程师作为工具书学习使用，还适合高等院校机械及相关专业师生阅读参考。

图书在版编目（CIP）数据

几何公差工作手册：ISO GPS+ASME GD&T/王廷强编著．—北京：化学工业出版社，2022.5（2025.2重印）
ISBN 978-7-122-41028-3

Ⅰ.①几…　Ⅱ.①王…　Ⅲ.①形位公差-手册
Ⅳ.①TG801.3-62

中国版本图书馆 CIP 数据核字（2022）第 047020 号

责任编辑：王　烨　　　文字编辑：袁　宁
责任校对：赵懿桐　　　装帧设计：刘丽华

出版发行：化学工业出版社（北京市东城区青年湖南街 13 号　邮政编码 100011）
印　　装：北京建宏印刷有限公司
710mm×1000mm　1/16　印张 17¼　字数 354 千字　2025 年 2 月北京第 1 版第 3 次印刷

购书咨询：010-64518888　　　售后服务：010-64518899
网　　址：http://www.cip.com.cn
凡购买本书，如有缺损质量问题，本社销售中心负责调换。

定　　价：128.00 元

前言

ISO GPS 和 ASME GD&T 几何公差系统是目前制造行业应用广泛的公差设计标准体系，ISO GPS 包含 200 多个标准，GD&T 包含 17 个标准。它们的内容都包含从公差原理到测量设备校准的完整应用。我们国家的 GB/T GPS 几何公差体系也是参考 ISO GPS 制定的。ISO GPS 在欧洲发源于军用，目的是解决军用设施的生产合格率、装配互换性等问题，在新技术的发展推动下，ISO GPS 在 100 多年的历史中保持了每 3~5 年更新一次，ASME GD&T 保持每 8~9 年更新一次。比如最新的 GPS 和 GD&T 标准更新增加了半导体微纳加工技术、3D 打印技术等制造要求和设计方法。

本书目的是帮助应用者解释图纸。应用者可以依据本手册迅速查询到 ISO GPS 和 ASME GD&T 的重点内容，而不必从大量 ISO 或 ASME 标准内容中检索。本书每个章节均包含提示引用 ISO GPS 或 ASME GD&T 标准中的条款。

本书目的不是取代 ISO GPS 标准，应用者应该结合 ISO/ASME 标准内容判断概念的权威解释。

本书包含常用 ISO GPS 和 ASME GD&T 规则、默认规则要求、符号和概念。书中的内容可以帮助应用者迅速查阅图纸中的符号和应用方法。

本书也包含公差和应用建议、低成本的产品设计方法、检测方法的设置。

本书给出的案例是为了说明相应的定义规则，不代表一个完整定义的公差要求的产品图纸。

本书分为两部分，第 1 部分是 ISO GPS，第 2 部分是 ASME GD&T。

关于 ASME GD&T，读者还可以参考笔者出版过的《GD&T 基础及应用》。

本书内容编写虽然经过多次审阅，但仍不免有遗漏和不妥之处，请读者指正。

编著者

2022 年 10 月

CONTENTS

目录

第1部分　ISO GPS几何公差

第 2 部分　ASME GD&T 几何公差

TERMINOLOGY

常用术语

AME　actual mating envelope　实际包容边界
ACS　any cross section　任意横截面
ASME　American Society of Mechanical Engineers　美国机械工程协会
AVG　average diameter　平均直径
CF　continuous feature　连续特征
CT　common tolerance　组合公差
CZ　common zone　同步公差带
DTS　design target specification　设计目标
FRTZF　feature-relating tolerance zone framework　特征相关公差带
GD&T　geometric dimensioning and tolerancing　几何公差
GPS　geometrical product specifications　产品几何公差规范
ISO　International Organization for Standardization　国际标准化组织
IT　international tolerance grade　公差等级
LD　minor diameter　小径
LE　line element　线元素
LMC　least material condition　最小实体材料条件
LMR　least material requirement　最小实体材料要求
LMS　least material size　最小实体材料尺寸
LMVC　least material virtual condition　最小实体材料实效边界
MD　major diameter　大径
MMC　maximum material condition　最大实体材料条件
MMR　maximum material requirement　最大实体材料要求
MMS　maximum material size　最大实体材料尺寸
MMVC　maximum material virtual condition　最大实体材料实效边界
PLTZF　pattern-locating tolerance zone framework　阵列公差带
RFS　regardless of feature size　独立原则
RMB　regardless of material boundary　独立边界
RPR　reciprocity requirement　可逆要求
TED　theoretically exact dimension　理论正确尺寸
SEP　REQT separate requirement　独立要求
VC　virtual condition　实效边界

第1部分

ISO GPS几何公差

第1章

ISO GPS 介绍

1.1 什么是 ISO GPS?

图 1-1 国际标准化组织标志

GPS (geometric product specification，产品几何公差规范) 是国际尺寸与产品几何技术委员会 (ISO/TC 213) 发布的关于几何公差应用的标准体系 (以下简称 ISO GPS)。ISO 标志如图 1-1 所示。该体系包含 200 多个独立标准，由 7 个传递标准链组成，内容上贯穿整个产品研发生命周期，包含从产品研发、制造、检验、测量设备校准到最终的评估规范，如图 1-2 所示。

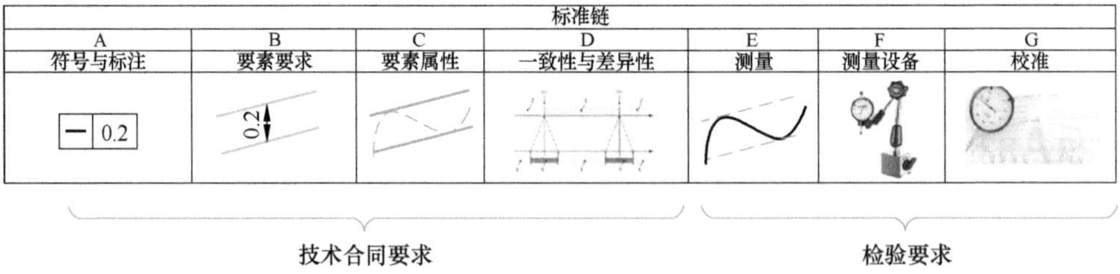

标准链						
A	B	C	D	E	F	G
符号与标注	要素要求	要素属性	一致性与差异性	测量	测量设备	校准
— 0.2	0.2					

技术合同要求　　　　检验要求

图 1-2 直线度在 ISO GPS 标准链中的内容

每个独立的标准都占据 ISO GPS 功能矩阵的一部分内容 (表示为矩阵位置)。如表 1-1 所示是标准 ISO 1101 在这个体系链中的功能矩阵的位置，表中行包含几何公差规范的形状、定向、定位和跳动等内容；表中列包含标准链中的 (A) 符号与标注、(B) 要素要求、(C) 要素属性等。

表 1-1　标准 ISO 1101 在 ISO GPS 标准链中的位置

	标准链						
	A	B	C	D	E	F	G
	符号与标注	要素要求	要素属性	一致性与差异性	测量	测量设备	校准
尺寸							
距离							
形状	•	•	•				
定向	•	•	•				
定位	•	•	•				
跳动	•	•	•				
轮廓表面结构							
区域表面结构							
表面缺陷							

ISO GPS 几何公差标准体系有综合性、复杂性、世界通用性的特点。直观上看 ISO GPS 就是工程图纸的内容。这个标准体系强调使用世界通用的标准符号而非文字来描述产品。如图 1-3 所示，这些 ISO GPS 符号在功能上可以分为线性公

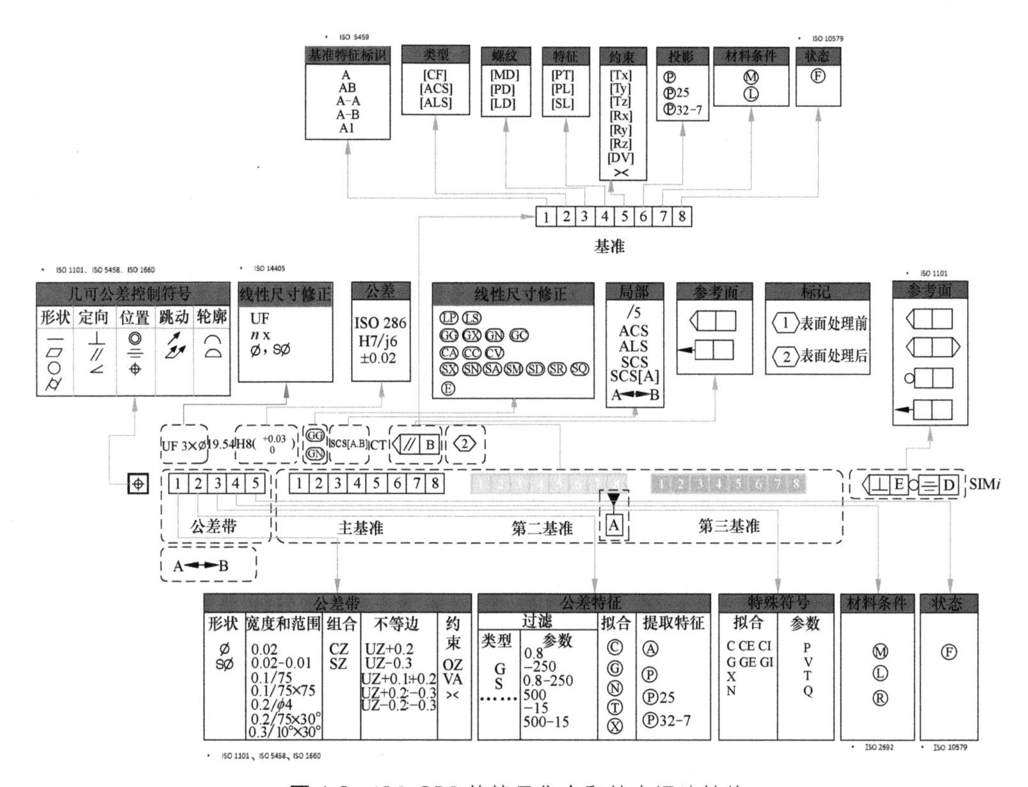

图 1-3　ISO GPS 的符号集合和基本语法结构

差的符号集合、几何公差控制及修正符号集合和基准的修正符号集合。综合地解决装配、性能（如密封、动平衡等）、外观形状控制问题等，要求工程师定义的内容满足测量可行性和加工可行性，并且要求了测量设备和校准方法、客户和供应商之间对合格品的验收准则。

如图 1-4 所示就是一个 ISO GPS 工程图纸的例子，图纸中的零件使用了 GPS 的定义符号，如轮廓度符号和基准符号。对于一个完整定义的 ISO GPS 图纸，还要注意到左下角的必要信息声明“TED（理论尺寸）参考 CAD 数模”。这个必要声明的意义在于所有的 GPS 定义都是建立在 TED（理论尺寸）上的，如果没有这个声明，图纸的轮廓度必须标注充分的 TED（理论尺寸），否则视为零件缺少必要的尺寸信息。好在 CAD 软件和计算机的普及，通常这些数模都是提供给制造商，制造商可以按照自己的需求直接在数模上测量所需的尺寸值。国内在开展“中国制造 2025”的计划，这种制造行业的 CAD 数模数据的传递也属于该计划中的一个重要的制造业数字化课题。GPS 的应用理念是和我们国家的“中国制造 2025”一致的。工程师也可以简化设计负担，只关注关键位置的公差定义，但同时也要求工程师必须确保数模代表最佳装配状态。

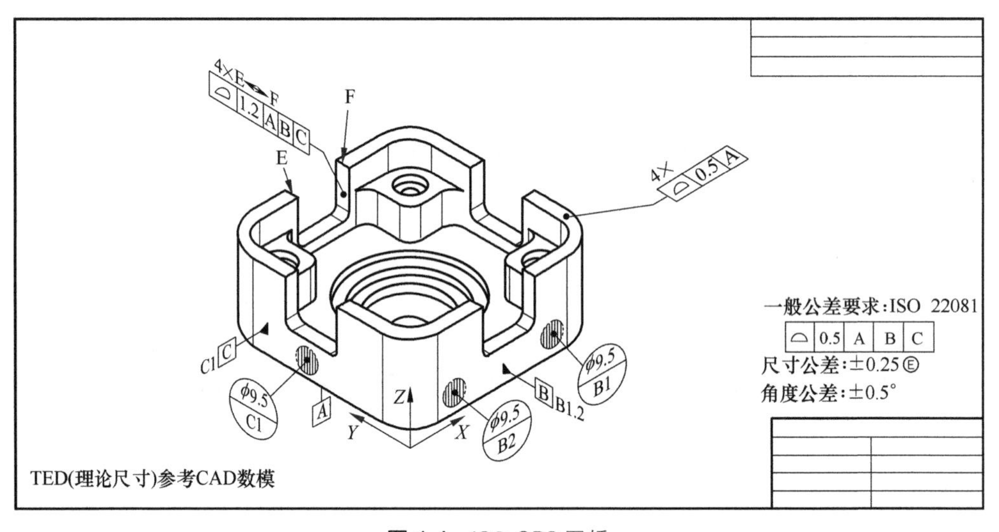

图 1-4　ISO GPS 图纸

图 1-4 右下角，标题框附近也有 4 个重要 ISO GPS 声明。首先是“一般公差要求：ISO 22081”和 ⌓|0.5|A|B|C，这两个声明对于零件的一般几何公差给出要求，保证了零件尺寸信息的完善。轮廓度公差值（0.5）代表了此零件的一般工艺制造精度水平（$C_{pk}=1$）的 6σ 的宽度为 0.5mm，且在主定位 A、B、C 的基准框架之下。对于一般尺寸公差使用了“±0.25Ⓔ”，表示一般尺寸公差遵循 ISO 14405 的包容原则，取代默认 ISO 8015 的独立原则。最后一般角度公差统一要求为“±0.5°”。

如果这张图纸有 ISO GPS 的设计更改，工程师会记录在图纸的右上角列表中。

这部分信息可以让制造者能够了解零件的设计更改历史，知道设计变化的原因。

1.2 为什么要使用ISO GPS?

图1-5中（a）是图纸规范，定义了零件的两个面的高度为15±0.2。但是制造总是产生误差，假如得到实际零件如（b），现实加工中的误差导致由这两个实际表面高点拟合的平面必然不会平行，因此计量人员会得到两个测量结果，也就是图中示意的（c）和（d）。在一定的精度要求范围内，（c）和（d）的两种评判方法会对于合格和拒收产生矛盾，这就是测量的不确定性。

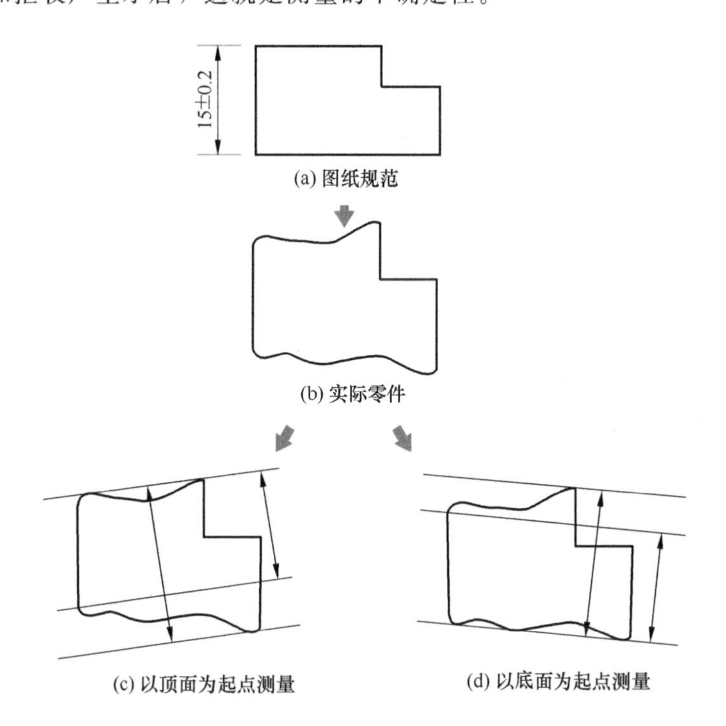

图1-5 测量的不确定性，(c) 和 (d) 对于合格的判定矛盾

图1-6中（a）的图纸规范使用了ISO GPS方式设计，明确了测量操作必须以底面为起点测量，消除了测量的不确定性。可以看出，测量的不确定性来自于设计的不确定性，进而导致制造的不确定性。这种不确定性的传递导致了测量评估失控，引起歧义和商务纠纷。

ISO GPS的应用目的之一就是通过“系统、规范、科学、实用”的基本思想，去除产品设计、生产制造和测量验证的三个主要产品生命周期环节存在的这种不确定性。

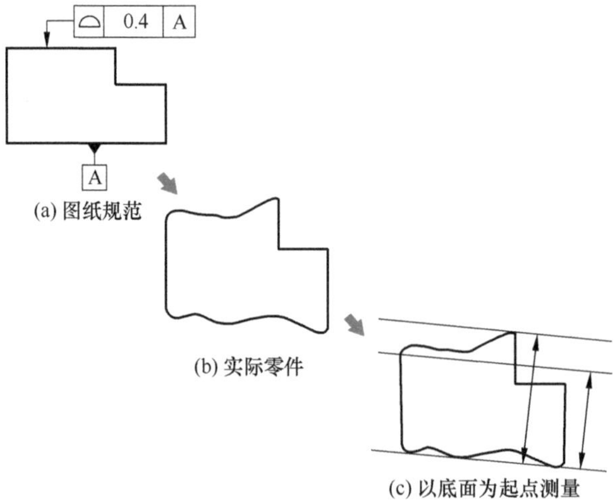

0.4 A

A

(a) 图纸规范

(b) 实际零件

(c) 以底面为起点测量

图1-6 ISO GPS的设计方式，无测量不确定性

另外，对于设计者需要考虑产品的经济性，在满足产品的必要功能、质量要求前提下，尽可能采取放大公差的原则。

如图1-7所示，左图零件上的孔使用尺寸公差进行定义，对于ϕ12.1mm孔的轴线位置定义了0.2mm×0.2mm的正方形公差带，如右图中的阴影区域。正方形公差带在360°方向上是不均匀的，在正交方向上允许轴的浮动范围最大为0.2mm宽公差带，在对角线方向上允许轴的浮动范围最大为0.38mm宽公差带。这是因为坐标尺寸定义的只能是矩形公差带决定的，但实际装配的时候，孔的公差带应该在360°方向上是相等的，应该为圆形公差带，也就是右图中0.2mm×0.2mm正方形公差带的外接圆。如果实际装配对于轴线位置的允许偏差是360°相等的，那么以坐标尺寸方式进行定义的孔的允许误差范围被缩小，减少了4个空白的区域。通过计算可知：

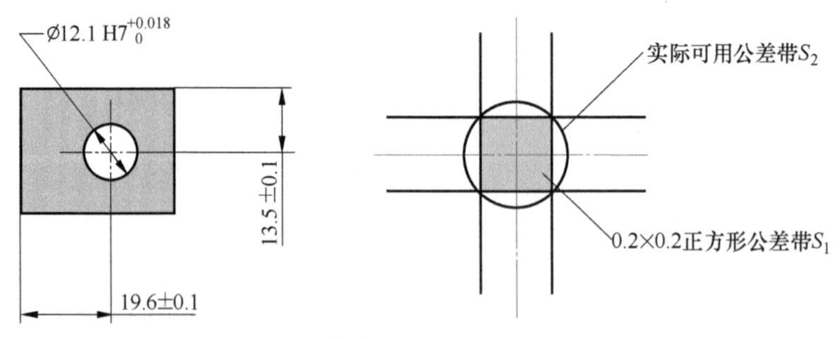

图1-7 尺寸公差的公差带和实际可用公差带比较

正方形公差带的面积：$S_1=0.2\times0.2=0.04\text{mm}^2$

外接圆形实际公差带面积：$S_2=\pi\times\left(\frac{0.2\times\sqrt{2}}{2}\right)^2=0.0628\text{mm}^2$

浪费的公差带面积比：$\frac{S_2-S_1}{S_1}=\frac{0.0628-0.04}{0.04}=0.57$（57%）

浪费公差带的面积达到使用不恰当的坐标系尺寸正方形公差带面积的 57%。虽然在尺寸公差中只存在矩形公差带，但是在 ISO GPS 中可以为零件设计期望的任意形状的公差带，等于是放大了公差带的面积（图 1-7 案例的轴线的位置公差放大了 57%可用公差带面积）。按实际需求扩大可用公差带面积等于验收零件的合格率变高，也在工艺控制上降低了难度。

对于公差带形状的灵活设计并不是 ISO GPS 的唯一增大公差、降低成本的方法，包容原则修正（例如|⌖|∅0.14Ⓜ|A|BⓂ|CⓂ|）可以使特征的轴线位置获得公差补偿和基准补偿，进一步增加公差，我们将在后面章节重点介绍这两方面的应用。

电子行业推行的集成产品开发（integrated product development，IPD，如图 1-8）和汽车行业的先期产品质量策划（advanced products quality plan，APQP，如图 1-9）流程都强调在产品设计初期就要将质量注入到产品中去，以实现整个产品生命周期的最低成本。ISO GPS 以计量数学作为基础语言结构，给出产品功能、技术规范、制造与计量之间量值传递的数学方法，如图 1-10 所示，图纸能真正将设计意图明确传递到制造和质量部门。至少在解决尺寸工程的方法上，ISO GPS 同 IPD 或 APQP 的思想是一致的，换句话说，如果企业没有实施 ISO GPS，在研发设计管理上，等同于 IPD 或 APQP 要求没有落实到执行上。

同 IPD 和 APQP 的作用一致，ISO GPS 使设计成为规范的流程控制，压缩了新产品开发时间、模具开发时间，保证量产阶段的顺利进行。

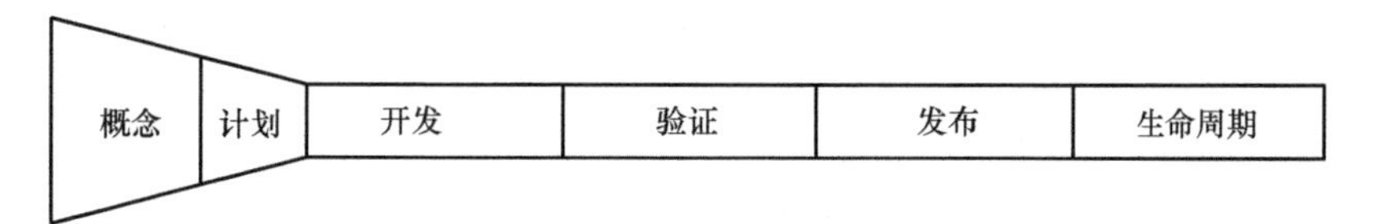

图 1-8　IPD 流程与阶段

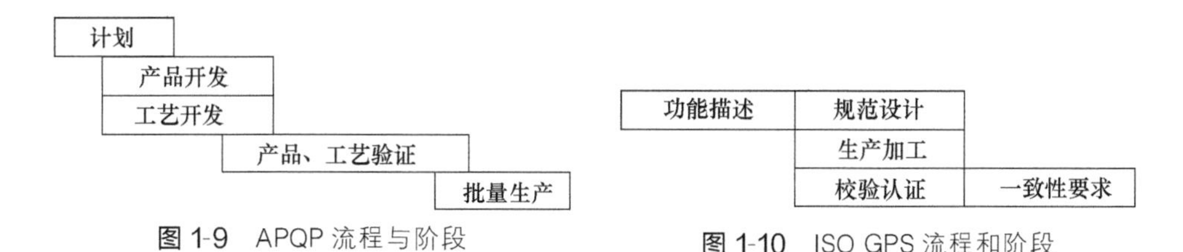

图 1-9　APQP 流程与阶段

图 1-10　ISO GPS 流程和阶段

1.3　汽车结构集成精度设计与尺寸工程

汽车结构集成精度的保障需要使用尺寸工程管理（DM，dimensioning management）工具实现。DM通过对总成的精度要求，比如按建立的DTS设计目标把设计公差分配到子总成或子零件上，考虑到工艺能力和经济因素，还需要反复迭代对比子总成或子零件制造工艺的6σ偏差工艺能力，进行制造和测量可行性分析的系统产品开发管理流程。

产品设计阶段会影响到工艺设计阶段，所以需要把汽车零件的工艺过程能力考虑到产品尺寸工程设计中。为了保证最终整车的结构精度，需要收集大量的历史测量数据，这也符合工业4.0的信息处理的汽车产业升级要求。汽车企业大量使用数字化测量和在线测量设备，通过将设备、部门和供应链的服务器连通来管理收集的数据，提高开发效率，减少开发时间和成本。

整车结构集成精度设计的一个重点内容是测量方案设计，任何质量控制都必须是可量化的质量控制参数，这些参数需要探测和测量才能够进行质量决策。测量本身具有不确定性的缺陷，GD&T/GPS是解决这些测量缺陷的有效技术，公差设计应该通过不同的GD&T/GPS方案设计来规避这些缺陷，实现整车精度目标，提高汽车企业的竞争力。

由于新能源汽车技术的发展，伴随产生了一些新的制造工艺，如增材加工技术、3D打印等。不同于以往的试验用样件制造，福特汽车和通用汽车已经开始尝试使用这些技术来正式生产汽车零件，以适应日益变化的汽车市场和降低模具、材料成本需求。GD&T和GPS在新的版本中，对这些新的技术也给出了精度设计的方法，我们将在以下章节一同探讨。

整车的结构偏差来自于零件间的干涉、零件定位的不稳定和零件本身的偏差。其中干涉是由不同零件间的连接类型导致的；定位不稳定，即零件间位置不能对正，是由装配工装的定位装置的位置度偏差和定位类型导致的。在整车精度控制中，这两种类型的偏差是主要来源。第三个来源是零件的本身偏差，对于冲压件来说，偏差是由冲压工艺过程缺陷产生的。零件本身的制造偏差的控制需要提高过程能力和制造精度，增加了企业的成本，所以解决途径通常都是优化制造工艺结构。

如果能够高质量地设计零件间的连接方法，就可以有效控制这些偏差，制造出质量稳健的装配总成。偏差的传播来自于偏差源的方向和连接处的结构，适当的连接技术可以减少甚至去除零件间的几何偏差的传播。这个原理是偏差的某些传播方向对整车质量的影响不显著、不关键，适当的连接和定位方法可以将零件的偏差导向到这些不关键的方向。可以说是使用连接结构巧妙吸收了各种零件必然产生的偏差，所以连接处的结构设计是整车系统集成精度的关键技术。

合理地设计汽车零件间的搭接工艺结构，控制偏差传递方向，可以有效降低总成关键公差，避免定位缺陷和因为干涉造成的偏差，甚至可以抵消来自于零件本身的偏差，得到精度较高的质量。相关的技术问题包括焊接装配工装的RPS基准统一原则、非刚性零件的基准方案、工装的基准转移原则、多层冲压件的搭接等。

新能源汽车技术的新材料应用带给汽车行业很多新的连接技术，如全铝车身、钢铝混合车身、复合材料等，使制造工艺结构变得更加复杂。

1.3.1 尺寸工程管理流程与结构集成精度设计

尺寸工程管理（DM）又称为结构集成精度设计，一般企业设置专门部门负责，并且这个部门完全独立于产品设计部门运行。DM 部门的工作流程如图 1-11 所示，在新项目初始阶段，项目经理会确定是否需要尺寸工程部门的参与，如果是常规项目，可能仅仅需要 DM 部门的必要技术支持，不会全程参与。DM 部门会在概念阶段为新项目建立设计目标，参与项目计划的制定。接下来是工程开发阶段的结构设计、公差分析、工程图纸的冻结和发布。在进入生产阶段后，DM 部门会同设计、工艺、检测和供应商完成工艺设计和工艺验证，直至量产和项目结束。

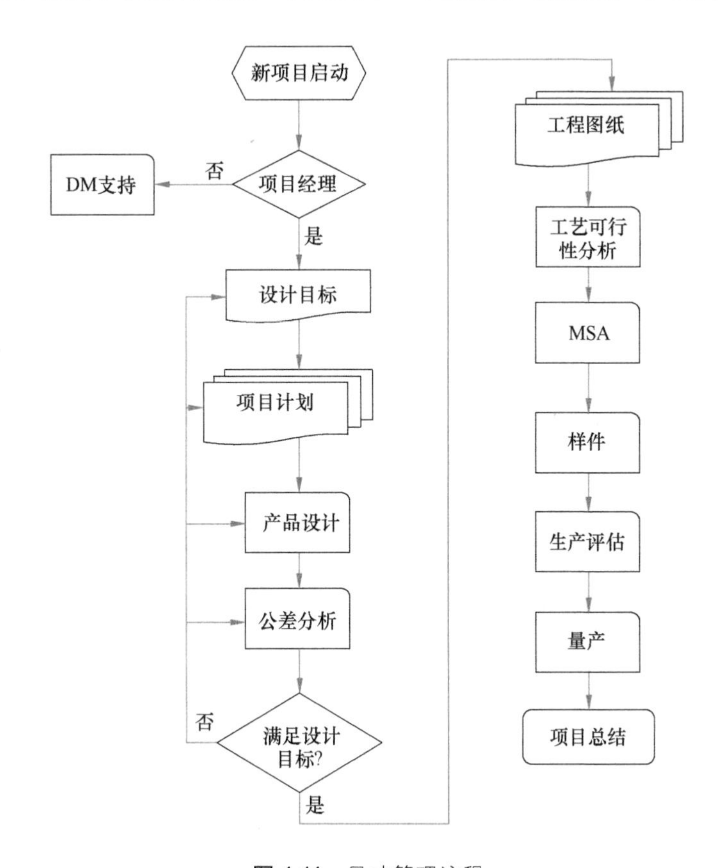

图 1-11　尺寸管理流程

DM—尺寸工程管理，dimensioning management；

MSA—测量系统分析，measurement system analysis

汽车的生产过程复杂，需要处理大量的装配连接。以组成整车关键部分的车身为例，整个车身需要 300 个左右的冲压件和 55～75 个焊接工装，这些焊接工装又集成了大约 1700～2500 个定位装置，这些定位装置保障了整个汽车车身超过 4100

个焊点连接的精度。即使是如此复杂的工程，现代行业标杆汽车企业也取得了将整车关键尺寸精度控制在 6σ 偏差为 2mm 内的水平。实现汽车制造企业整车结构集成质量目标，即“2mm 工程”，需要严格控制整车精度偏差的来源，这些来源包括零件的制造误差装配工艺导致的误差。

乘用车的外观质量一直是用户购买意愿的关键因素，而外观质量主要通过三个设计参数——间隙、平齐度、平行度控制来保证。汽车整车的间隙、平齐度和平行度控制在汽车设计技术中被称为尺寸感官质量控制（DTS），这些参数建立于车身缝隙处，代表不同的零件连接装配结构的精度要求，比如前后门、大灯与机盖处、汽车 A 柱与前风挡玻璃和顶盖连接处、车门槛板防护条、机盖和格栅等。间隙和平齐度在理论设计状态是均匀和平行的，但零件经过加工工艺和装配工艺后必然存在偏差，导致整车的间隙和平齐度会变得不均匀和不平行。在控制感官质量参数差的情况下，终端的用户会因此对整车产品产生工艺粗糙和品牌质量差的印象，进而影响汽车的销售和市场占有率。感官质量提升是通过控制整车结构集成精度实现的，但是无限制地追求高精度又意味着生产成本的上升，作为生产方的风险也会增加，所以整车精度设计需要在考虑企业的工艺过程能力条件下，以最低的成本、使用合理的公差控制将整车偏差缩小到用户满意的程度。这同价值工程 VAVE 的理念是一致的，即功能不多余的价值原则。

本章节介绍如何通过尺寸工程管理技术和公差模拟技术来控制整车的精度，以提升汽车的感官质量。结构集成精度设计相关的尺寸工程管理技术包括：感官质量控制 DTS、几何公差（GD&T 或 GPS）、尺寸链分析、统计公差 SPC、公差模拟技术。

1.3.2 DTS 设计与管理

汽车的感官效果直接影响了消费者的购买意愿，改善整车感官质量可以提升用户对于整车质量的信心。外观零件之间的匹配关系是视觉感官质量的控制关键，影响视觉感官质量的三个参数是：间隙、平齐度和平行度。评价这三个要求的参数可以分解为对于汽车造型分模线的间隙大小、平行度、均匀程度，如图 1-12 所示。对于间隙、平齐度和平行度的要求不但是为了满足感官质量的美学要求，有时也是为了满足功能上的要求。尺寸工程技术可以提高整车造型的精度，提高感官质量水平。车身上的分模线效果如图 1-13 所示。感官质量的影响因素如图 1-14 所示。

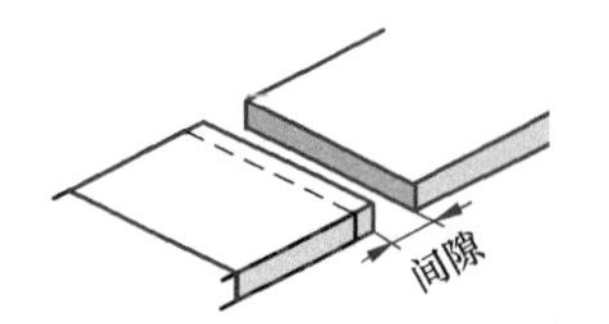

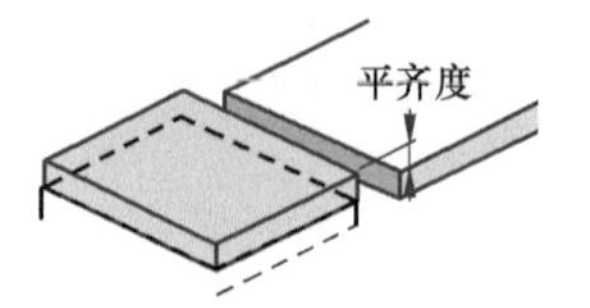

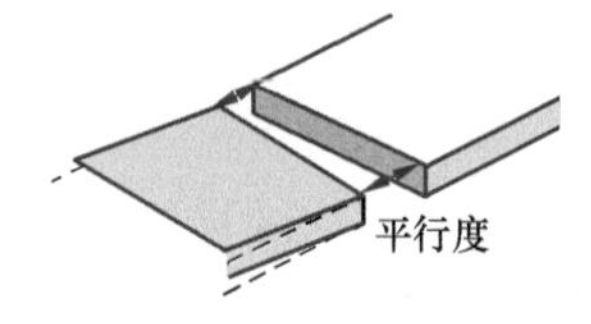

图 1-12 间隙、平齐度、平行度

通过尺寸工程技术来管理汽车的几何精度方面的视觉感官质量的流程被称为DTS（design target specification）管理。

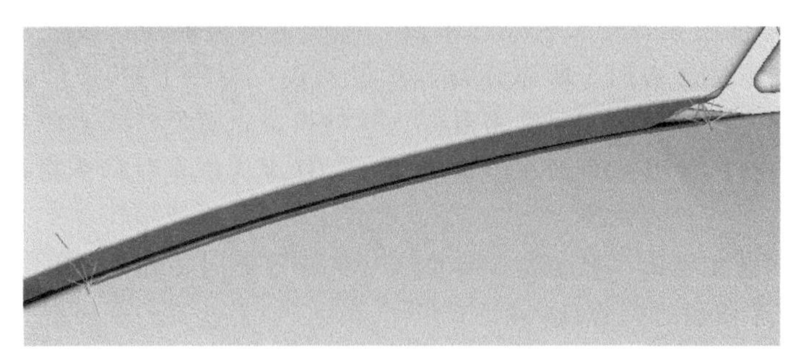

图1-13 车身上的分模线效果

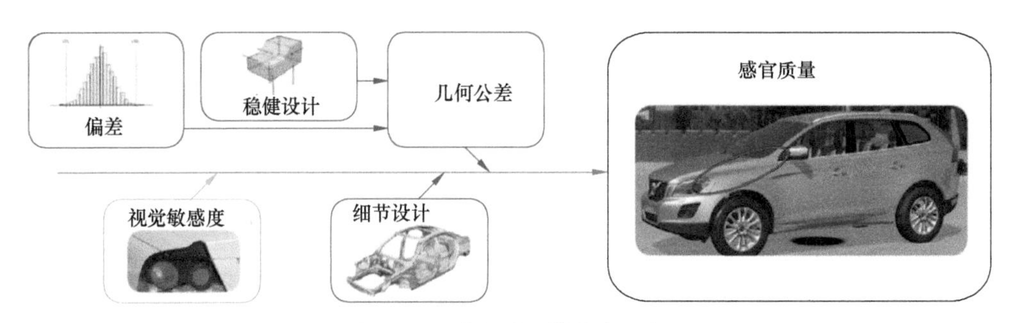

图1-14 感官质量的影响因素

间隙和平齐度偏差是在装配工艺过程中产生的，这两个关键质量特性并不完全取决于独立的子零件的质量控制，也有部分来自于装配工艺偏差。我们以车身装配总成为例，精度较高的冲压件不一定能够产生满足要求的间隙和平齐度；反而通过适当的装配工艺的调整，精度较低的冲压件进行零件偏差的装配余量抵消，也可能产生较高的外观精度。单纯地提高零件精度，会急剧增加企业的生产成本，因此适当的DTS管理在汽车开发中是很有必要的。对于DTS管理，不是要求子零件或子总成精度越高越好，而是在合理的制造公差精度下，通过在设计阶段进行装配顺序和定位设置，通过调整装配工艺来获得预期的效果。

汽车零件大部分都是比较复杂的空间结构零件，同时要考虑装配工艺在控制间隙和平齐度时的重要作用。汽车行业普遍采用几何公差（GD&T或GPS）技术体系解决这个问题。而一维的线性尺寸公差无法充分定义空间结构几何特征，加上不能对装配顺序和定位进行定义，无法满足间隙和平齐度的控制。

DTS分析默认组成零件尺寸控制是自由状态的，即零件是刚性的。这与传统的车身材料大部分使用柔性冲压件不符，但是默认刚性状态，可以方便后期的模拟分析简化计算。新能源汽车为了提高续驶能力，要求整车轻量化，车身材料不但要求厚度更薄，而且需要混合不同的材料进行搭配，比如铝、钢铝混合、碳纤维材料在车身上的应用越来越广泛，这种情况还需要兼顾考虑温度对于车身精度的影响。

DTS管理要求在设计阶段完成间隙和平齐度分析。虽然车身设计和总装工艺是两个独立部门，但是车身设计会影响到后期的装配工装和焊接工装设计，如果将DTS问题推迟到装配工艺设计阶段，会产生很大的潜在设计更改成本，汽车产品开发成本就会增加。所以在设计阶段初期，即使DTS设计需要投入很多时间成本，也应该从长远的角度来看待这样的投资是有经济效益的。从产品的整个生命周期来看，可以缩短新车上市时间，并且因为汽车设计质量提高而节省工艺制造成本。

DTS管理任务复杂、难度高，需要汽车企业各部门相互协调开展。通常DTS流程划分为三个阶段进行管理：

① 概念设计阶段；

② 预生产验证阶段；

③ 正式生产阶段。

DTS概念设计阶段发生在整车设计开发阶段初期，使用一些公差设计分析工具，主要任务包括：

① 定义分模线，进行零件分割；

② 定义总成级产品的公差；

③ 定义定位方案，优化几何公差；

④ 进行公差分配，如自下而上设计方法，定义零件级别的公差，满足总成级别的公差要求。

需要注意的是，分模线的定义对于汽车的感官质量非常重要，适当的分模线设计可以允许更大的DTS要求偏差却不降低汽车的感官质量，所以分模线通常考虑视觉敏感度的设计。图1-15是发动机盖板和翼子板之间的分模线设计，按照感官心理学，人的视觉很难聚焦在弧线段上，所以设计成尽可能大的弧度，尤其是在接近A柱附近，工艺上最难控制的部分，弧度和弯曲变形加大，这样可以避免感官视觉的聚焦，降低了视觉的敏感度，即使更大的间隙和平齐度偏差，也不宜被察觉。而

图1-15 降低视觉敏感度的分模线设计

如图 1-16 所示的发动机盖板的分模线弧度变化不大，接近直线段，人的视觉敏感度增强，容易察觉较小的间隙和平齐度偏差。中控台的分模线设计如图 1-17 所示。

图 1-16 视觉敏感度因为直线分模线设计增强

图 1-17 中控台的分模线设计

图 1-18 是内饰的封闭轮廓设计。封闭轮廓在控制间隙、平齐度和平行度时需要考虑整个周长，在制造上必然存在误差的前提下，为了保证三个参数符合要求，必然存在装配调整，对于封闭轮廓的相对间隙，调整上难免顾此失彼，所以在设计上应该尽量避免封闭轮廓。如果必须进行封闭轮廓的设计，可以使用如图所示的两银条方法降低视觉敏感度，较大的三参数偏差也不会影响感官。

对于一些工艺上较难控制的零件，可以使用如图 1-19 所示大圆角的方法降低视觉敏感度，使工艺上的偏差不易察觉。

图 1-18 使用两银条降低视觉敏感度的设计

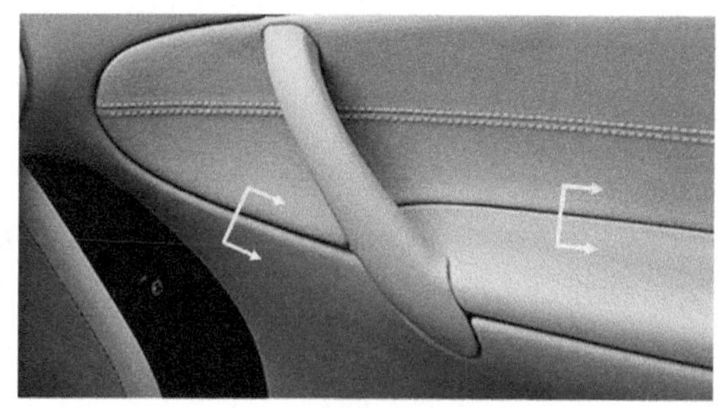

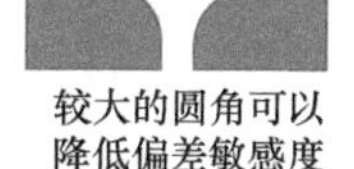

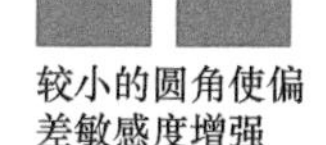

图 1-19 使用较大圆角降低视觉敏感度的设计

图 1-20 是内饰的工艺缝线的接头处故意错开，这样在感官视觉上避免了缝线之间的对齐精度，降低了视觉敏感度，不必进行额外的质量控制。

图 1-20 工艺缝线在设计上故意错开

虽然 DTS 管理是控制车身间隙的必要方法，但是会产生成本，如果能够如上进行设计上的改进，可以避免在尺寸工程上的生产成本和质量控制成本，且不影响感官质量效果。

汽车分模线的定义见图 1-21。

图 1-21 汽车分模线的定义（大灯、门、门槛区域）

DTS 在预生产验证阶段管理活动的目的是为批量生产阶段进行实物验证和测试，以及时发现偏差和问题。这个阶段的主要活动是测量计划的制定和纠正，通过测点设计，选择适当的测点以保证产品的质量。出于成本和时间的可行性原因，测点的数量需要优化。如果在预生产阶段的小批量验证发现问题，需要及时采取纠正措施。

暴露的尺寸偏差问题经过预生产阶段已经完全解决之后，经过管理层的批准，进入批量生产阶段。此阶段仍需要注意新产生的质量问题，应准备根据新的问题调整生产工艺，但这个阶段工艺或产品的更改会导致更多的成本。

重要的是第三阶段——定义测点的检测数据分析，根据结果进行生产控制和发现并纠正偏差产生。

这三个阶段实施过程应该形成一个闭环，需要进行多次循环迭代优化，中间过程应该保留详细记录，作为下一个项目参考输入。

感官质量部门负责在整车精度概念阶段定义和创建要求，尺寸工程部门需要根据感官质量部门的定义要求进行理论计算，通常需要专门的公差分析工具，如 1D 公差分析工具和蒙特卡洛分析工具 3DCS、VSA、Cetol 等。接下来是实物生产验证阶段，这个阶段主要是保证生产车身的几何精度一致性，保证后期的批量生产能够满足要求。以上的每个阶段都应有一个主要负责部门，其他部门则要求参与支持。

整车的感官质量体现在 DTS 的控制结果上，DTS 的要求来源于整车零件级别公差的定义要求和工艺过程的偏差。如图 1-22 所示，DTS 的要求定义在整车结构的断面上，DTS 断面可能包含多个感官质量要求信息，通常包含：

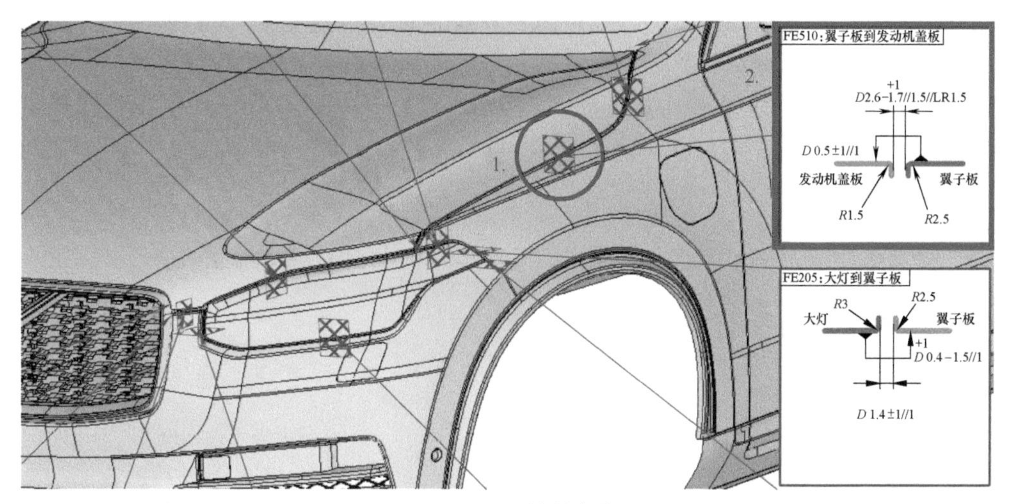

(a) 测点的布置

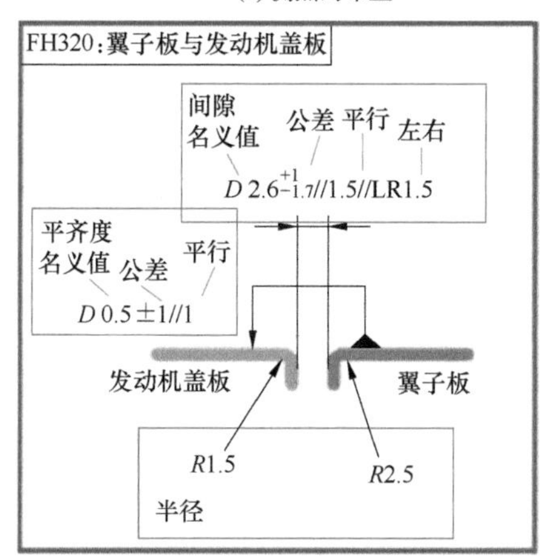

(b) DTS要求建立

图 1-22 整车的 DTS 设计要求

① 间隙宽度 gap；

② 平齐度 flush；

③ 公差 variation；

④ 平行度 parallelism；

⑤ 左/右（对称件要求）left/right；

⑥ 圆弧 radius；

⑦ 对齐 align；

⑧ 球形角 sphere corner。

如图1-22（a）所示是在车身前端的DTS测点布置，每一个DTS测点截面都处于两个零件的分模线上，（b）图所示是发动机盖板和翼子板测点截面的DTS要求。通常整车需要定义这样的测点截面500个左右，而DTS要求达到1500个左右。更多的测点可以保证量产汽车的感官质量精度，但这些DTS要求都需要进行控制和检测，所以测点的数量需要考虑经济性的因素。

图1-23、图1-24和表1-2是对于汽车内饰的一个DTS的设计信息，先确定DTS目标测点位置，然后在剖面上定义DTS要求，表1-2是根据测点要求的列表。

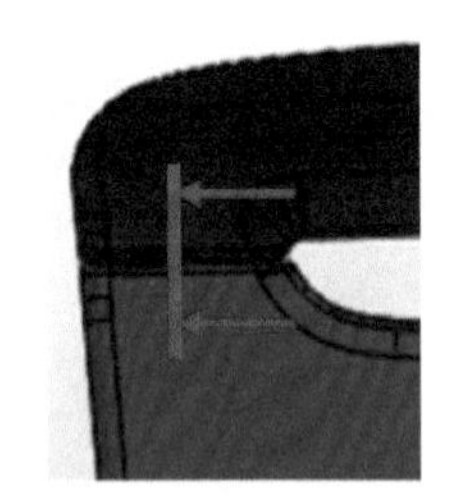

图1-23 DTS测点位置要求

外壳
间隙
R.a
平齐度
R.b
上面壳

Δ间隙<1.2mm，一致性宽度1.0mm

图1-24 DTS要求

表1-2 DTS数据

DTS要求	设计目标/mm	测量值/mm	RSS叠加/mm
间隙	1.01±0.3//0.2	1.01	1.01±0.3//0.2
平齐度	0±0.35//0.3	0	0± 0.35//0.3
平行度			
圆弧R.a	0.6	0.6	0.6
圆弧R.b	1.0	1.0	1.3

因为感官控制的重要性，表1-2的DTS数据需要经过管理层或客户的批准，经过多次循环更改最后发布给工艺、质量或制造商。工程师根据表1-2的数据进行自上而下的公差分配，同时确保工艺制造精度的可行性。图1-24不但定义了DTS要求，也在剖面视图中显示组成DTS间隙的相关子总成或零件，DTS的目标公差需要分解到这些子总成或零件上。根据这些相关零件的定位和装配关系，进行GPS或GD&T的定义。

第2章 ISO GPS基本原则

2.1 ISO 8015标准的13条基本原则

本章内容讨论ISO GPS的基本原则，也就是所有图纸在设计过程中所默认遵循的原则，这个原则即ISO 8015的13条基本原则。因为在图纸上不是直接可见的，掌握这些默认原则对于ISO GPS的初学者非常重要。另外对于商务合同的技术条款，这些ISO GPS的基本原则也影响了合格、拒收的条件，比如默认的尺寸是在20℃下的测量结果，这个要求显然不适用于高温、高压下工作的工件。

2.1.1 引用原则

如果没有特殊规定，图纸上出现了ISO GPS的某个或某些标准号，那么ISO GPS整套体系被引用。如图2-1所示，如果图纸要求遵循ISO GPS的标准系统标注，可以在标题框附近引用一个有日期的ISO标准号。因为第二原则的原因，作为基础标准，ISO 8015覆盖所有ISO GPS，所以一定是默认引用的，也就是说图纸写上ISO 8015是没有必要的。

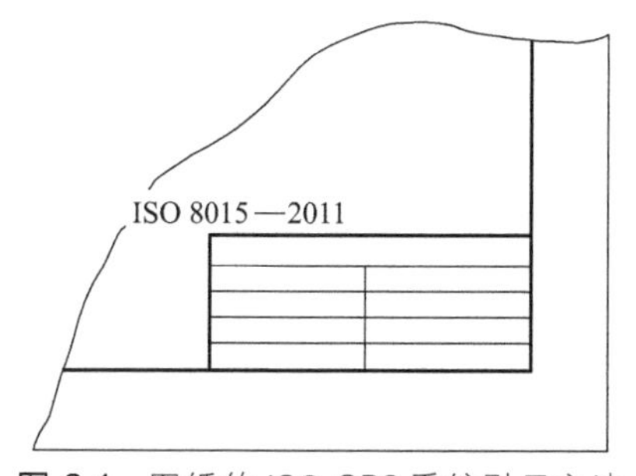

图2-1 图纸的ISO GPS系统引用方法

2.1.2 GPS层级体系原则

为了避免内容的冲突，ISO GPS标准体系将200多个标准划分为四个层级。

① 基础标准：属于层级最高的标准，除非特殊要求，其他标准都要服从，相当

于ISO GPS标准的“宪法”。基础标准主要有两个，分别是ISO 8015和ISO 14638。ISO 8015规定了基本的概念和原则，ISO 14638则定义了ISO GPS标准体系的布局。作为工程师应该更关注ISO 8015。

② 全局标准：如果没有特殊要求，也是影响到所有ISO GPS层级的标准，比如长度参考测量温度标准ISO 1、几何要素的术语和定义标准ISO 14660-1等，在ISO GPS标准体系中起到核心作用。

③ 通用标准：这类标准是ISO GPS的主体，用来确立符号、定义和检验原则等，如图纸中经常引用的ISO 1101、ISO 14405。除非特殊要求，通用规则默认遵循基准标准和全局标准。

④ 补充标准：这类是通用标准补充规定，通常是基于制造工艺和工件本身类型而定的，如切削加工、铸造、注塑、焊接等，还有如与几何特征有关的螺纹、花键、齿轮等。如ISO 22081一般公差要求、ISO 10579非刚性件要求等。

2.1.3　明确图样原则

图样（drawing）标注应该明确、绝对。图样上包含明确的ISO GPS符号、默认的规则或特殊的规则，如果图样上没有规定的要求，不能强制执行。这条规则要求工程图样必须完整定义，这对于合格品的判断非常重要，否则必须作为合格零件接收。

2.1.4　特征原则

工件由许多特征组成，这些特征被边界分割。默认情况下，ISO GPS定义要求只作用于一个关联特征的全部区域，如图2-2所示，工件的整个上顶面是一个特征，且上顶面任意点都要满足0.2的平面度要求。如果需要定义一个特征的局部区域，如图2-3所示，需要在图样中特别指出，工件的上顶面只要阴影区域内点满足0.2平面度要求就是合格品，通常这个区域使用名义尺寸（TED，theoretically ex-

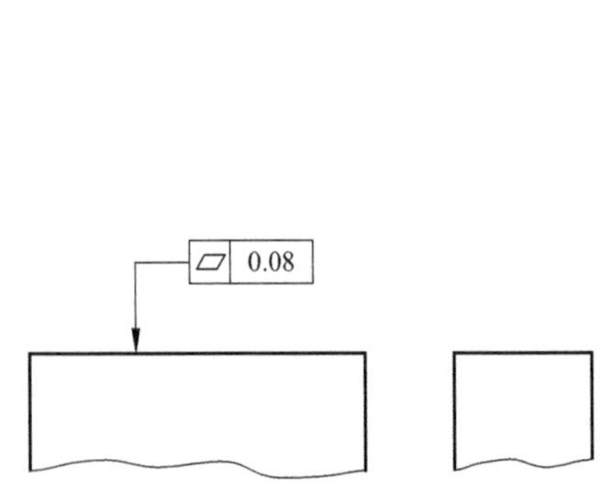

图2-2　平面度的定义范围默认是全部上顶面

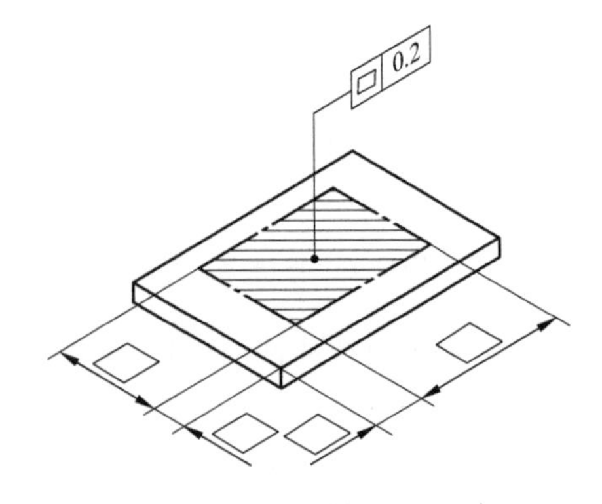

图2-3　平面度定义范围要求为上顶面局部区域

act dimension）定义。

如果需要一个 ISO GPS 要求定义多个特征，需要使用到 CZ 等修正符号。

2.1.5 独立原则

ISO GPS 默认独立原则，但是因为工程师比较倾向于使用包容原则（线性尺寸包容原则符号Ⓔ，几何公差的包容原则符号Ⓜ），所以在通用类标准（ISO 14405、ISO 2692）图样上会对这一个原则进行替换，如图 2-4、图 2-5 所示。

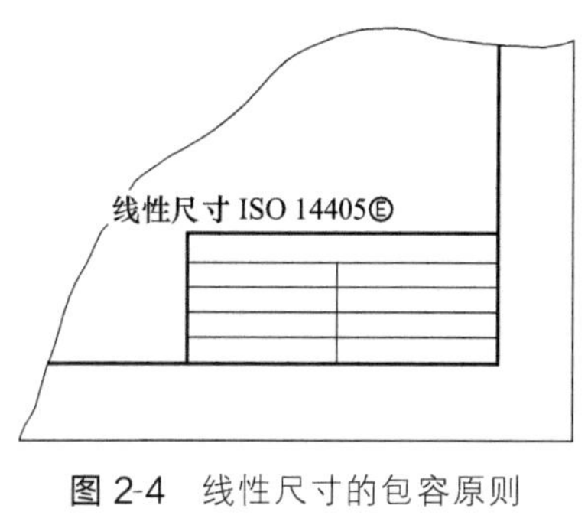

图 2-4 线性尺寸的包容原则要求——ISO 14405

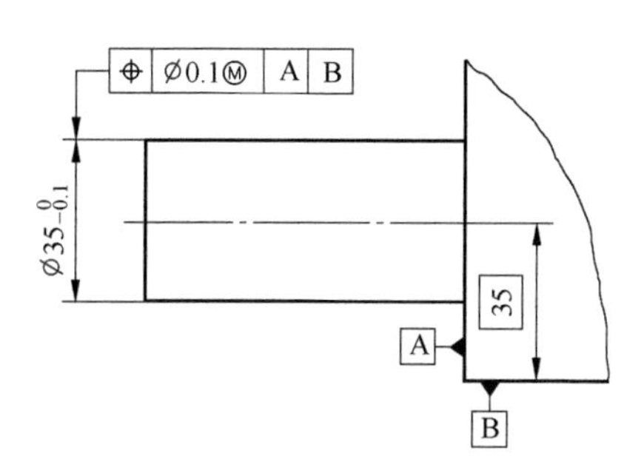

图 2-5 几何公差的包容原则要求——ISO 2692

2.1.6 小数点原则

图样上的名义尺寸和公差值的小数点后未标注的值都是“0”的绝对性原则，如：

公差：±0.2 等同于±0.200 000…；

名义尺寸：10 等同于 10.000 000…。

2.1.7 默认原则

ISO GPS 的要求以或者明确、或者默认的形式在图样上表示。ISO GPS 标准定义了不同的默认规则是为了简化设计。如果需要改变这种默认规则，ISO GPS 在相应标准中给出了修正符号。

如：ϕ30 H6 根据 ISO 14405-1 的默认规则是“局部尺寸”的要求。如果要求改变默认为全局尺寸，可以用修正符号Ⓔ取代原默认为 ϕ30 H6 Ⓔ。

2.1.8 参考条件原则

ISO GPS 的规范要求都有一定的参考条件，比如默认参考条件的所有尺寸在

20℃测量和工件在没有污染条件下测量。其他非默认参考条件，如湿度要求等，需要在图纸上明确表示。

2.1.9 刚性件原则

ISO GPS 默认自由状态原则，即工件无限刚性，不在任何外力下变形的条件，这通常是针对刚性好的机加工件。如果是柔性件，如冲压件或注塑件，需要使用 ISO 10579 的标准进行补充条件定义，比如测量装置的夹紧力等。

2.1.10 对偶性原则

ISO GPS 的规范要求同实际的检验操作是可以一一对应的。如果符合这种对应，不存在测量的不确定性；如果不符合这种对应，那么测量的不确定性增加，需要根据 ISO GPS 的不确定性管理、评估这种情况。但 ISO GPS 并不要求哪种检验规范是可接受的，实际检验规范是为了符合 ISO GPS 图纸要求的目的。

2.1.11 功能性原则

工程师要面向产品功能进行产品设计，使用 ISO GPS 完善地描述产品功能。我们所说好的产品设计，就是没有模棱两可、模糊的产品功能描述。

2.1.12 一般规范原则

为了简化设计，我们可以在标题框附件使用如一般公差的要求、包容原则要求等，如图 2-6 所示。

2.1.13 归责原则

为了避免产生歧义，工程师有责任将图纸的定义紧密联系产品的功能和实际检验方法，否则会产生设计的不确定性。对于测量的不确定性，即判断零件的合格或拒收的结果，需要通过测量不确定性准则（ISO 14253-1）来决策。

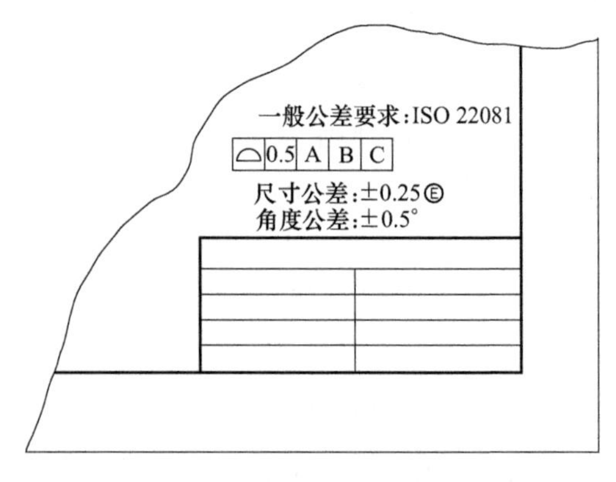

图 2-6 一般公差要求——ISO 22081

2.2 图纸常用默认原则

① 默认右手原则的直角坐标系。如图 2-7 所示是右手原则的直角坐标系，CAD 软件的模型空间（如 CATIA、NX、Creo、SolidWorks 等）、机加工工作台、三坐标工作台等都是默认右手原则的直角坐标系。

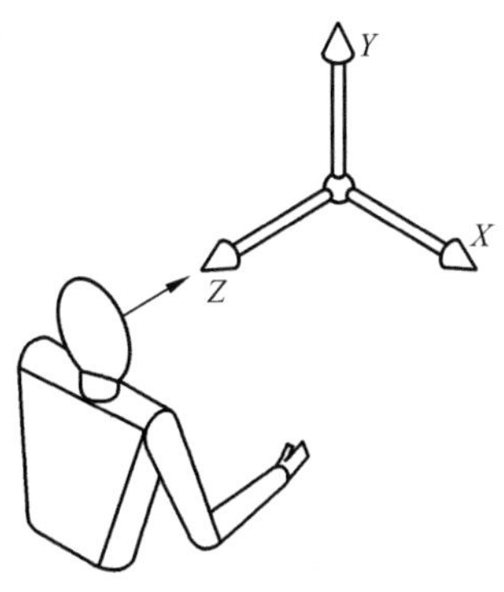

图 2-7　右手原则

② 默认独立原则。独立原则相对于包容原则存在，因为 ISO 8015 是基础标准，所以所有的 ISO GPS 在默认情况下都是独立原则，比如线性尺寸、几何公差值、几何公差的基准、阵列特征、公差控制框之间等都是默认独立原则。这同美标的 GD&T 标准相反，是两个几何公差标准体系的最大不同之处。我们的国标因为是借鉴 ISO GPS 创建，也是默认独立原则。

③ 默认自由状态原则。自由状态原则通常是出现在柔性件的定义上，虽然柔性件在自然状态下（自由状态）是不合格的，但由于本身易于变形，如果不影响装配和规定功能，不应该将此件判定为不合格。所以图纸上规定了哪些 ISO GPS 定义是在一定的约束力下测量，进而放宽了柔性件的要求。

④ 默认测量温度 20℃。因为热胀冷缩的自然规律，工件的尺寸都是参考一定的温度建立，这是质量手册要求计量时将产品放置在 20℃温度环境下 48h 后进行测量的原因。

⑤ 线性公差的默认单位 mm，如果是英寸，需要特殊标记说明。

⑥ 粗糙度默认单位 μm。

⑦ 角度尺寸单位默认（°）（′）（″）。

⑧ 一般公差如果冲突，取较宽泛的一个。

第3章 线性尺寸

3.1 ISO 14405 线性尺寸公差标准

如图 3-1 所示，线性尺寸（虚线框中）可能标注在几何公差控制框的上方，或独立出现，用来描述一个尺寸特征的直径、宽度、厚度或同心圆环的间距。关于线性尺寸公差的应用规则和符号内容包含在 ISO 14405-1 线性尺寸公差标准内。

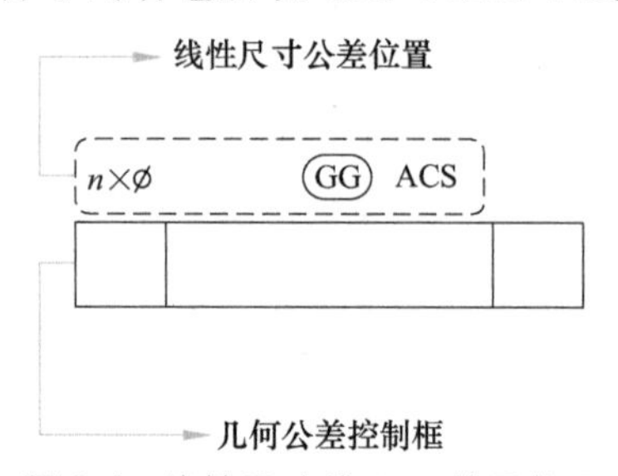

图 3-1 线性尺寸的 GPS 符号位置

线性尺寸的标注语法如图 3-1 所示，$n\times$(n 自然数，n 后无空格）表示 n 个同样特征的集合。公差带的形状 ϕ 是可选的，比如表示距离情况。GG 标记是关于理想拟合特征的方法，对于任何尺寸，拟合条件必须给出。如果这个位置没有任何拟合符号，默认为 LP 两点尺寸，这部分内容将是我们后续章节要进行介绍的重点内容。ACS 是可选的修正符号，表示任意横截面上建立的线性尺寸。

ISO GPS 定义的线性尺寸公差有四种标注方法，如图 3-2 所示：

① 正负公差尺寸，如±0.1、0/−0.19；

② 上下限公差，如 10.2/9.9、9.9max、12min；

③ 根据 ISO 286-1 公差等级，如 10h6；

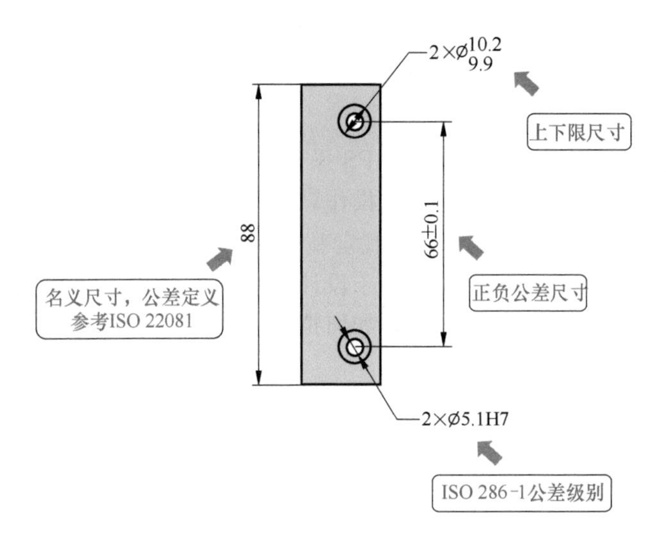

图 3-2　四种线性尺寸公差标注

④ 根据 ISO 22081 定义的一般公差。

3.2　什么是线性尺寸?

如图 3-3 所示，假如我们需要验证实际加工的零件（b）的尺寸是否满足图纸（a）定义的直径的规范要求。设计图样（a）的直径要求是“通过理论轴线的两个相对点的距离”，但是实际工件（b）总是存在制造偏差，不存在图样定义的理想

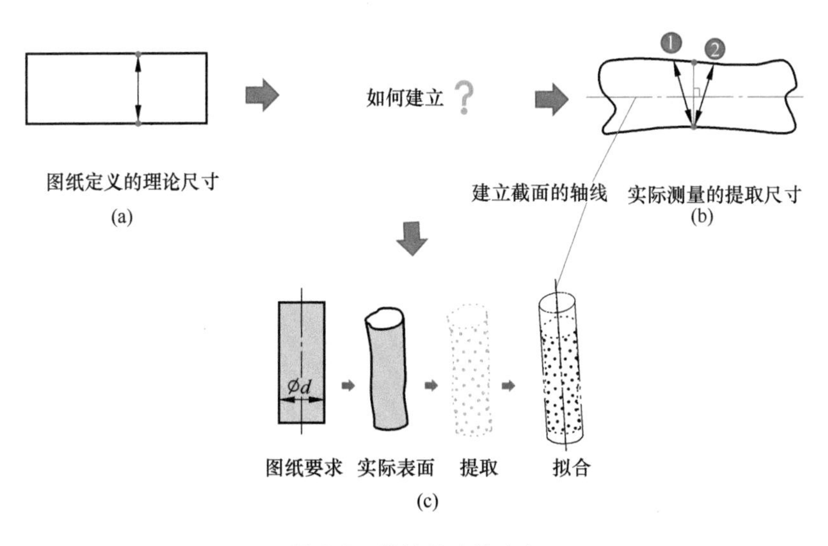

图 3-3　线性尺寸的建立

的柱面轴线，也就是说起始于底面测量点，可能存在至少①②两种建立横截面的结果。要解决这个根本性的线性尺寸问题，ISO 14405-1 提出使用（c）的原则来明确设计和测量的一致性。

图 3-3（c）中，使用了三个 ISO GPS 操作算子，分别是实际表面分割、实际柱面点云提取、理想柱面拟合。这三个操作算子数学表达非常复杂，好在三坐标测量算法公司将这些算子按照 ISO GPS 规定整合到软件工具中，也就是测量软件的算法模型，不需要测量人员的参与。对于设计者来说，只需要按照产品的功能规定相应的拟合方法即可，了解这个案例是如何拟合提取实际零件表面点云的柱面。

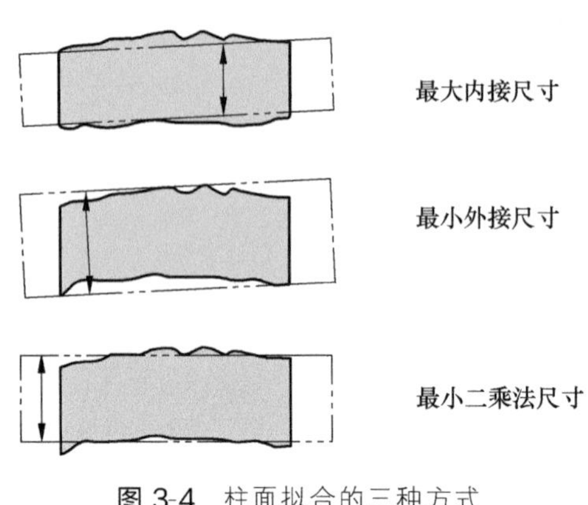

图 3-4 柱面拟合的三种方式

如图 3-4 所示，对于取得的点云数据至少有三种方式进行拟合，分别是使用点云的最低点拟合的最大内接圆柱面建立的尺寸、使用点云最高点建立的最小外接圆柱面建立的尺寸、使用最小二乘法建立的平均圆柱面的尺寸。ISO 14405-1 对于三种尺寸的建立规则和符号标注给出规定。

通过以上的内容，我们可以知道，“尺寸（size）”只能定义到理想的理论特征或拟合特征上，比如图 3-3 案例中（a）图纸中，或（c）的拟合圆柱面上。尺寸公差表示的是一维的点到点的距离，比如柱面的直径、平行（线）面的距离、厚度和同心圆环的距离等。

两个平行面之间的距离叫做“尺寸”，这两个由尺寸定义的平行面叫做“尺寸特征（feature of size）”。尺寸特征也是重要的 ISO GPS 概念，常见的尺寸特征还有直径尺寸定义的柱面尺寸特征等。以下是 ISO 14405-1 中的重要线性尺寸定义。

尺寸特征（feature of size）：

由一定大小的线性尺寸或角度尺寸所定义的几何形状（如柱面、球面、平行面、锥面或楔形面）。

尺寸（size）：

柱面的直径或两平行面之间的距离。

局部尺寸（local size）：

包含：两点尺寸、球直径、横截面尺寸和特征的特定局部尺寸。

全局尺寸（global size）：

尺寸特征包容边界的尺寸，全局尺寸是一个常数量。

最小实体尺寸（least material size，LMS）：

内部特征（如孔）最大尺寸，外部特征（如销）最小尺寸。

最大实体尺寸（maximum material size，MMS）：

内部特征（如孔）最小尺寸，外部特征（如销）最大尺寸。

最小二乘法尺寸（least square size）：

由提取特征的最小二乘法拟合的尺寸，属于全局尺寸。

最小外接尺寸（minimum circumscribed size）：

由规则几何面拟合的实际特征最高点形成的最小外接面的尺寸。

最小内接尺寸（maximum inscribed size）：

由规则几何面拟合的实际特征最低点形成的最大内接面的尺寸。

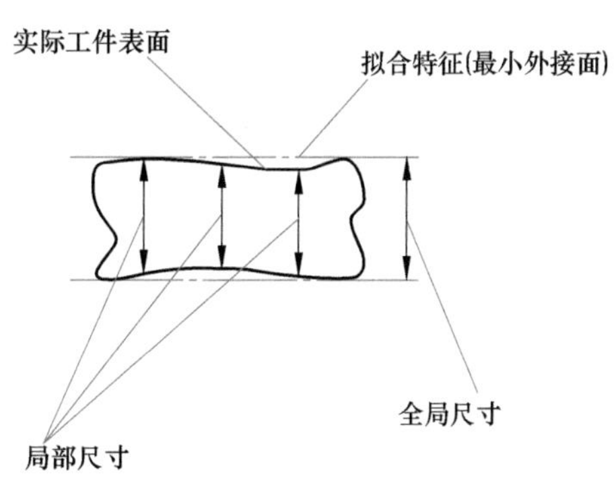

图 3-5 线性尺寸在 ISO 14405-1 中的分类

线性尺寸在 ISO 14405-1 中的分类见图 3-5。

3.3 线性尺寸的修正符号

为了明确线性尺寸定义，ISO 14405-1 引用了很多修正符号，如表 3-1 所示。这些符号分别用来定义局部尺寸、全局尺寸和包容边界。

表 3-1 线性尺寸的修正符号

修正符号	描述
Ⓛⓟ (LP)	two-point size 两点尺寸(默认要求)
(LS)	local size defined by a sphere 球径定义的局部尺寸
(GG)	least-squares association criterion 最小二乘法拟合
(GX)	maximum inscribed association criterion 最大内接拟合
(GN)	minimum circumscribed association criterion 最小外接拟合
(CC)	circumference diameter (calculated size) 周长直径(计算值)
(CA)	area diameter (calculated size) 面积直径(计算值)
(CV)	volume diameter (calculated size) 体积直径(计算值)
(SX)	maximum size 秩最大尺寸
(SN)	minimum size 秩最小尺寸
(SA)	average size* 秩平均尺寸

续表

修正符号	描述
Ⓢⓜ	median size* 秩中值尺寸
Ⓢⓓ	mid-range size* 秩中间值尺寸
Ⓢⓡ	range of sizes* 秩公差带
CT	common tolerance 联合公差带
↔	between 之间
Ⓔ	envelope requirement 包容要求
/长度	any restricted portion of feature 受控特征任意一段规定长度内的公差要求
ACS	any cross section 特征的任意截面
SCS	special cross section 特定截面
Ⓕ	free-state condition 自由状态

(1) LP（two-point size）两点尺寸

实际特征上两个相对点的线性尺寸叫做两点尺寸，两个相互平行面上的相对点尺寸叫做两点距离，柱面上的两个相对点尺寸叫做两点直径，如图 3-6 所示。

ISO 1440-1 规定 LP 符号代表两点尺寸，两点尺寸是局部尺寸，如果线性尺寸后没有任何标记，按照 ISO 8015 默认的独立原则，也表示两点尺寸。即图 3-6 中 12±0.1 后没有 LP 的修正，也表示两点尺寸。

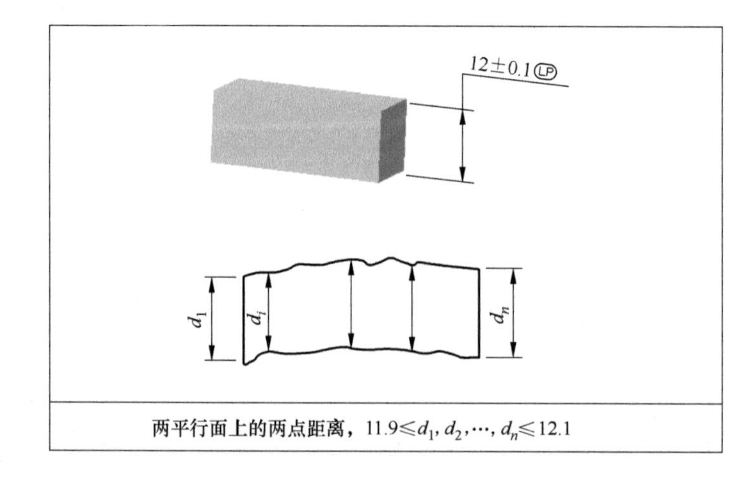

两平行面上的两点距离，$11.9 \leqslant d_1, d_2, \cdots, d_n \leqslant 12.1$

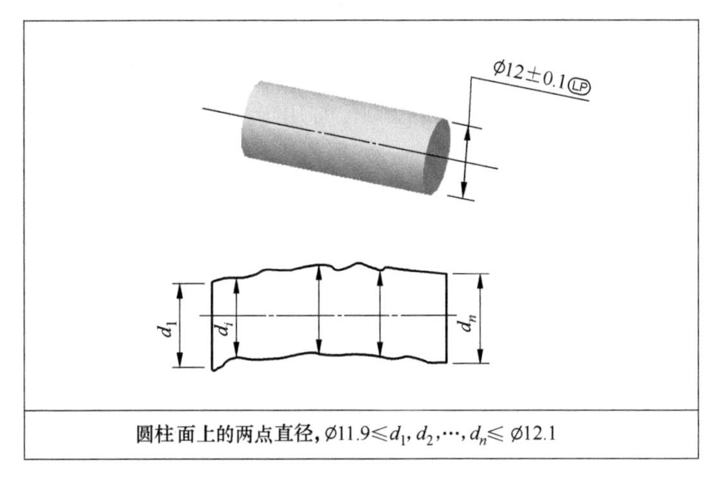

圆柱面上的两点直径，$Ø11.9 \leqslant d_1, d_2, \cdots, d_n \leqslant Ø12.1$

图 3-6　LP 两点尺寸的解释

(2) GN（minimum circumscribed size）**最小外接尺寸**

GN 修正符号应用和解释如图 3-7 所示，通常用于外部特征（如轴等）的最小外接尺寸，一般用来描述外部特征的最小配合尺寸。GN 通常用于全局尺寸，也可以定义局部尺寸，如特征任意截面的外接平行线或圆，如(GX) ACS。因为定义了最大材料外边界条件（MMC），所以 GN 常用于外部特征（如销、轴等）的间隙配合设计。

(3) GX（maximum inscribed size）**最大内接尺寸**

GX 修正符号应用和解释如图 3-8 所示，通常用于内部特征（如孔、槽等）的

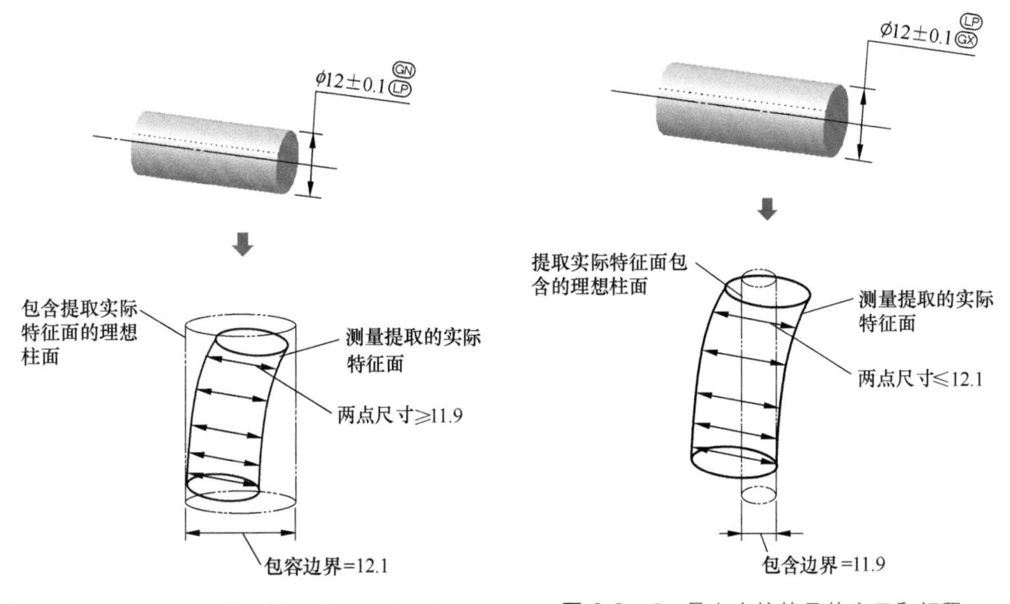

图 3-7　GN 最小外接符号的应用和解释　　图 3-8　GX 最大内接符号的应用和解释

最大内接尺寸，一般用来描述内部特征的最大配合尺寸。GX通常用于全局尺寸，也可以定义局部尺寸，如特征任意截面的内接平行线或圆，如ⒼⓍ ACS。因为定义了最大材料外边界条件（MMC），所以GX常用于内部特征（如孔、槽等）的间隙配合设计。

(4) GG（least squares size）**最小二乘法尺寸**

即同提取实际特征表面点的偏差的距离平方和最小拟合面的尺寸。GG常用于全局尺寸，也用于局部尺寸，如定义特征任意横截面的最接近的拟合特征ⒼⒼ ACS。因为GG代表了工件材料的平均高度，所以GG常用于过渡或过盈配合设计，比如轴承的装配等，平均的干涉高度控制可以使压入工装的压入力均匀。如图3-9。

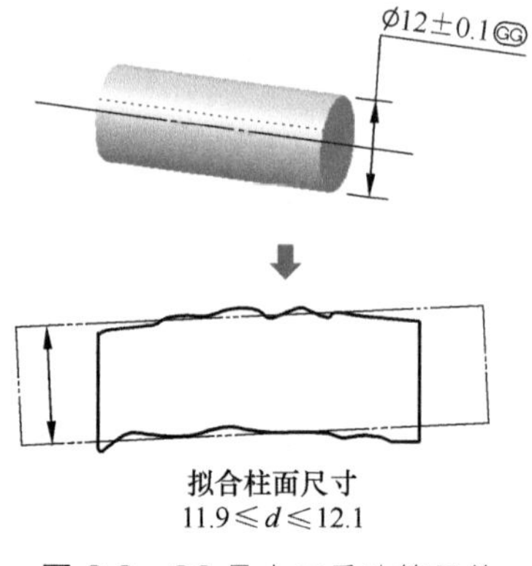

图3-9 GG最小二乘法符号的应用和解释

(5) CC（circumference diameter）**周长直径**

计算尺寸不同于其他尺寸的是：计算尺寸在测量过程中是非直接获得的尺寸，比如通过测量特征周长计算出的直径。周长直径便是使用计算值 d 等价标定柱面特征截面的直径，计算公式如下：

$$d=\frac{C}{\pi}$$

式中，C 为垂直于实际特征拟合圆柱面（默认最小二乘法拟合）的轴线的横截面上的实际轮廓周长。

周长直径的应用见图3-10。

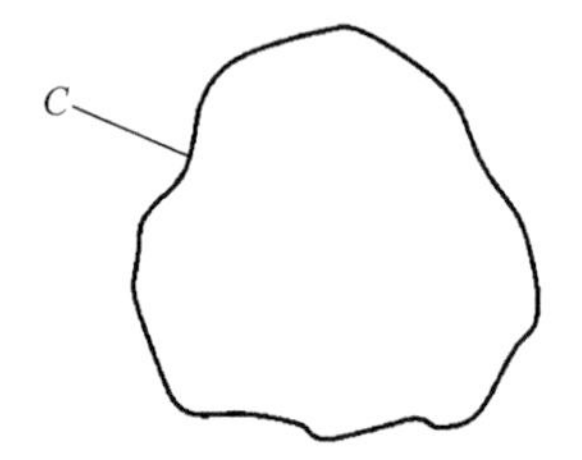

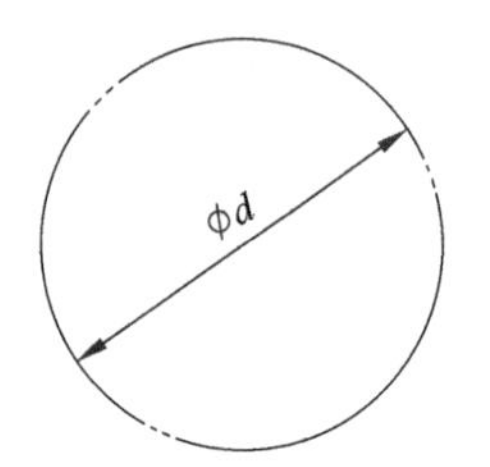

图3-10 周长直径的应用

C—实际横戴面提取的特征周长；d—周长直径

计算尺寸在密封设计上非常有效，比如O形圈通常都是通过视觉测量设备自动测量。尺寸较小的O形圈刚性比较好，可以在自然状态下进行O形圈的直径测量，但是对于大型或异形的密封圈，本身的柔性不适合直接检验直径或形状，通常是借用工装，但是工装本身对于自动化测量操作不方便。如果使用计算直径换算出O形圈的周长来检验就比较高效，且测量与密封功能吻合，如图3-11所示。另外新能源汽车的电池单元需要将电极盖同铝壳体激光焊接密封到一起，间隙控制非常关键。但铝壳体是用较薄的铝板材制造，尺寸控制和测量比较困难，也比较适合使用计算尺寸来控制，如图 3-12 所示。

图 3-11　柔性大的不规则外形密封圈比较适合通过周长的测量来换算出设计直径

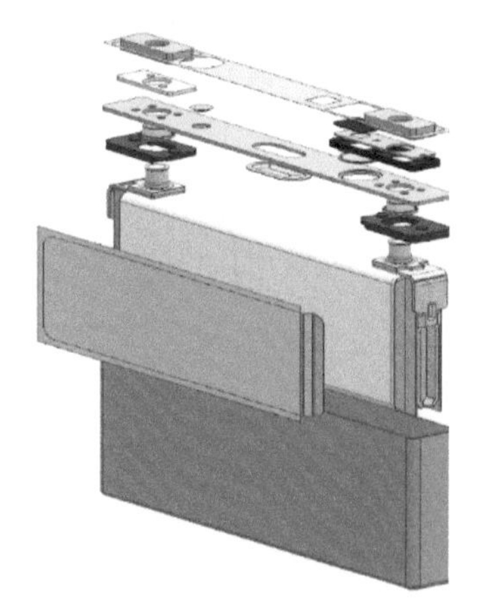

图 3-12　新能源汽车使用的电池单元的电极盖同薄壁铝壳体的密封也比较适合使用

(6) CC（area diameter）**面积直径**

使用计算值 d 等价标定柱面特征截面的直径（图 3-13），计算公式如下：

$$d=\sqrt{\frac{4A}{\pi}}$$

式中，A 为垂直于实际特征拟合圆柱面（默认最小二乘法拟合）的轴线的横截面上的实际轮廓面积。

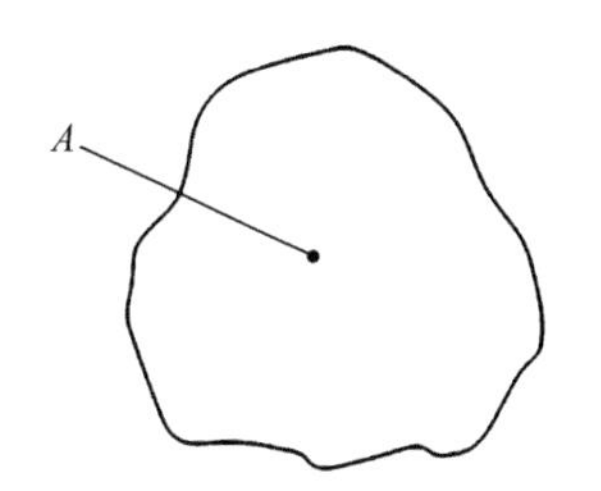

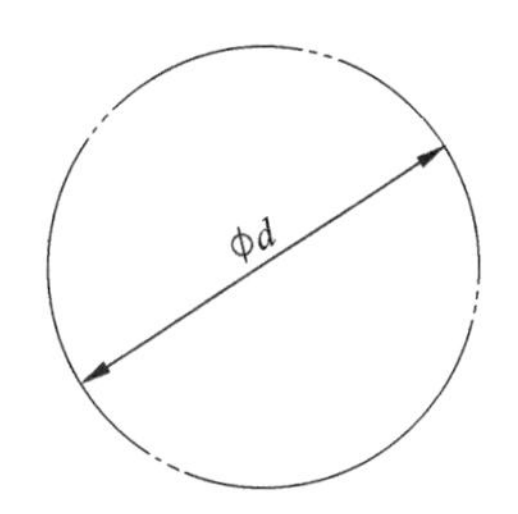

图 3-13　面积直径

A—实际横截面提取的特征面积；d—面积直径

(7) CV（volume diameter）**体积直径**

使用计算值 d 等价标定柱面特征部分的直径（图 3-14），计算公式如下：

$$d=\sqrt{\frac{4V}{\pi\times L}}$$

式中 V——实际特征的包容体积；

L——垂直于拟合圆柱面（默认最小二乘法拟合）轴线方向的最大距离。

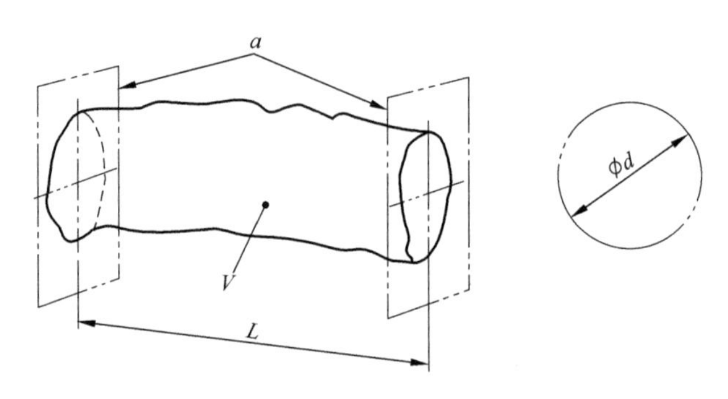

图 3-14 体积直径

V—体积；L—柱面长度；d—计算直径；a—垂直于拟合圆柱面（默认最小二乘法拟合）轴线方向的最大距离平行横截面

(8) **秩尺寸**（rank-order size）

沿特征取得的一组局部尺寸的统计结果，如平均值、最大值等。秩尺寸包含：SX、SN、SA、SM、SD、SR。所谓“秩”就是将尺寸从小到大进行排序的意思，秩尺寸通常是针对局部尺寸使用的。如图 3-15（a）所示，对于一个轴的直径沿长度方向多次测量，获得的两点尺寸是离散的，需要缩小到一个尺寸值来代表轴的合格或拒收结果，方法是可能取这些值的最大值（SX）、最小值（SN）或平均值（SA）等，如图 3-15（b）（c）及表 3-2 所示。究竟让测量者或制造者取哪种方法，需要设计工程师在图纸中表明。

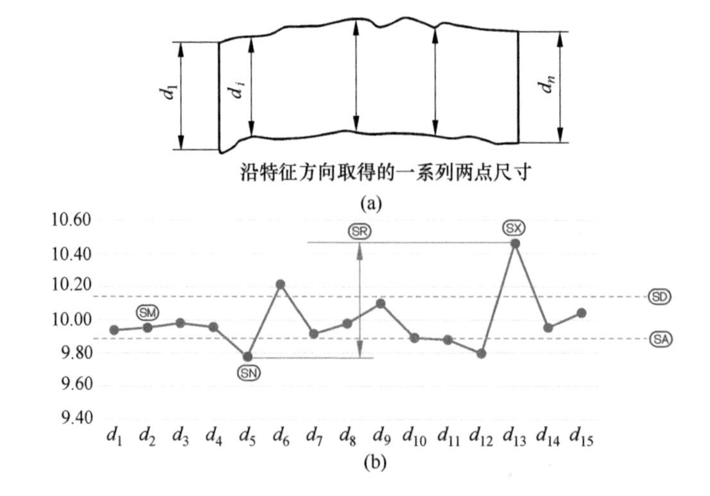

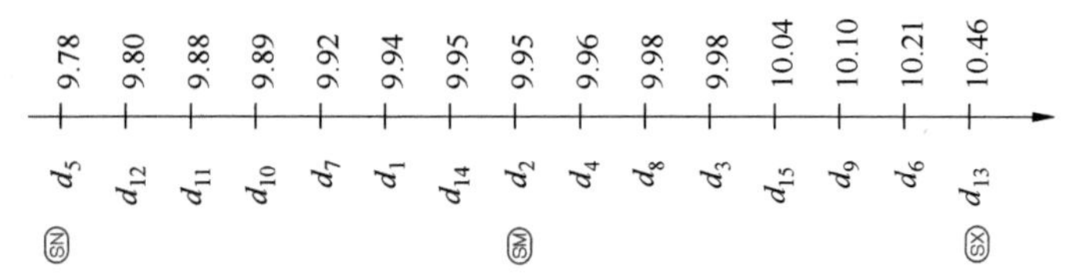

沿特征方向取得的一系列两点尺寸分布, $n=15$

(c)

图 3-15 秩尺寸

表 3-2 秩尺寸内容

符号	公式	本例结果	定义
SX	$\max(d_1, d_2, \cdots, d_n)$	$d_{13}=10.46$	秩最大尺寸,一组局部尺寸中的最大尺寸值
SN	$\min(d_1, d_2, \cdots, d_n)$	$d_5=9.78$	秩最小尺寸,一组局部尺寸中的最小尺寸值
SA	$\frac{1}{n}\sum d_i$	$d_{avg}=9.99$	秩平均尺寸,一组局部尺寸的平均尺寸值
SM	$d_{\frac{n+1}{2}}$, n 为奇数 $d_{\frac{n}{2}}+d_{(\frac{n}{2}+1)}$, n 为偶数	$d_2=9.95$	秩中值尺寸,一组局部尺寸按大小顺序排列起来,形成一个数列,处于变量数列中间位置的变量值
SD	$\frac{\max(d_n)+\min(d_n)}{2}$	$d_m=\frac{d_5+d_{13}}{2}$ $=\frac{10.46+9.78}{2}$ $=10.12$	秩中间值尺寸,一组局部尺寸中的最大值和最小值的平均尺寸值
SR	$\max(d_n)-\min(d_n)$	$d_{13}-d_5=0.68$	秩公差带,一组局部尺寸中的最大值和最小值的差

表 3-3 CT 联合公差带

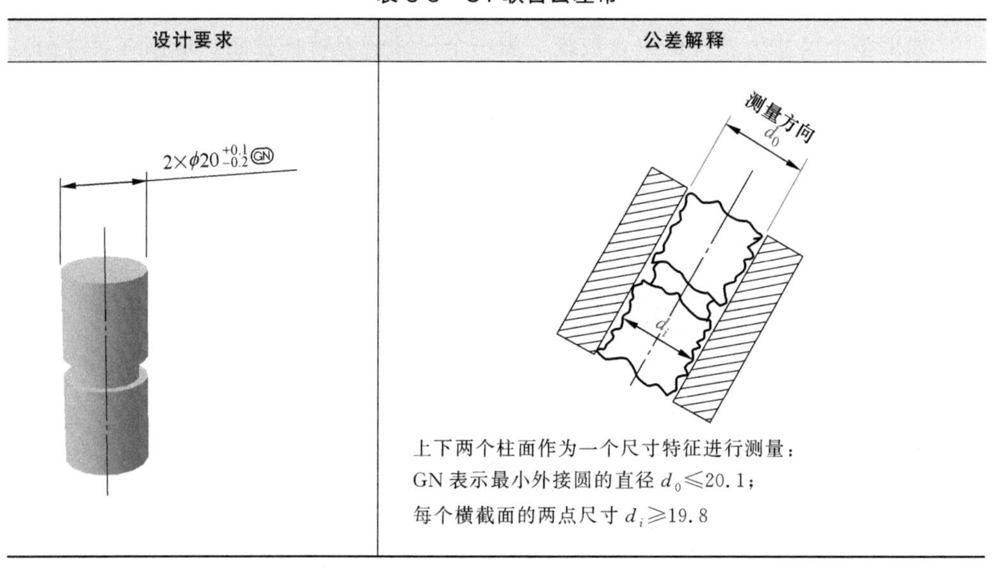

设计要求	公差解释
$2\times\phi20^{+0.1}_{-0.2}$ GN	上下两个柱面作为一个尺寸特征进行测量: GN 表示最小外接圆的直径 $d_0\leqslant20.1$; 每个横截面的两点尺寸 $d_i\geqslant19.8$

续表

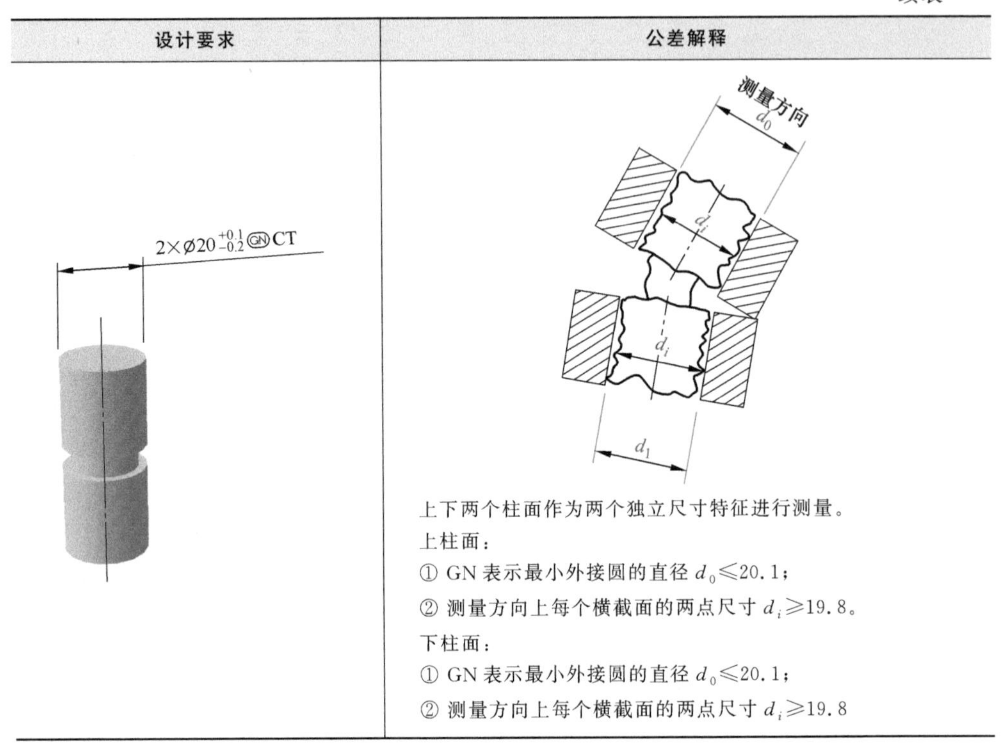

设计要求	公差解释
	上下两个柱面作为两个独立尺寸特征进行测量。 上柱面： ① GN表示最小外接圆的直径 $d_0 \leqslant 20.1$； ② 测量方向上每个横截面的两点尺寸 $d_i \geqslant 19.8$。 下柱面： ① GN表示最小外接圆的直径 $d_0 \leqslant 20.1$； ② 测量方向上每个横截面的两点尺寸 $d_i \geqslant 19.8$

(9) 联合公差带（common tolerance，CT）

如表3-3所示，工件 $\phi 20$ 柱面被中间的槽分割为两个柱面，这两个柱面可以有两种解释：①两个柱面同轴控制；②两个柱面各自在不同的轴线上。显然这两种控制下的工件成本不同，所以需要在图纸中明确。

如果多个尺寸公差特征集合被统一为一个尺寸公差特征控制，应该在尺寸公差值前标记修正符号（$n\times$）。在控制多个特征的情况下，公差值后有修正符号“CT”，表示有多个尺寸特征被作为一个特征统一控制，比如增加了“同轴”“共面”等关系。

3.4 秩尺寸与微纳加工

现代的加工技术已经将尺度推进到纳米级别，导致检测和评估的方法也完全迥别于传统的测量理念。对待这些肉眼不可见的微观世界，数据分析成了主要的方式，以统计为基础的秩尺寸在这种情况下变成主要的尺寸设计方法。

纳米尺度的检测见图3-16，英特尔的10年计划见图3-17。

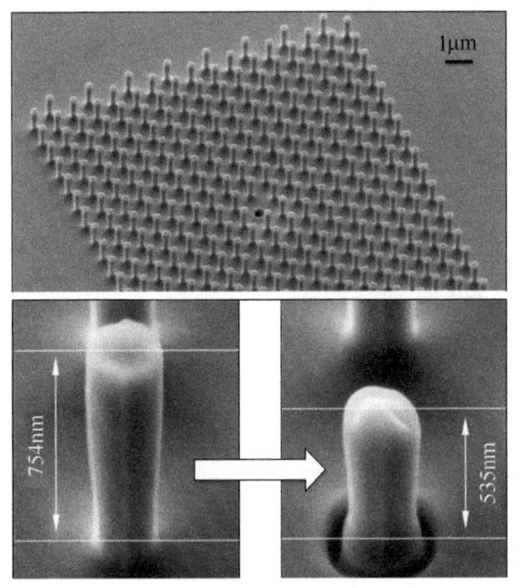

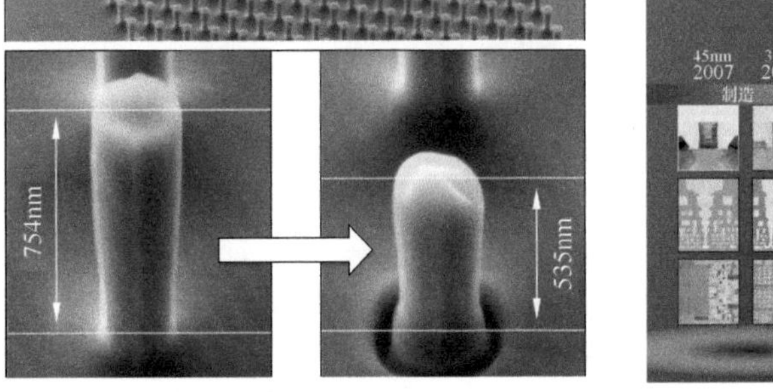

图 3-16　纳米尺度的检测

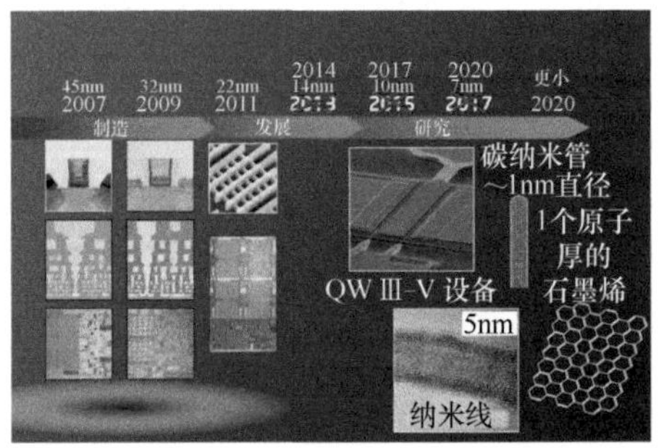

图 3-17　英特尔的 10 年计划

假设对一特征柱面测量 5 个截面，每个截面在给定的角度位置测量 12 个两点尺寸，如表 3-4 所示。

表 3-4　两点尺寸的测量数据表

每截面尺寸序列，j	每截面的测量角度/(°)	截面序号 No. i				
		1	2	3	4	5
1	0	10	10	9.996	9.995	9.99
2	15	10.01	10.015	10.016	10.003	10.008
3	30	10.012	10.009	10.005	10.017	10.008
4	45	10.009	10.007	10.011	10.009	10.013
5	60	10.011	10.01	10.016	10.021	10.007
6	75	10.015	10.025	10.022	10.009	10.006
7	90	10.005	9.997	10.007	10.013	9.996
8	105	10.006	10.002	10.006	10.014	10.014
9	120	10.004	10.012	10.013	10.006	10.006
10	135	9.997	10.002	10.002	9.988	10.002
11	150	9.995	9.986	9.987	9.993	10
12	165	9.999	10.008	10.007	10.007	9.996

$\phi10\pm0.035$ (LP) (SD) ACS (SR)定义描述了一组操作算子，按照一定的顺序来评估一组数据，如表 3-5 所示。

表 3-5　三种修正形式的评估结果

(LP) (SD) ACS	10.005	10.0055	10.0045	10.0045	10.0020	—
(LP) (SD) ACS (SR)	—	—	—	—	—	0.0035
(LP) (SR)	—	—	—	—	—	0.039
类型	局部尺寸					全局尺寸

如果以 i 为截面的索引，j 为每个截面的两点尺寸索引，可以整理数据得到：

$LP(i,j)$ 代表第 i 个截面的第 j 个尺寸

$\mu_i = E_i[LP(i,j)]$ 代表第 i 个截面的 $LP(i,j)$ 数据集的平均值

$R = \max(\mu_i) - \min(\mu_i)$ 代表 μ_i 的变化范围

根据表 3-4、表 3-5 和图 3-18 对应的设计要求的操作算子流程，通过 B 原始数据中的 5 个截面提取 60 个测量数据 C_i，然后输出 R 结果。

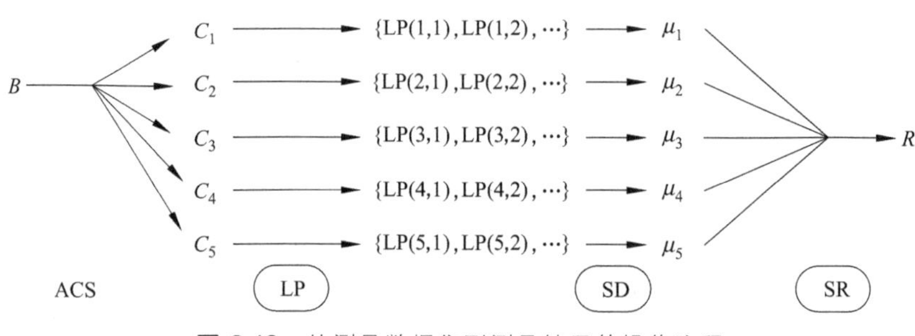

图 3-18 从测量数据集到测量结果的操作流程

3.5 为什么需要包容原则?

包容原则也称为“泰勒原则”（Taylor principle），包容原则其实是“尺寸公差”包容“几何公差”的意思。我们看图 3-19 的例子。

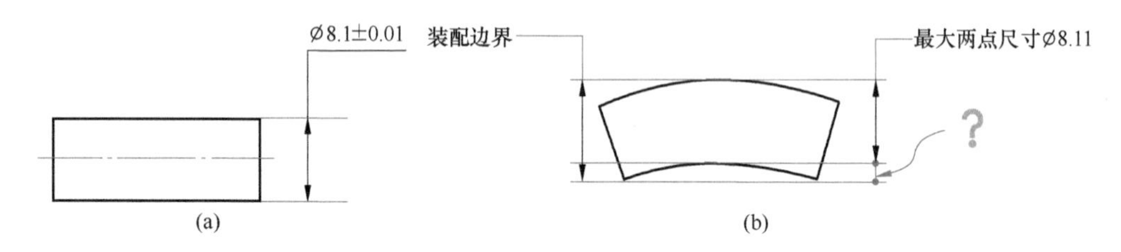

图 3-19 装配边界的计算

如图 3-19 所示，(a) 中的轴（忽略长度要求）的定义是不充分的，原因是不知道轴的最大外边界，也就是同这个轴配合的孔最小的尺寸应该是多少的计算参数不够。按照 ISO 8015 的默认独立原则和 ISO 14405-1 中对于线性尺寸默认两点尺寸 LP 原则，这个轴的每个截面的尺寸在 $\phi 8.09 \sim 8.11$ 之间，如图 (b) 所示，轴的最大装配边界是轴的最大截面直径（上极限线性尺寸）加轴的弯曲量（几何公差、直线度）形成的。如果只规定每个截面的上极限尺寸，显然无法完成装配边界设计。

包容原则巧妙地规避了这个问题，如图 3-20 所示，当进行了包容原则Ⓔ修正，这个轴的直径按照 (b) 要求进行控制，这个轴的包容边界也就是装配边界等于

ϕ150.03。既然得到装配边界，那么这个轴的直线度（或其他形状控制）在哪里？原因是当轴变化到最大实体尺寸（MMS）时，默认为理想边界，即此状态的直线度为零。所以才能得到这个同最大实体相等的包容边界。因为这个Ⓔ修正包含了几何公差的定义，所以有“包容”的定义。

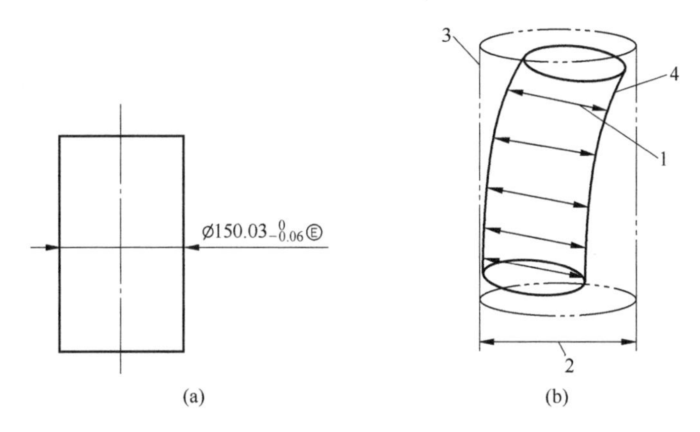

图 3-20 外部特征的包容原则要求包容边界＝MMS

1—两点尺寸（≤149.97）；2—包容边界直径（＝150.03）；3—包容边界；4—实际零件表面

内部特征的包容原则要求见图 3-21。

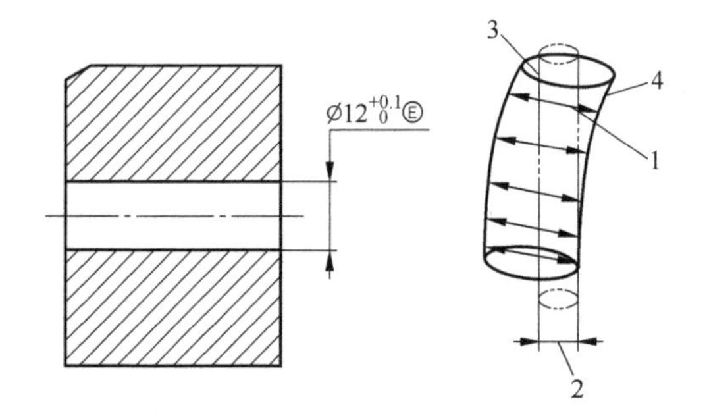

图 3-21 内部特征的包容原则要求包容边界＝MMS

1—两点尺寸（≤12.1）；2—包容边界直径（＝12）；3—包容边界；4—实际零件表面

如果对比图 3-22 中的 GN、LP 和图 3-20，会发现这两种定义方式的结果是一致的。事实也确实如此，Ⓔ实际就是 GN＋LP 或 LP＋GX 的省略写法。

Ø35 $^{0}_{-0.1}$ Ⓖⓝ Ⓛⓟ

或

Ø35 $^{0}_{-0.1}$ Ⓛⓟ Ⓖⓧ

＝

Ø35 $^{0}_{-0.1}$ Ⓔ

图 3-22 包容原则的三种定义方法比较

第4章

基准系统

ISO GPS 的标准链中，ISO 5459 内容关于基准符号和基准系统应用规则，ISO 2692 内容关于基准的材料实体的规则。基准系统是作为理论特征、公差带定向或定位的定义“起点”，也是进行质量测量的“参考起点”，默认情况下是使用右手原则的直角坐标系统（图 4-1）来定义测量的起点。

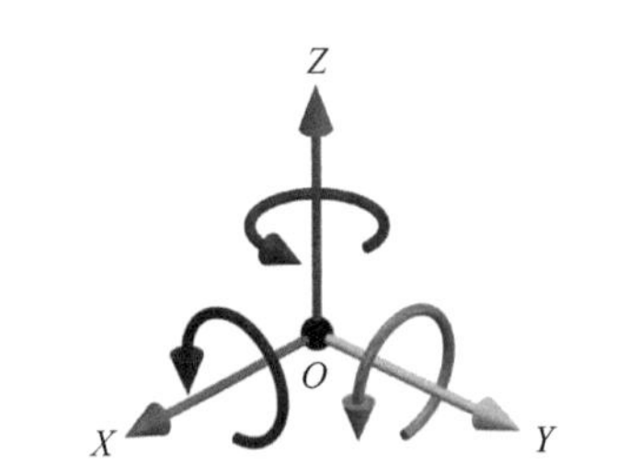

图 4-1　右手原则的直角坐标系统

ISO GPS 的控制方式中，定向控制、定位控制和跳动控制必须参考基准，轮廓控制对于基准是可选项。虽然形状控制不能参考基准，但是基准又离不开形状控制进行定义。

基准的定义需要考虑优先性。一种情况是选择能够保证零件最稳定的特征作为基准，因此以“稳定（stable）”为优先顺序选择基准特征；第二种情况是按照工艺的顺序优先选择基准，就是我们所说的工艺基准；当然也有第三种情况，以质量检测为优先顺序的测量基准；第四种情况是以产品的功能（如装配）为优先顺序的基准选择，也是基准定义中最常用的方法。产品部门同客户进行沟通来确定产品功能，所以基准的设计任务是由产品部门主导的多功能小组（包含工艺、质量检测等部门）完成，并且基准系统设计是产品设计计划的第一个步骤。汽车行业质量先期保证计划 APQP、电子行业的集成开发系统 IPPD 都将基准系统的开发植入研发流程五个阶段中，以达到高效进行研发管理的目的。工艺基准和质量检测的应用层级基准应该符合设计层级的功能基准，这就是工程设计上常说的功能、工艺和检测三基准的统一。

基准的符号见表 4-1，基准的修正符号见表 4-2。

表 4-1　基准的符号

符号名称	符号	备注
基准特征标识	 A	三角可以是未填充,用于指定零件上的基准特征
基准特征标识	大写字母,如 A、B、AA、AB、A1 等	I、O、Q、X 字母除外
基准目标标识	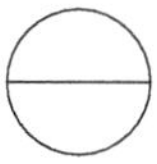	上部为基准面积和形状,下部为基准目标标识
可移动基准目标	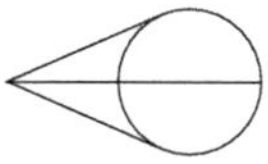	定向控制,非定位控制基准
基准目标点		点接触的基准目标
封闭基准目标线	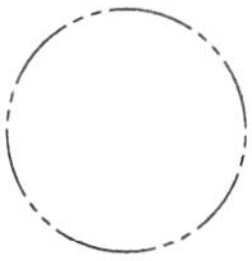	圆周线接触的基准目标
非封闭基准目标线	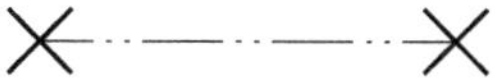	线接触的基准目标
基准目标区域	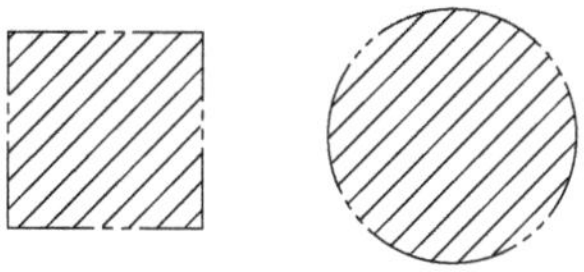	目标基准的形状,常用方形、圆形等

表 4-2　基准的修正符号

符号	名称	备注
[PD]	节圆直径基准	螺纹中径、齿轮节圆直径、花键节圆直径作为基准尺寸
[MD]	大径基准	螺纹大径作为基准尺寸
[LD]	小径基准	螺纹小径作为基准尺寸
[ACS]	任意横截面接触基准	如柱面任意横截面作为封闭目标基准线
[ALS]	任意纵截面接触基准	如通过柱面轴线的直平面截取曲面得到的任意纬线作为基准目标接触线

续表

符号	名称	备注
[CF]	接触特征基准	锥面同球面所接触的区域作为基准，对中功能的基准目标
[DV]	平移基准	如两个没有固定距离的基准销，但保持定向（如平行、垂直）
[PT]	拟合高点接触基准	用于无明显点线面特征的异形特征
[SL]	拟合直线接触基准	用于无明显点线面特征的异形特征
[PL]	拟合面接触基准	用于无明显点线面特征的异形特征
><	仅定向约束	不约束位置，只约束平行、垂直、角度
Ⓟ	投影基准	装配面高度上的基准区域定义，用于第二和第三基准
Ⓜ	最大实体材料要求	如孔定位的间隙销
Ⓛ	最小实体材料要求	很少使用，定位边界在材料内部
无	独立要求	当没有Ⓜ或Ⓛ时，默认独立要求，材料的变化与基准尺寸无关，如孔定位的锥销

如图 4-2 是 ISO 5459 定义的公差控制框基准部分的符号集合和应用顺序。基准处于几何公差控制框中的第三部分，这部分的每个位置的意义是：

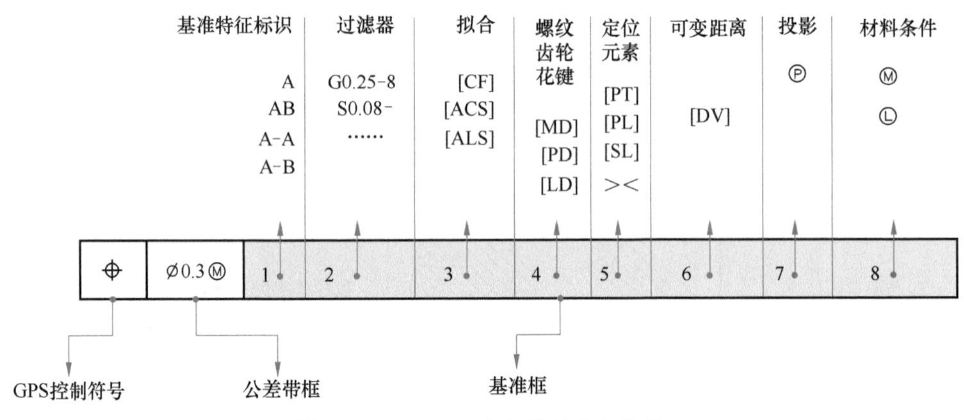

图 4-2 ISO 5459 定义的基准框符号

① 基准的标识。如果是多个基准，基准的优先不是按照字母表的顺序，除了 I、O、Q、X 这四个字母，其他字母可以任意组合使用。A-A 表示由多个相同形状的面特征或多个相同柱面特征提取轴线的阵列特征（pattern feature）联合建立的基准特征。A-B 称为联合基准，基准特征由 A 和 B 特征在最佳拟合条件下联合建立。

多面特征建立基准的引用见图 4-3。

多柱面特征建立基准的引用见图 4-4。

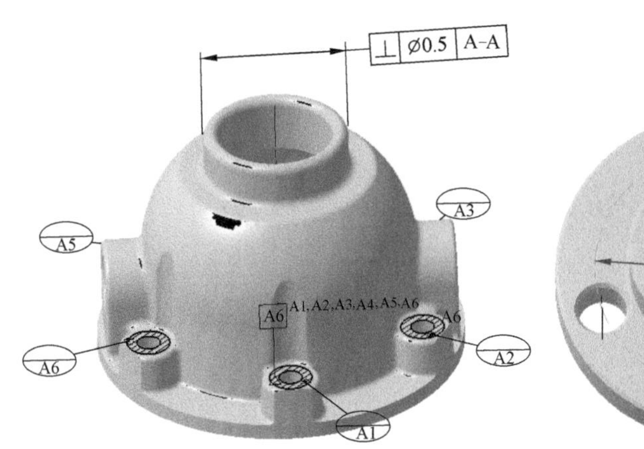

图 4-3 多面特征建立基准的引用 A-A

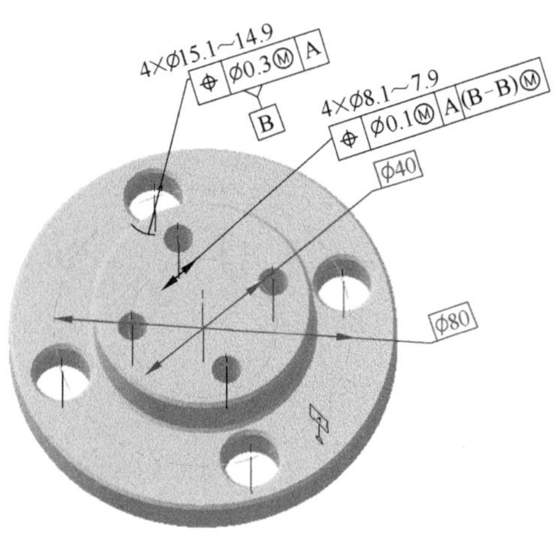

图 4-4 多柱面特征建立基准的引用 B-B

联合基准 A-B 见图 4-5。

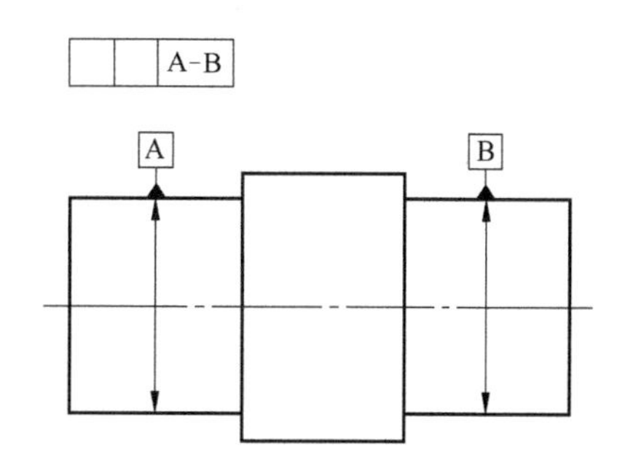

图 4-5 联合基准 A-B

② 基准是理想的点、线和面。现实加工的零件总是存在偏差，在零件上测量取点也存在偏差，建立理想的基准几何特征需要把获得的零件点云进行过滤器处理。点云过滤、拟合处理是 ISO GPS 比较复杂的内容，但好在三坐标、轮廓度仪、圆度仪等测量设备的工具软件可以在后台处理这些复杂的算法，除非分析测量的高级使用者，在测量过程中基本不会涉及这些内容。但在复杂的纳米加工行业（如半导体应用），这些涉及测量的基本定义就变得非常必要。图纸要求和实际零件基准的建立过程见图 4-6，点云过滤的原理和 minmax 算法见图 4-7，高斯过滤见图 4-8。

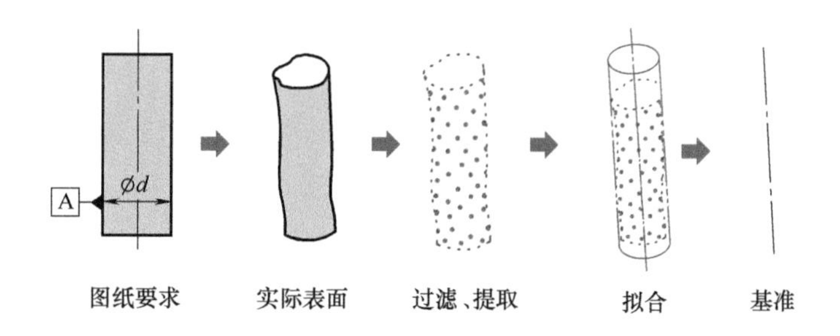

图 4-6 图纸要求和实际零件基准的建立过程（ISO GPS 的操作算子）

③ 拟合类型。默认的情况下，基准公差控制框没有关于拟合要求的修正符号，如 A ，那么基准符号连接的特征的整个区域作为基准，如图 4-9 所示为整个孔柱面形

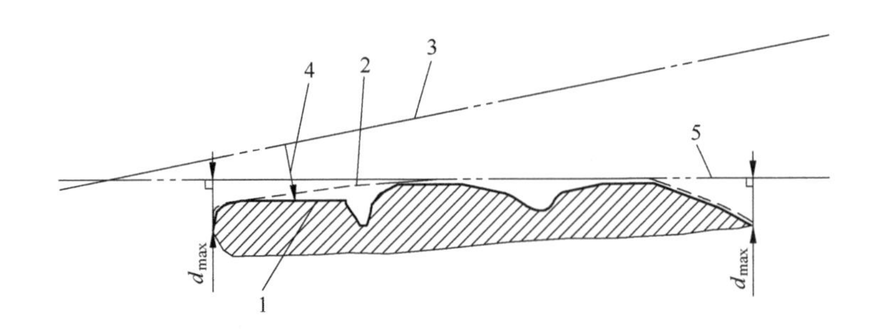

图 4-7 点云过滤的原理和 minmax 算法
1—实际零件表面特征；2—过滤特征；3—理想特征；
4—理想特征到过滤特征的局部两点距离；5—minmax
算法拟合的理想特征（此例为直平面）

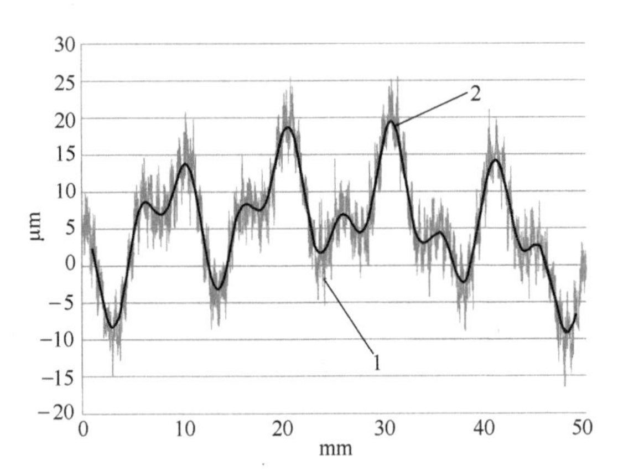

图 4-8 高斯过滤（2.5mm 长波）（图中灰色轮廓为未过滤轮廓，黑色为过滤轮廓）

成的全长的轴线作为基准轴 A。但图 4-9 所示同心度引用了基准修正符号 A[ACS]（ACS，任意横截面，any cross section，也可以处于公差控制框之上），表示基准特征不再作用于整个基准特征区域，只作用于任意横截面上。此例为处于横截面上的同基准特征柱面相交的圆的中心为基准点 A，同时所考察的特征也是处于这个横截面上与同心度控制的圆柱面相交圆的圆心位置。图 4-9 所示平行度引用了基准 A[ALS]（ALS，任意纵截面，any longitudinal section，也可以处于公差控制框之上），表示基准特征不再作用于整个基准特征区域，只作用于任意纵截面上。此例为处于纵截面上的同实际基准特征柱面相交的圆柱面的纬线为基准线 A，同时所考察的特征也是处于这个纵截面上与平行度控制的圆柱面相交纬线的平行偏差。

A[CF]，基准接触特征修正符号（CF，contact feature）。建立基准可以使用基准特征（datum feature）、基准目标（datum target）两种形式，两者的区别是对于几何特征上的应用区域的不同。如图 4-10 所示，基准特征 B 表示符号引线连接的特征全部区域是基准的应用区域，测量过程中要求保证基准模拟表面同零件的全部上表面区域全接触。而基准目标 A 是零件的前表面的部分区域，A1 代表区域上的点，A2 代表线，A3 代表局部面积。注意点、线、面三类特征的规范标注形式，因为 A1、A2、A3 代表的是局部区域，为了测量参数 GR&R（测量可重复性和再现性，gauge repeatability and reproducibility，MSA 术语，代表测量的精度），需要使用角度或尺寸 TED 定义这些基准目标在零件上的位置和大小。基准目标的测量基准模拟几何结构见图 4-11。

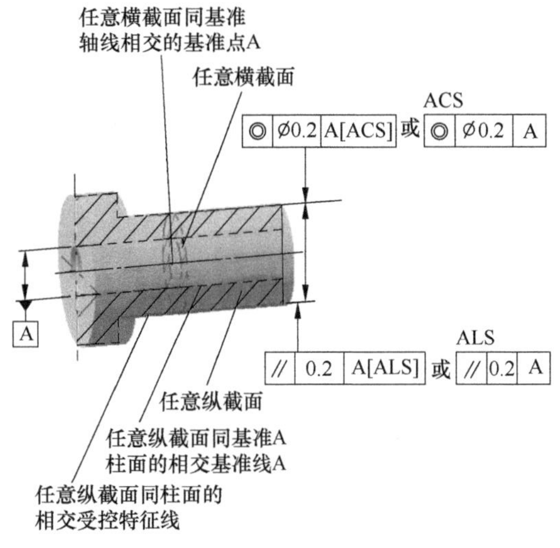

图 4-9　基准拟合方式 ACS、ALS

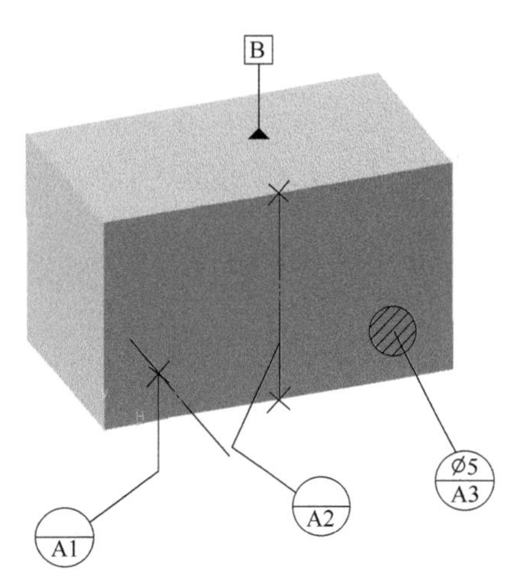

图 4-10　基准特征 B 和基准目标 A
（需要 TED 定义位置和大小）

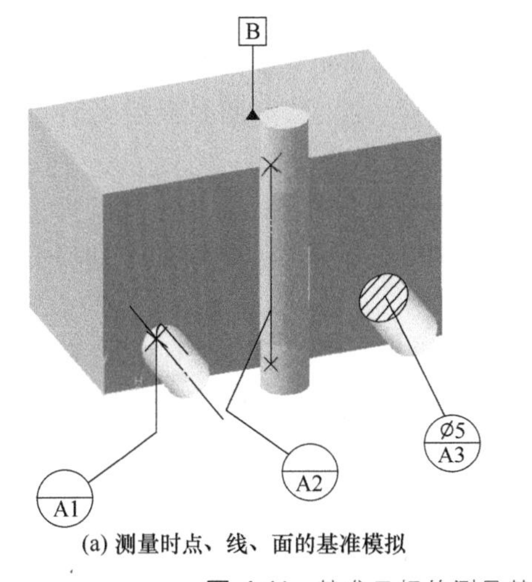

(a) 测量时点、线、面的基准模拟

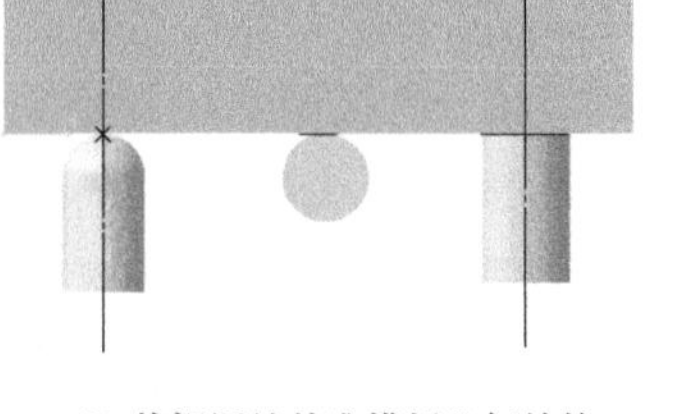

(b) 俯视图的基准模拟几何结构

图 4-11　基准目标的测量基准模拟几何结构

基准目标的一般定义形式是同所连接特征一致的点、线、面或抽象的轴线。但出于工程上工装、检具的定位需要，还有一种特殊形式的基准目标同所连接的特征不一致的情况，如图 4-12（a）所示零件轮廓度公差控制框引用基准 A 的方法 | A[CF] |。

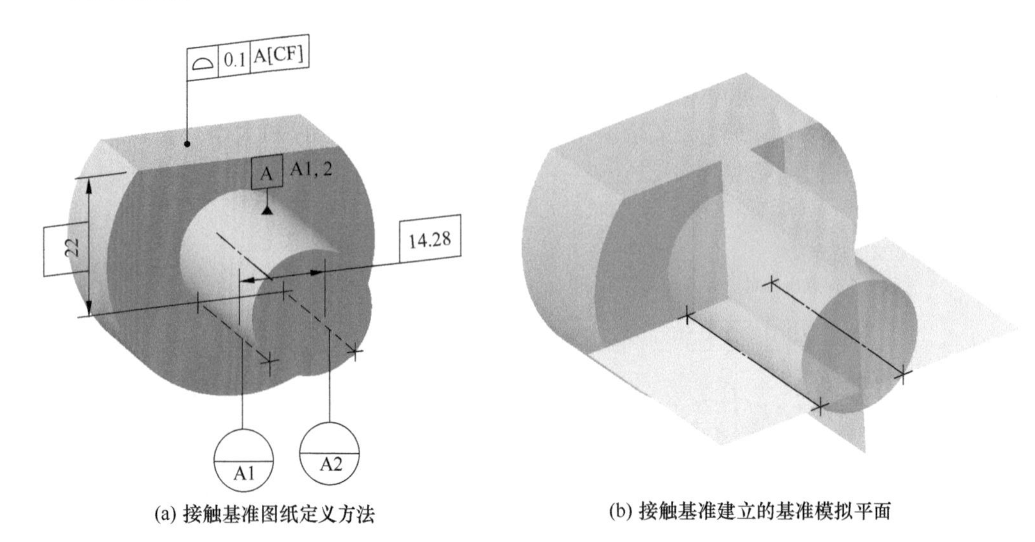

(a) 接触基准图纸定义方法

(b) 接触基准建立的基准模拟平面

图 4-12 基准目标的特殊应用形式

图 4-12（a）中基准目标 A1 和 A2 使用 TED 约束，拟合的模拟基准不是基准标识框所连接的柱面特征，也不是这个柱面的轴线。基准模拟是两个平面，如图 4-12（b）所示，分别为通过两个基准目标线的水平平面和垂直于这个水平平面，通过两个基准目标线的中心的竖直平面，它们是坐标系的两个基准面。

采取这种方式进行实际基准模拟定位，工程上实现比较复杂，较多的是使用 V 形块进行定位，如图 4-13 所示。

图 4-13 中基准目标 A1 和 A2 也是用了接触基准修正符号，同图 4-12 中的案例区别的是基准目标 A1 和 A2 之间的间距不再是固定的，而是根据实际零件的制造偏差和 V 形块的夹角（本例为 90°）成为适应性的可变距离，成为这个柱面的分中设置可行性方案。当设计目的为对中的平面为第一基准面，上下高度为第二基准面时，这个基准对齐方法正好适应，比如在钻床上加工一个通过这个轴的中心轴线的通孔。

④ ISO 5459 建议用圆柱面定义基准方式代替螺纹、花键或齿轮特征这种复杂表面作为基准特征。默认情况下，使用节圆柱面作为基准，也就是说［PD］符号可以省略。当使用大径作为基准柱面时为［MD］，小径作为基准柱面时为［LD］。

| A[PD] |或| A |：表示使用节圆作为基准特征。

| A[MD] |：表示使用大径作为基准特征。

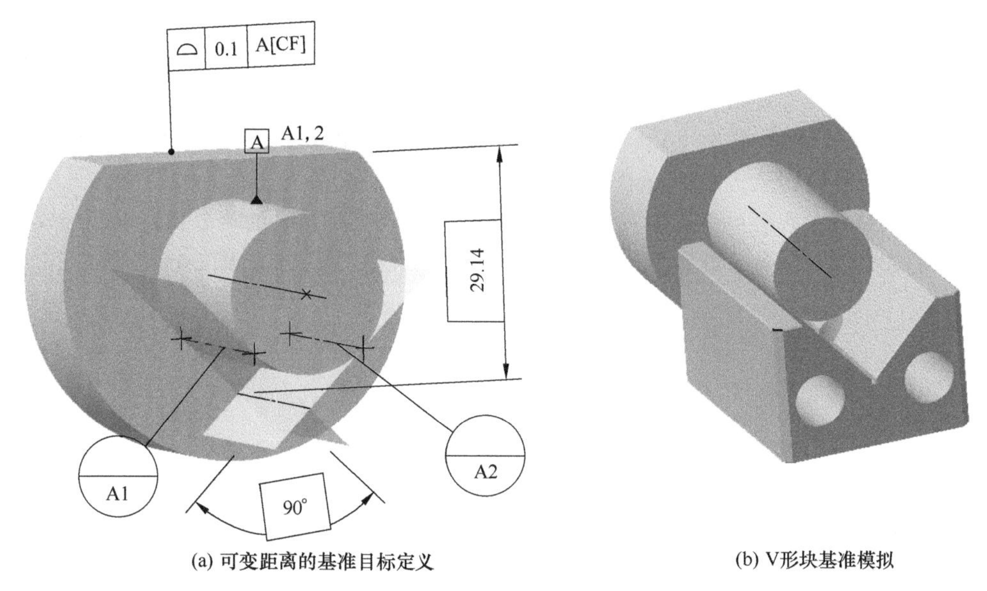

(a) 可变距离的基准目标定义　　(b) V形块基准模拟

图 4-13　V 形块的接触基准模拟定位

A[LD]：表示使用小径作为基准特征。

⑤ 基准特征标识后使用［PL］、［SL］、［PT］、><修正符号时可以调整约束的自由度数量。［PL］、［SL］、［PT］符号通常使用在复杂的曲面上，表示零件放置的支撑点的几何结构。><修正符号表示只有方向约束，无定位约束的基准。

A[PL]：表示放置的表面是平面，约束三个自由度。

A[SL]：表示放置的表面是直线，约束两个自由度。

A[PT]：表示放置的表面是点，约束一个自由度。

A[PL][SL]：表示放置的表面是平面和直线的组合，约束三个自由度。

如图 4-14 所示，位置度控制的孔同基准特征 A 和 B 在竖直方向的维度上都有位置控制，在尺寸定义上产生封闭尺寸链的问题，在制造误差的影响下，测量上会产生结果的矛盾，是不合理的定义。><修正符号解决了这个矛盾，基准 A 标识后没有修正符号，表示是受控的孔特征同基准 A 有位置和方向（平行）约束；而基准 B 后有标识><，表示位置约束无效，只有方向控制（平行）有效。这为工

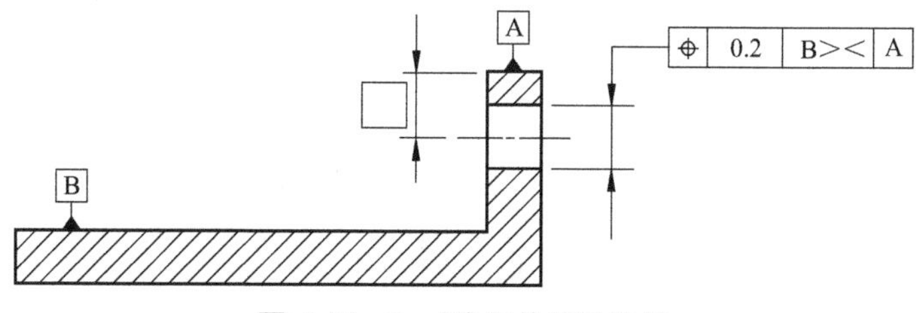

图 4-14　><修正的基准特征

程设计灵活性提供了解决方法，受控特征如果同多个几何特征之间有相关性，设计者应该避免定义上的冲突。另外如果受控特征是方向控制类型（如平行度、倾斜度、垂直度），＞＜符号的修正就没有意义。

⑥ 如图 4-15 所示，[DV] 修正了联合基准 B-B 两个孔中心距在定位时为可变距离，否则在零件制造过程中存在偏差的情况下，无法保证两个孔同工装或检具的装配。虽然 B-B 中心距可变，但是不影响此零件的基准建立。通过两个孔的中心轴线建立一个基准面，垂直于此基准面，通过两个孔的中心距中值建立第二个基准面。

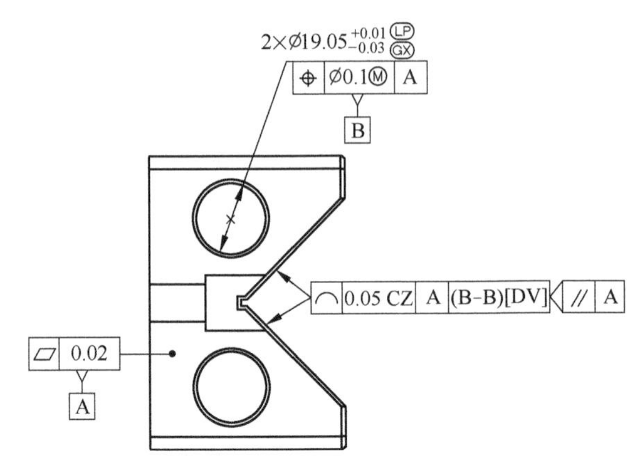

图 4-15 联合基准的 [DV] 修正

⑦ 通常基准的应用高度范围为基准特征的高度，而投影Ⓟ修正了基准高度为抽象的高度，为抽象的被装配零件的配合高度。

如图 4-16 所示，基准特征 B 并非零件上的孔，而是压入定位销后在基准面 A 上通过 6mm 高度的一段柱面来定位的，基准特征 B 本身也是使用了投影公差Ⓟ进行定义。然后 $\phi 12$ 孔参考基准 B 进行位置度控制，因为基准 B 是组装了基准销后的抽象高度，因此使用Ⓟ修正。

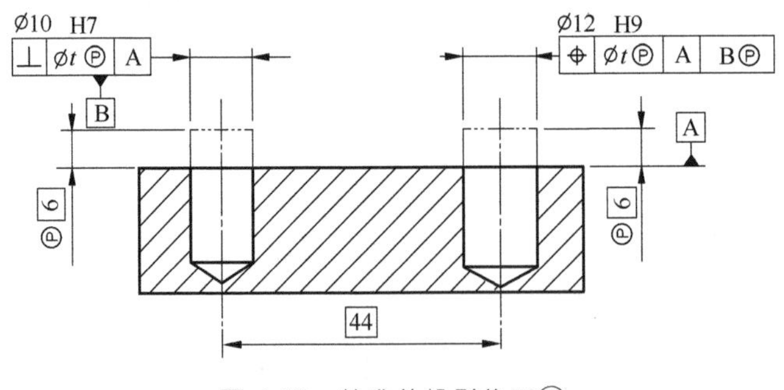

图 4-16 基准的投影修正Ⓟ

⑧ 基准的材料修正符号可以使用三种方案，分别是默认的独立原则、最大实体原则要求Ⓜ、最小实体材料原则要求Ⓛ。独立原则要求的定位目的是进行对中装配，最大实体原则要求的目的是在不破坏装配的条件下以最低的制造成本进行公差

设计，最小实体原则在基准上的应用比较少见，因为最小实体原则创建的定位边界是在材料内部。关于这三个实体材料修正的计算、应用方法，我们将在 ISO 2692 这个标准中进行综合的解读。

对于不同的材料和工艺，基准标注的方式也不同，图 4-17 是冲压件的基准设置方法。因为冲压件属于柔性和异形零件，基准定义比较复杂。GPS 定义时需要考虑材料厚度方向，如图中虚线所示，影响定位支撑的方向。对于汽车车身冲压件，因为是在整车坐标系下进行设计，所以基准点需要给出 *XYZ* 的理论坐标值供制造者参考。对于柔性件，在自然状态下可能超差，但由于本身的柔性容差

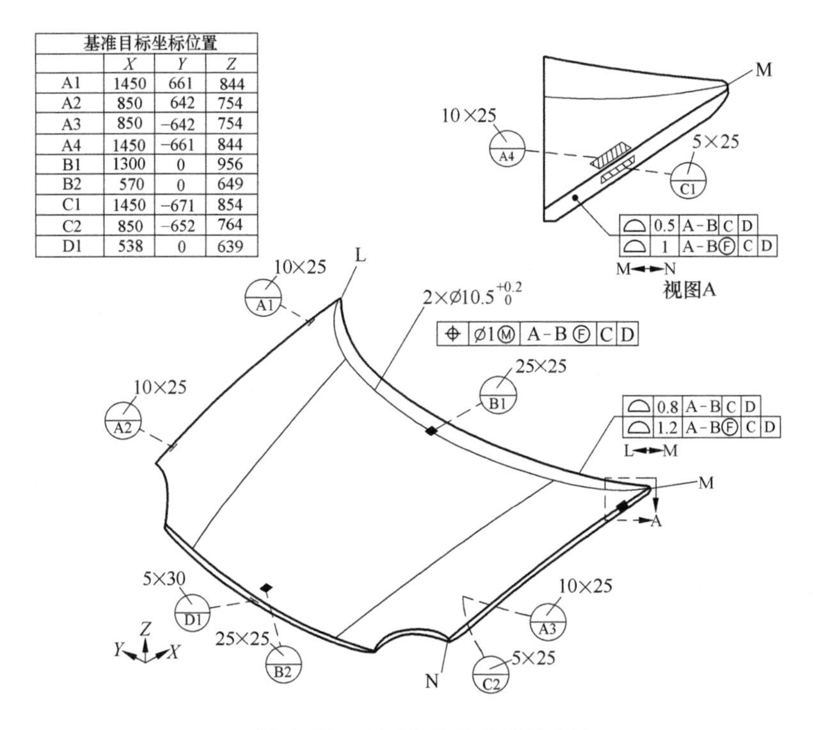

基准目标坐标位置			
	X	*Y*	*Z*
A1	1450	661	844
A2	850	642	754
A3	850	−642	754
A4	1450	−661	844
B1	1300	0	956
B2	570	0	649
C1	1450	−671	854
C2	850	−652	764
D1	538	0	639

图 4-17　冲压件的基准设置方法

基准目标坐标位置			
	X	*Y*	*Z*
A1	1450	661	844
A2	850	642	754
A3	850	−642	754
A4	1450	−661	844
B1	1300	0	956
B2	570	0	649
C1	1450	−671	854
C2	850	−652	764
D1	538	0	639

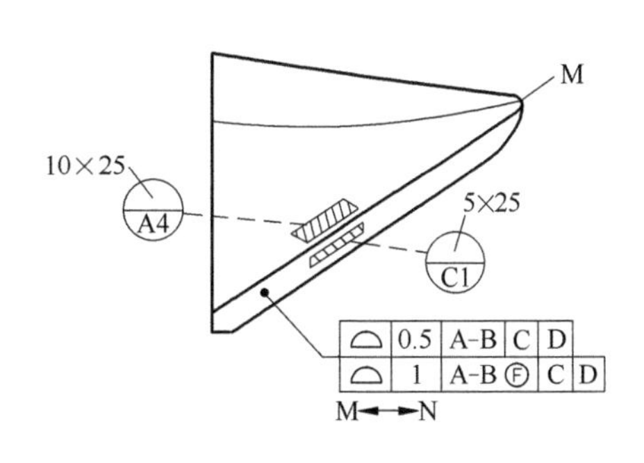

图 4-18　冲压件的 A 基准通常为基准目标，多点支撑定位

性，在装配时可能不会影响质量，这种情况在质量控制中通常考虑为合格零件，这就诞生了 ISO 10579 非刚性件的 ISO GPS 的定义方法。如图 4-18 所示，基准目标 A 可以在一定的约束力下夹紧测量。因为异形件的重心不稳等原因，通常冲压件的定位为 N-2-1 方式，$N \geqslant 4$。主要的基准方案一般选择 2 孔 N 面法实现基准框架的设置。

对于刚性件，默认所有的尺寸都是在除了重力以外的力下进行测量的，而且默认刚性（即不会受到任何约束力变形）。刚性件的基准方案按照 3-2-1 的原则进行定义。刚性件通常是指机加工件，因为形状比较规则，可以使用三面法（6 点法）或 2 孔 1 面法进行定位。如图 4-19 所示为机加工件的基准设置，区别于冲压件，机加工件通常需要多个工位的加工，因此需要基准从毛坯、半成品到最终产品的定位传递，基准的传递必然导致误差累积。如何通过 GPS 的设计技术使基准误差累积最小，一直是行业关注的课题，一般的解决方案是优化加工夹具来实现，而夹具的方案其实就是基准的定位设计。

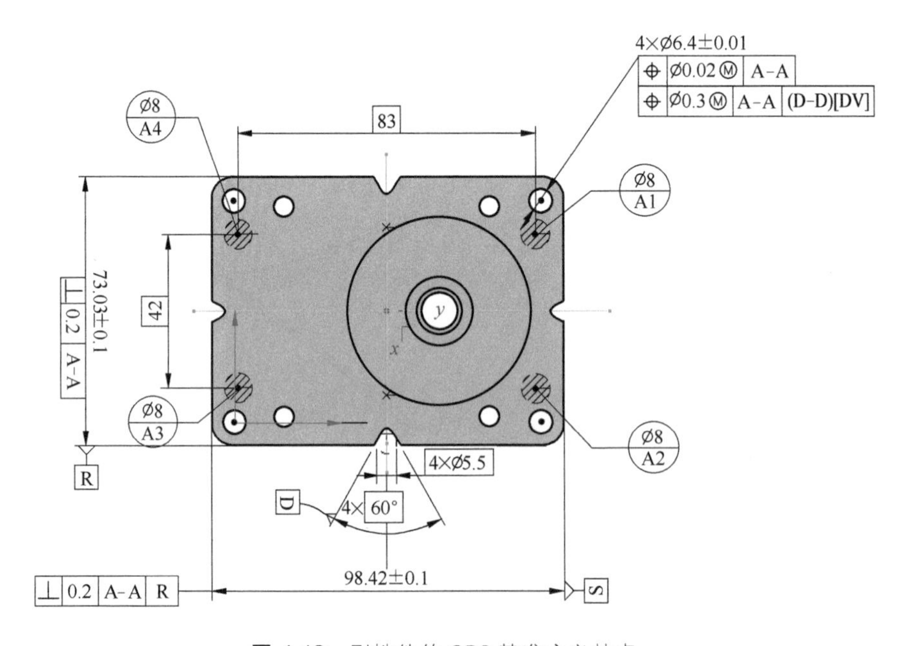

图 4-19 刚性件的 GPS 基准定义特点

塑料件属于柔性件范畴，但是由于本身在结构上的成型工艺优势，基准的设计相对简单，通常采用的方式为 2 孔 N 面法。如图 4-20 所示，基准 A 是安装平面，通过 M4 螺栓紧固，作为柔性件，应在图纸定义的夹紧力（10～15N·m）下测量。另外需要注意的是，塑料件过于柔性（对比冲压件），所以需要将塑料件所有的安装点安装后进行测量，比如侧面 $\phi 5$ 的孔需要安装转矩扭紧，左上的卡扣要在检具上进行模拟卡紧，上侧的翻边也要求在模拟卡紧的工装上定位后再进行测量。

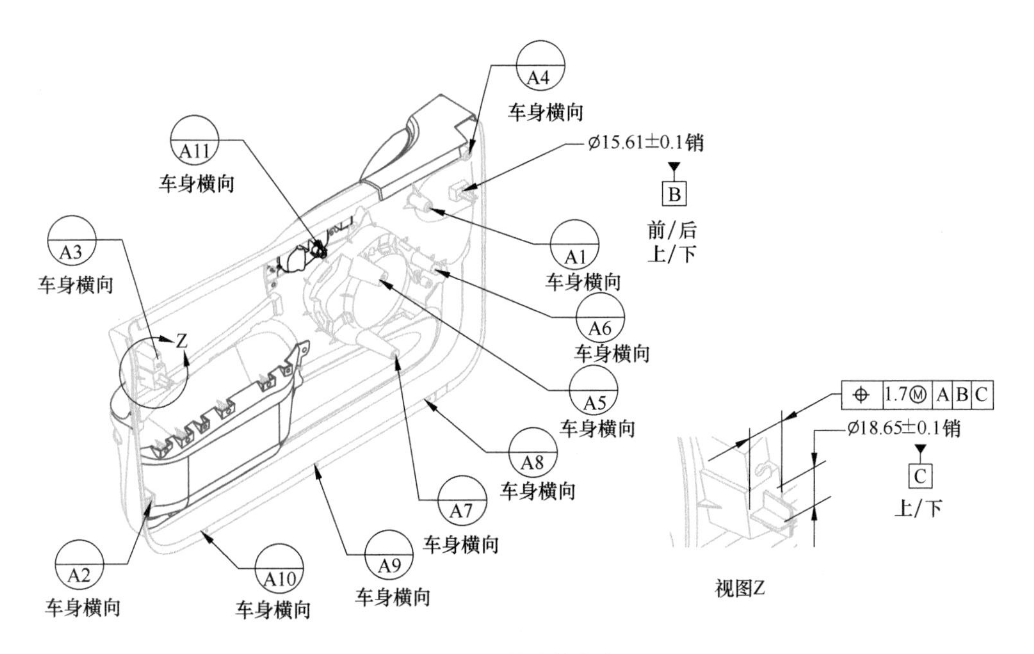

图 4-20　塑料件的基准方案

连接器结构紧凑，安装点多，这种复杂的电子产品可以通过合理的基准设置合理的分配制造公差，提高合格率。图 4-21 是 Type-C 连接器插头推荐的基准设置方法，产品使用了 | | A | B | C | 基准框架。基准 A 为连接器的同插座配合的安装前端面。G 视图的剖面结构显示了基准 B 的设置，是同插座插舌在高度上配合的中心面。A-A 视图中显示了 C 基准为插头开口长度方向的中心面。

如图 4-22 所示是 Type-C 连接器的插座基准设置和 GPS 定义，对应于插头的基准布置，也使用了 | | A | B | C | 基准框架。基准 A 为视图 A-A 中的插舌底部。基准 B 为插舌的厚度方向中心面，使用了 4 个基准目标点进行控制，分别为上下最远距离的两侧信号接触触点。基准 C 为插舌宽度的中心面。

图 4-23 为 Type-C 连接器在电路板上的安装要求的基准设置和 GPS 要求。电路板上如果是贴片工艺，需要给出贴片机图像识别定位的基准。打印电路板使用了 | | A | B | C | 基准框架，2 孔 1 面法的常用定位方式。A 基准为电路板的上表面，B 基准为 $\phi0.65$ 的孔，C 基准是宽度为 0.65 的长圆孔。

图 4-24 是 USB3.1 在打印电路板上的安装基准定义和 GPS 要求，使用了联合基准的定位方法，基准框架为 | | A | B | C |。以两个长圆孔的长度方向中心连线建立坐标系 X 轴，以两个长圆孔的宽度中心的中心线建立坐标系 Y 轴。

对比图 4-23 和图 4-24，可以了解到不同的电子设计团队有不同的基准解决方案，相对应的贴片设备的识别和定位的方案也不同。

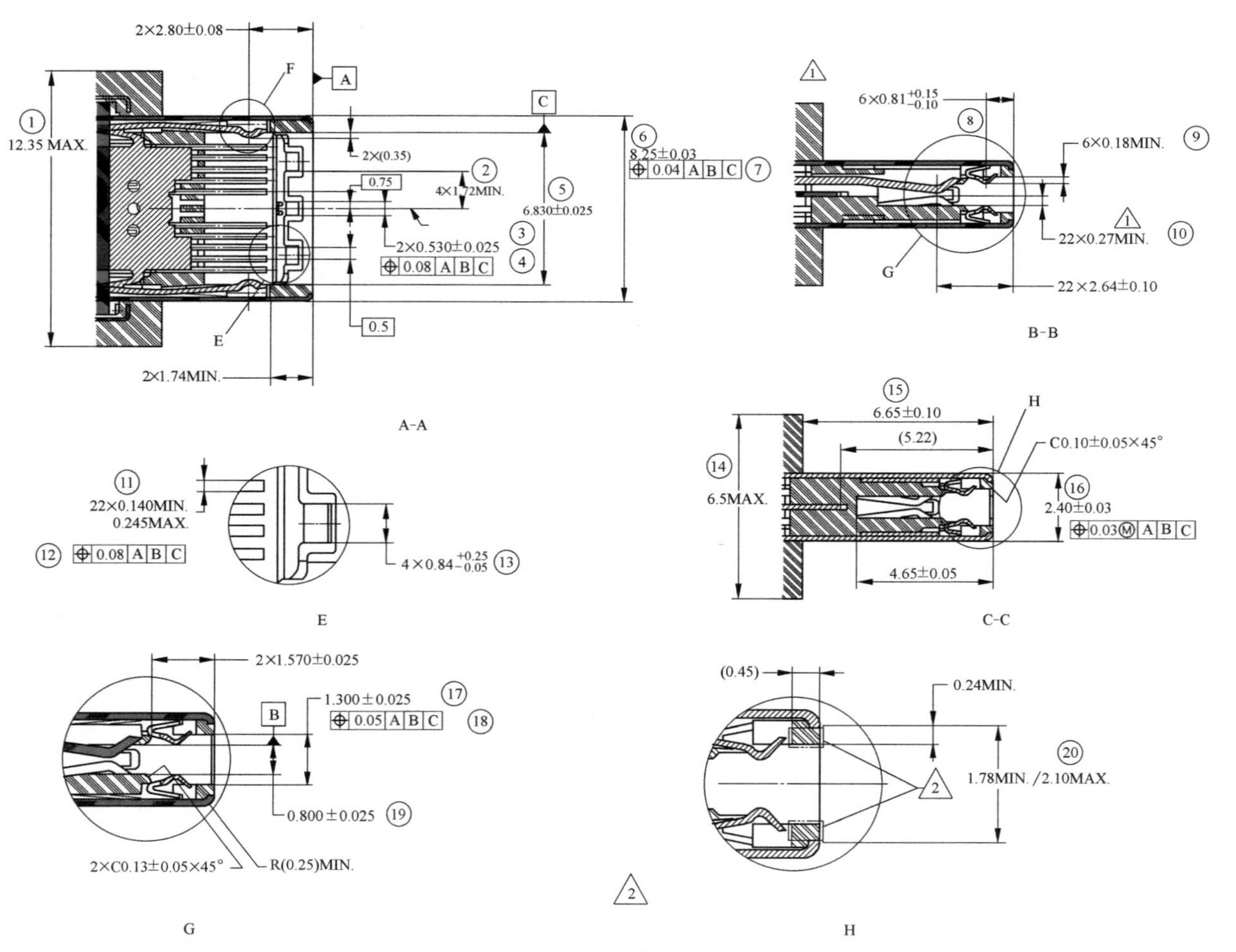

图 4-21 Type-C 连接器插头的基准设置

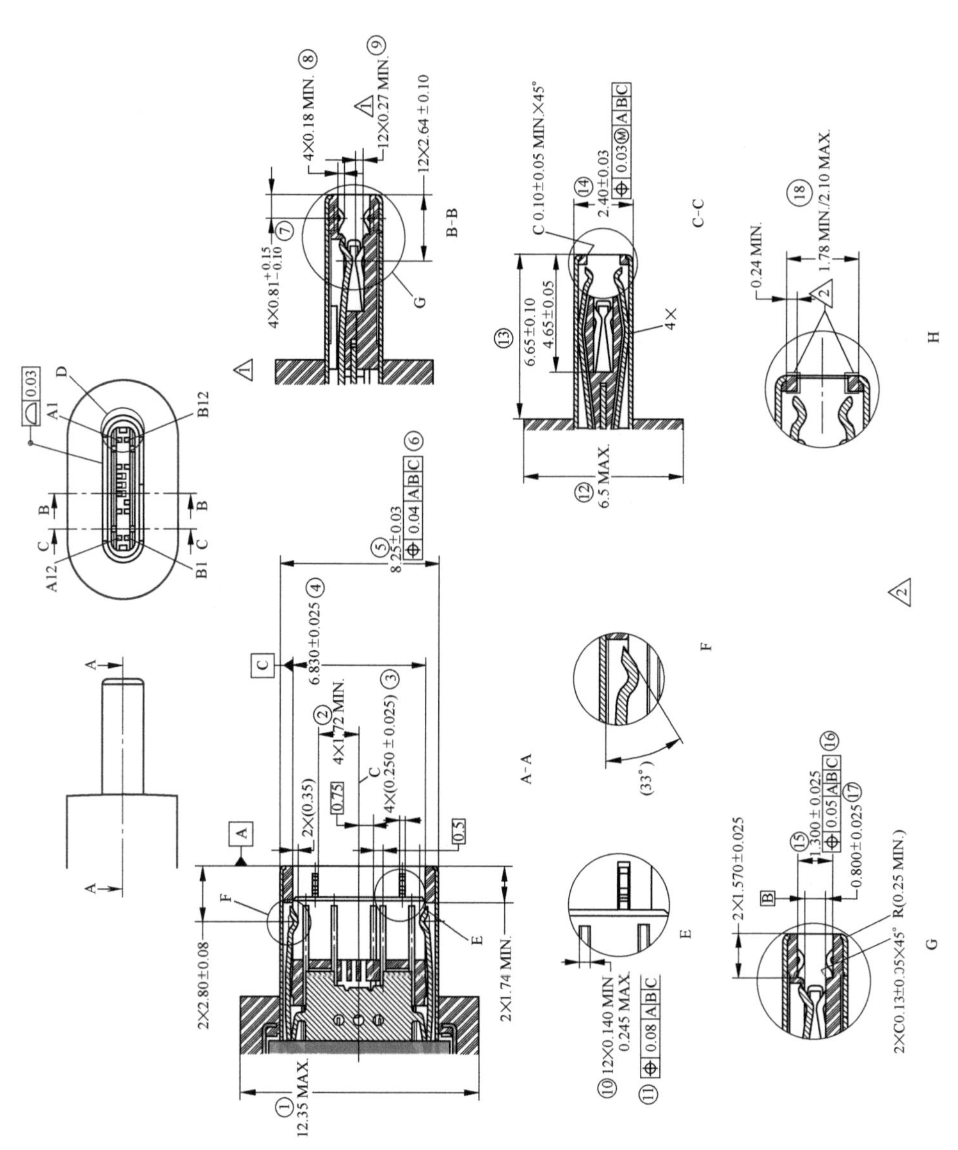

图 4-22 Type-C 连接器插座的基准设置

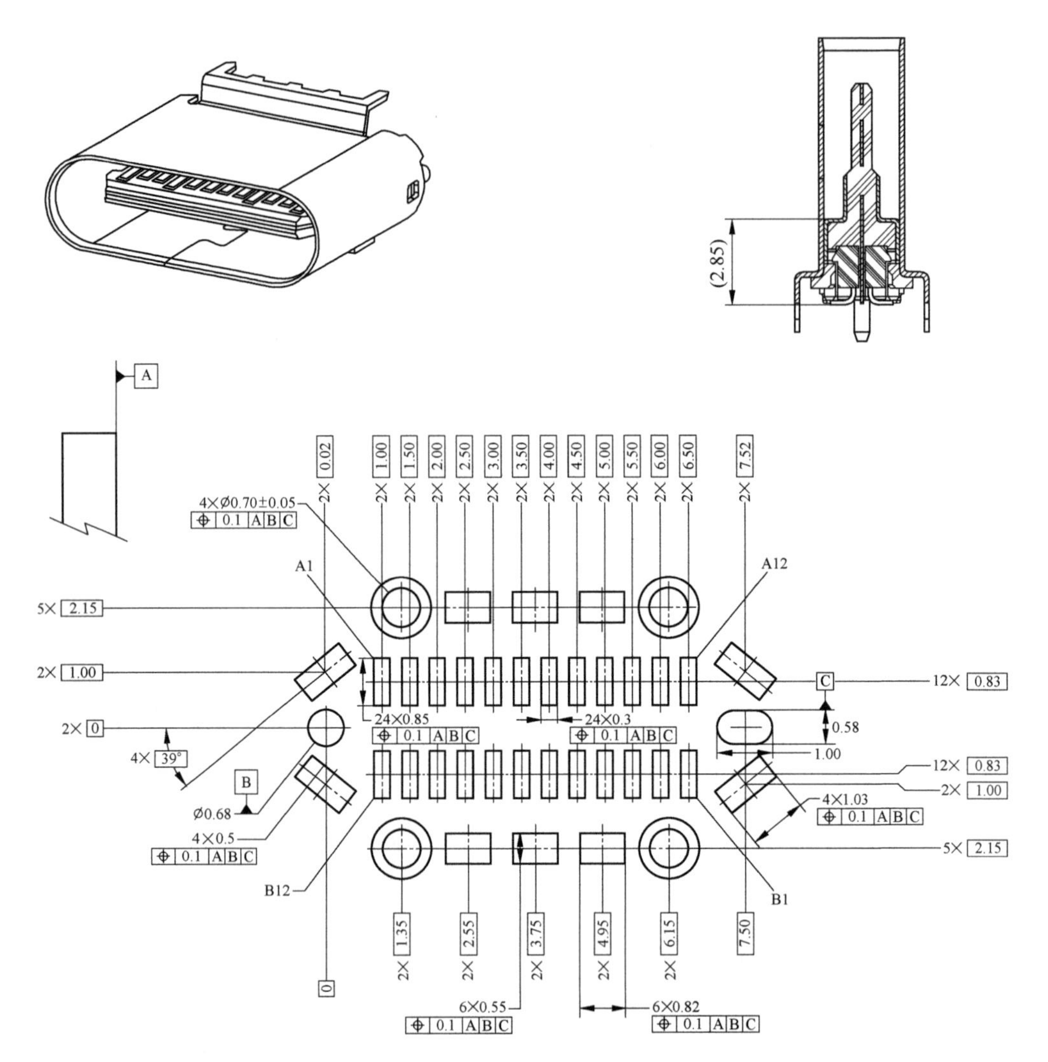

图 4-23 Type-C 连接器在 PCB 上的安装基准规范

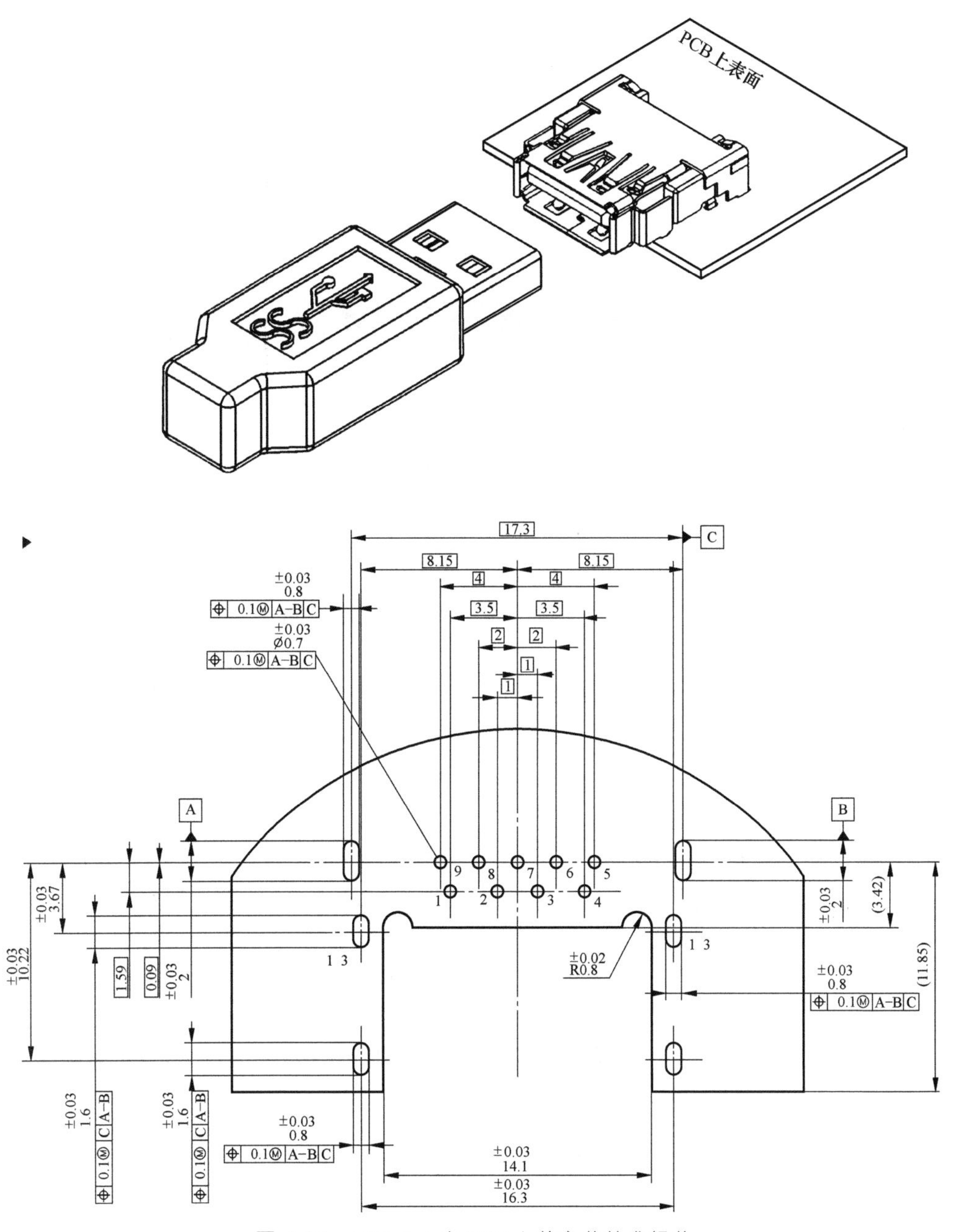

图 4-24　USB 3.1 在 PCB 上的安装基准规范

第5章 阵列特征的定义 ISO 5458

ISO 5458 定义了 ISO GPS 系统中较为复杂的阵列特征的部分，因为工程应用中阵列特征的主要形式为孔或销的阵列，为了装配目的进行设计，所以 ISO 5458 也被称为位置度的高级应用部分。

ISO 5458 主要引用了以下修正符号来解决复杂的阵列特征的定义问题，见表 5-1。

表 5-1　ISO 5458 的主要符号和术语

应用于	缩写	全称	内部约束
受控特征	UF	组合特征 united feature	无应用
	SZ	独立特征 separate zones	否
公差带	SIM*i*	同步要求(按序号 *i*) simultaneous requirement No. *i*	定向和定位
	CZ	组合公差带 combined zone	定向和定位
	CZR	组合公差带(只约束旋转)	定向

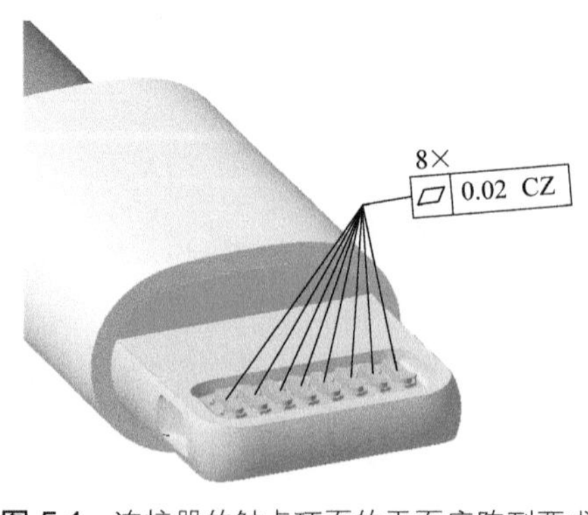

图 5-1　连接器的触点顶面的平面度阵列要求

阵列特征有两种，实际面的阵列和抽象的尺寸特征阵列（如直径特征的轴线）。

如图 5-1 所示，连接器的 8 个顶面为了同配合插座接触均匀，要求相互保持在同一平面上，如图设计要求允许的相互之间平面度偏差为 0.02mm。为实现这个控制目的，如图 5-2（a）所示，平面度公差值 0.02 后面需要有 CZ（common zone，组合公差带）修正。图 5-2（b）为平面度控制效果，每个平面除了保证自身的平面度要求外，还要求 8 个平面的公差带的中心线在一条直线上，或者说 8 个平面使用一个共同的平面度公差带。在 ISO 5458 中，SIM（同步要求）修正也可以实现同 CZ 一样的控制作用，区别是 SIM 除了可以使用相同的几何结构特征，还可以应用不同的几何结构，但是是在同一个基准框架的阵列公差带。而 CZ 只能使用相同几何结构，且在相同的基准框架上的阵列特征的公差带。

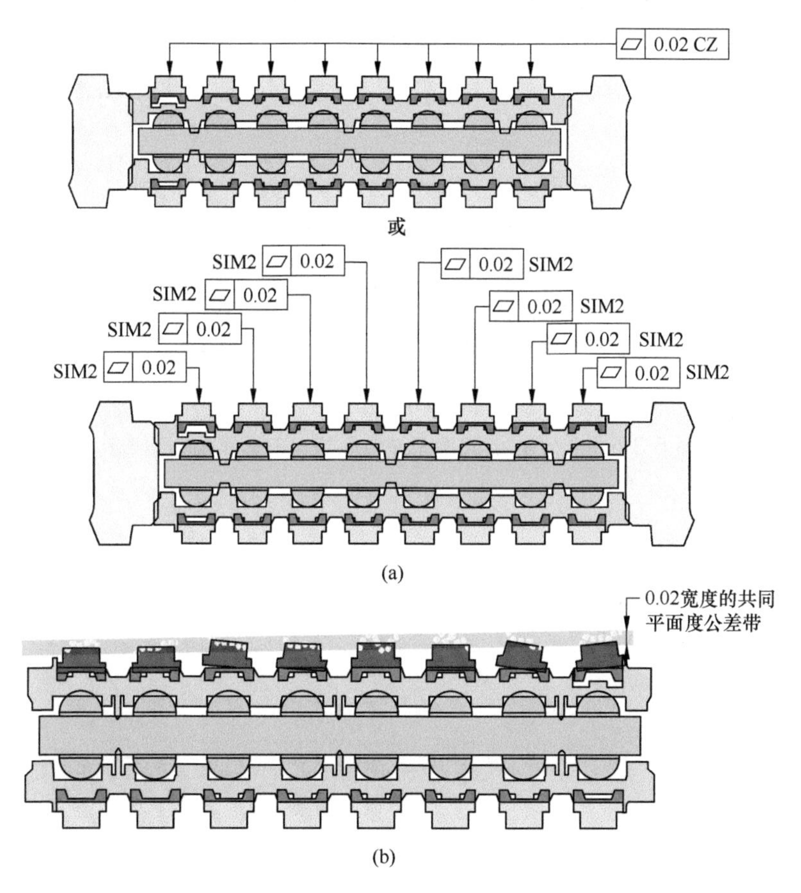

图 5-2　面阵列使用 CZ 修正的平面度公差带

因为 ISO 8015 规定默认独立原则，如果公差控制框中无 CZ 符号，那么默认独立要求，同标注 SZ 符号时意义相同。图 5-3（a）表示了两种独立要求的公差控制方式，如果是独立原则，8 个触点顶面只需要满足各自的 0.02mm 的平面度要求，而不需要考虑 8 个公差带之间的相互关系，所有 8 个平面各自独立验证。显然图 5-2（a）的方式比图 5-2（a）的方式成本要低。

图 5-4 是 3 个阵列孔的定义。阵列孔的应用意义是指这 3 个孔在装配的时候是同步进行装配，不但 3 个孔各自的位置需要满足，孔和孔之间的相互位置（中心距）也需要满足。

第四行公差控制框位置度定义的是三个孔的中心轴线的位置要求，$\phi 0.01$ 的圆

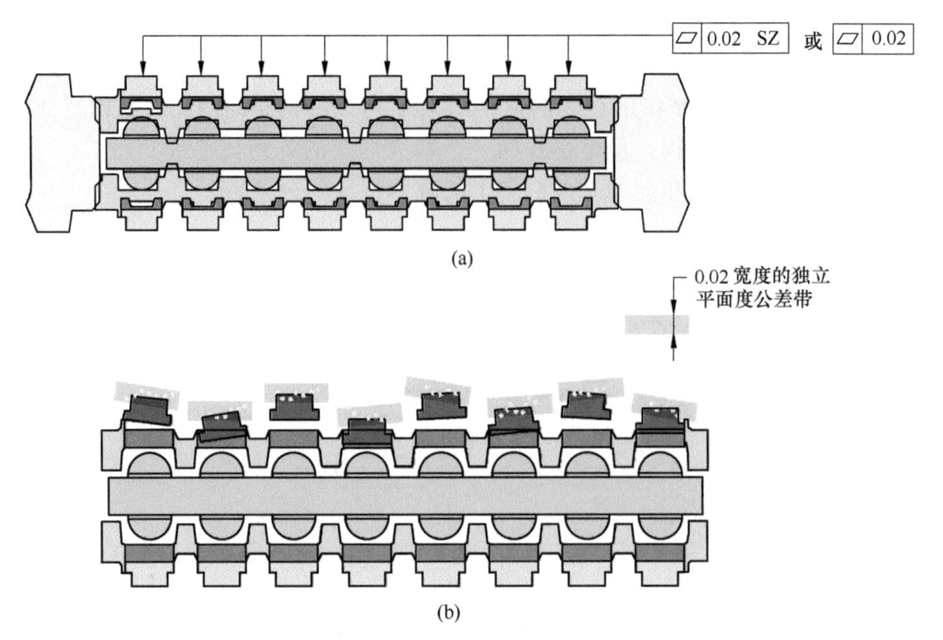

图 5-3 面阵列使用 SZ 修正或默认情况下的平面度公差带

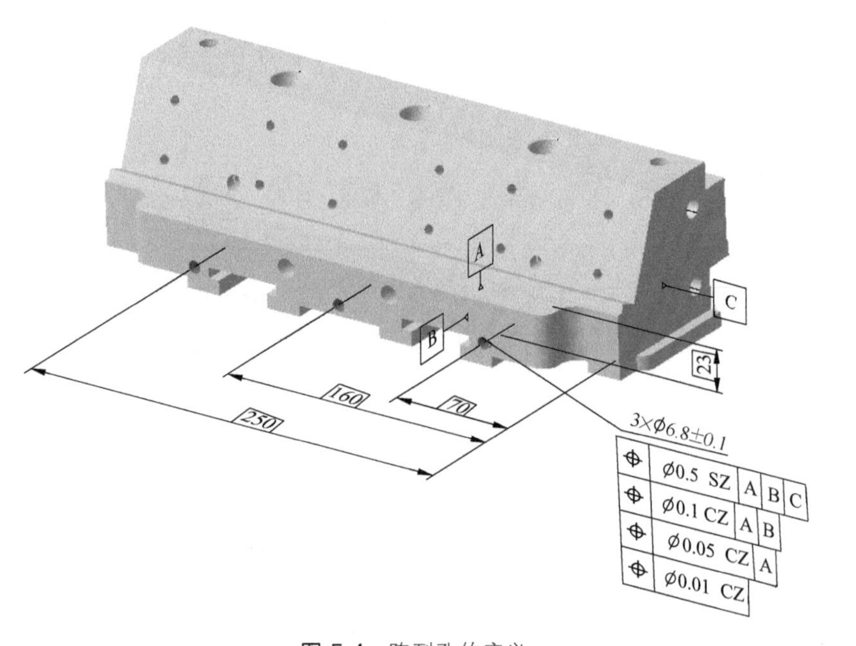

图 5-4 阵列孔的定义

柱面公差带是孔的中心轴线的位置允许的空间浮动范围（图 5-5）。此行因为无基准框架约束，所以无全局位置要求（在零件上的位置要求），三个圆柱面公差带可以在空间中同步旋转和平移；但是 CZ 修正符号约束三个公差带中心连线在同一条直线上（定向要求），而且公差带的中心轴线的相互位置为 90mm（内部定位要求）。

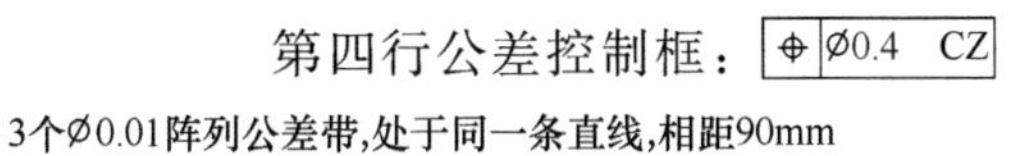

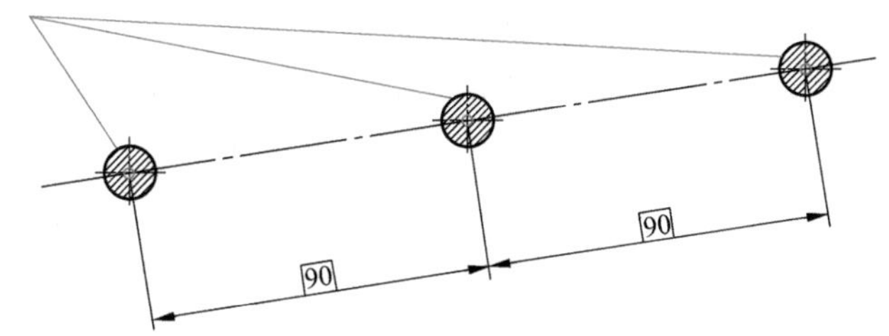

图 5-5　第四行公差控制框公差带

第三行公差控制框位置度定义的也是三个孔的中心轴线的位置要求，$\phi 0.05$ 的圆柱面公差带是孔的中心轴线的位置允许的空间浮动范围（图 5-6）。此行有基准 A 约束，所以三个公差带的中心轴线相对于基准面 A 有 23mm 位置要求（在零件上的位置要求和定向要求），三个圆柱面公差带可以在空间中同步在基准 B 和 C 方向上平移；并且 CZ 修正符号约束三个公差带中心连线在同一条直线上（定向要求），而且公差带的中心轴线的相互位置为 90mm（内部定位要求）。

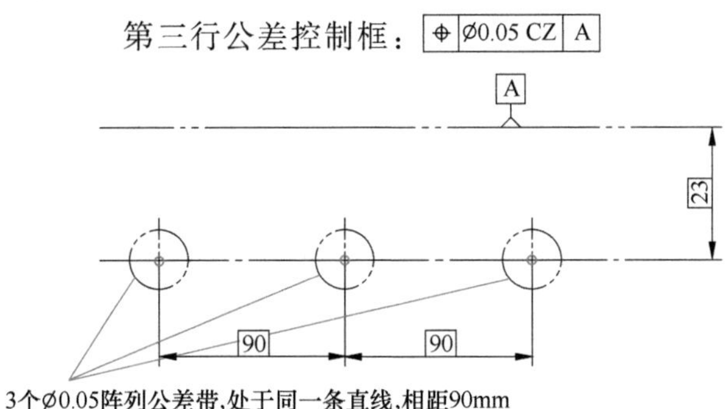

图 5-6　第三行公差控制框公差带

第二行公差控制框位置度定义的也是三个孔的中心轴线的位置要求，$\phi 0.1$ 的圆柱面公差带是孔的中心轴线的位置允许的空间浮动范围（图 5-7）。此行有基准 A、B 约束，所以三个公差带的中心轴线相对于基准面 A 有 23mm 位置要求（在零件上的位置要求和定向要求），且垂直于基准面 B，三个圆柱面公差带可以在空间中同步在基准 C 方向上平移；并且 CZ 修正符号约束三个公差带中心连线在同一条直线上（定向要求），而且公差带的中心轴线的相互位置为 90mm

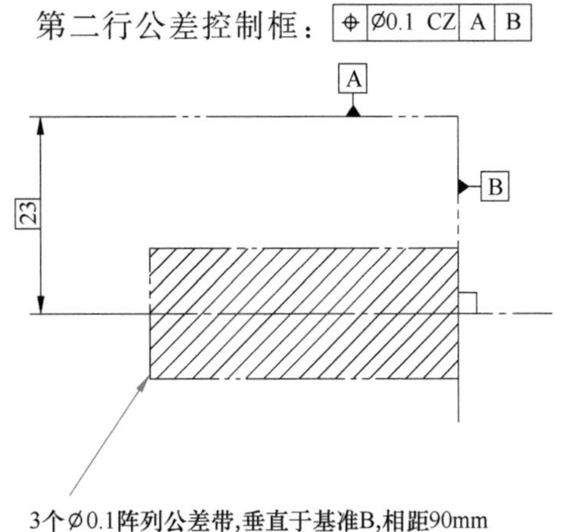

图 5-7　第二行公差控制框公差带

（内部定位要求）。

第一行公差控制框位置度定义的也是三个孔的中心轴线的位置要求，ϕ0.5 的圆柱面公差带是孔的中心轴线的位置允许的空间浮动范围（图 5-8）。此行有充分基准框架 A、B、C 约束，三个公差带的中心轴线相对于基准面 A 有 23mm 位置要求（在零件上的位置要求和定向要求），且垂直于基准面 B（定向要求），三个圆柱面公差带中心分别同基准 C 在水平方向上位置为 70mm、160mm、250mm。SZ 修正符号表示各公差带只需满足自身的要求。

第一行公差控制框：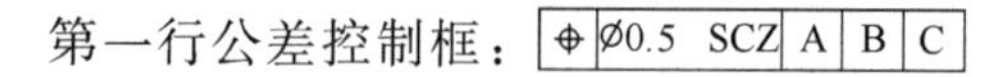

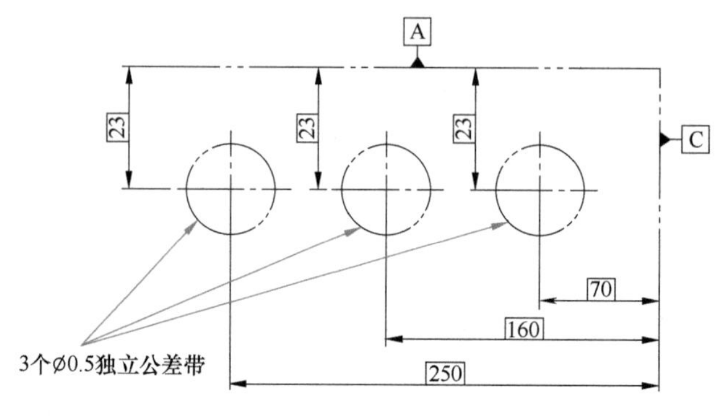

图 5-8　第一行公差控制框公差带

图 5-9 为组合公差控制框的公差带叠加效果，缺少第二行在侧视图方向的公差带叠加。检测时当 4 行公差控制框在合格范围内时，接收为合格品，相当于 4 个公差控制框公差带重叠部分为合格区域。

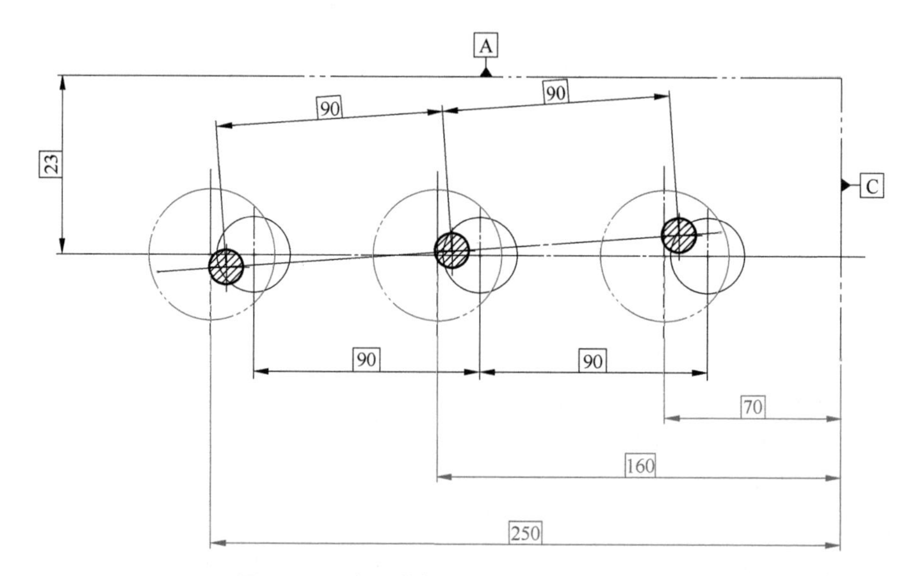

图 5-9　组合公差控制框叠加在一起的结果

在工程设计上可能会遇到比较复杂的嵌套阵列特征，如图 5-10 所示，零件有两级阵列特征嵌套，零件共有 8 个孔，两个标记为 B 的孔为一级阵列，然后组成 A 阵列。如图 5-10 所示，这种嵌套阵列孔在工程应用中很广泛（图 5-11），电路板上有七个电阻 R1～R7。每个电阻有两个安装孔。这些电阻在设计上应该保证每个电阻引脚能够自动插入孔中，还要求保证电阻在空间上与其他元件的最小间距。14 个安装孔、2 个引脚孔为第一级阵列，控制每个电阻的装配；而 7 组孔为控制元件安装间距的第二级阵列，它们功能不同所以分开控制。为了实现这一工程应用目的，才产生组合公差控制框的应用。

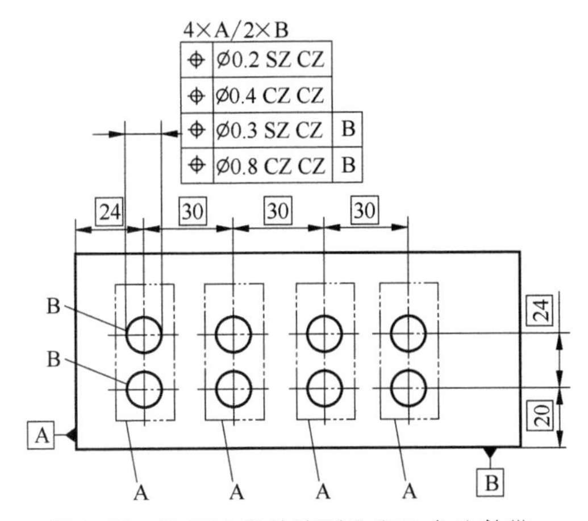

图 5-10 两级嵌套的阵列孔和组合公差带

图 5-11 嵌套阵列孔在电子行业的应用

公差控制框中出现两个关于阵列的修正符号，表示此设计包含两个阵列嵌套。第一个 CZ 或 SZ 符号修正最高级（第二级）嵌套阵列，第二个 CZ 或 SZ 符号修正第一级嵌套阵列。图 5-10 的组合公差控制框的尺寸公差部分 4×A 表示嵌套的最高级，即对应于 A 阵列控制，在第一行公差控制框是 SZ 独立修正。2×B 表示第一级嵌套阵列，在第一行公差控制框是 CZ 联合修正。CZ、SZ、CZR 的不适当组合会产生

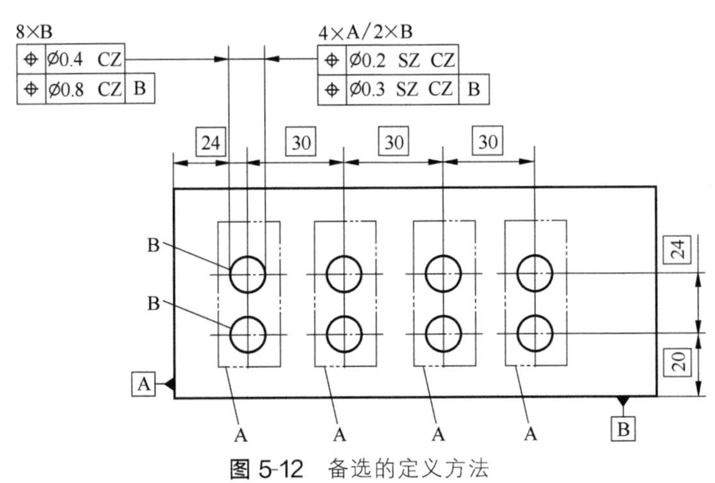

图 5-12 备选的定义方法

矛盾，有更深入应用的读者可以参考ISO 5458给出的列表所指导的组合选择。

图5-10转换成如图5-12的标注形式更容易理解。

图5-12中的左右两组组合公差控制框的解释：

⌖ Ø0.4 CZ：

位置度控制的是8个孔的中心轴线位置，图5-10中的CZ相当于定义了8个孔在一级阵列中，所以此行公差控制框创建了8个相互平行，且水平相距30mm、垂直距离为24mm的圆柱面ϕ0.4mm公差带，无基准框架约束。

⌖ Ø0.8 CZ B：

位置度控制的是8个孔的中心轴线位置，图5-10中的CZ相当于定义了8个孔在一级阵列中，所以此行公差控制框创建了8个相互平行，且水平相距30mm、垂直距离为24mm的圆柱面ϕ0.8mm公差带。区别于第一行，增加约束公差带距离B基准20mm。

⌖ Ø0.2 SZ CZ：

公差控制框中出现两个阵列修正符号，按照ISO 5458规则，SZ作用在4个标记为A的阵列孔，CZ作用在2个标记为B的阵列孔。

位置度控制的是8个孔的中心轴线位置，这些公差带中，每2个相互平行、垂直距离为24mm的圆柱面ϕ0.2mm公差带，无基准框架约束。水平距离30mm是控制A阵列约束，因为SZ修正，这个距离不起作用，无基准约束。

⌖ Ø0.3 SZ CZ B：

公差控制框中出现两个阵列修正符号，按照ISO 5458规则，SZ作用在4个标记为A的阵列孔，CZ作用在2个标记为B的阵列孔。

位置度控制的是8个孔的中心轴线位置，这些公差带中，每2个相互平行、垂直距离为24mm的圆柱面ϕ0.3mm公差带，无基准框架约束。水平距离30mm是控制A阵列约束，因为SZ修正，这个距离不起作用。距离B基准20mm。

图5-13的公差控制框上部有4×标记，表示4个特征组成的阵列。观察发现零件结构为四个10mm的边组成的正方形几何特征，组成阵列特征的为4条边。

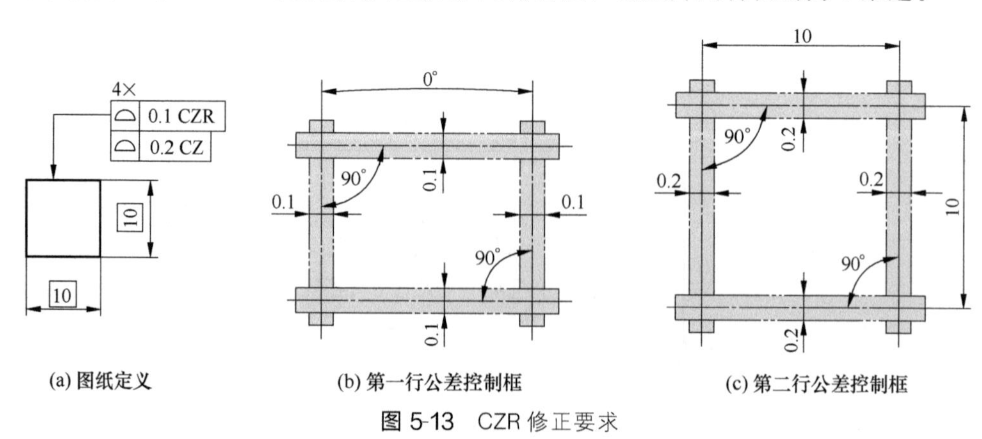

(a) 图纸定义 (b) 第一行公差控制框 (c) 第二行公差控制框

图5-13 CZR修正要求

第6章 几何公差

6.1 控制符号和修正符号

ISO GPS 的几何公差控制符号有 14 种，如表 6-1。这些符号在控制上按功能分为形状控制、定向控制、定位控制和跳动控制，在参考基准上分为不相关控制和相关控制。

表 6-1 14 种 ISO GPS 几何公差控制符号

<table>
<tr><th>符号</th><th>名称</th><th>分类</th><th></th></tr>
<tr><td>—</td><td>直线度</td><td rowspan="6">形状</td><td rowspan="6">不相关控制</td></tr>
<tr><td>⏥</td><td>平面度</td></tr>
<tr><td>○</td><td>圆度</td></tr>
<tr><td>⌭</td><td>圆柱度</td></tr>
<tr><td>⌒</td><td>线轮廓度</td></tr>
<tr><td>⌓</td><td>面轮廓度</td></tr>
<tr><td>//</td><td>平行度</td><td rowspan="3">定向</td><td rowspan="3">相关控制</td></tr>
<tr><td>⊥</td><td>垂直度</td></tr>
<tr><td>∠</td><td>倾斜度</td></tr>
</table>

续表

符号	名称	分类	
⌒	线轮廓度	定向	相关控制
⌓	面轮廓度		
⌖	位置度	定位	
◎	同心度(中心点)		
◎	同轴度(中心轴线)		
⌯	对称度		
⌒	线轮廓度		
⌓	面轮廓度		
↗	圆跳动	跳动	
⌰	全跳动		

围绕几何公差控制框，ISO GPS定义了针对14种公差控制方式的修正符号，见表6-2。如果说控制符号决定了设计的控制目的（定义了特征的大小、形状、方向和位置），那么修正符号修正了这些控制符号产生的公差带，比如公差带的大小、形状、范围等。

表6-2 ISO GPS几何公差控制修正符号

修正符号	名称	修正符号	名称
[15]	名义尺寸	SZ	独立公差带
←→	之间	UZ	不等边轮廓度
→	从……到……	ACS	任意截面
Ⓐ	提取特征	◁[//|B]	相交面参考
Ⓕ	自由状态	◁[//|B]▷	定向面参考
Ⓟ	投影公差	←[//|B]	方向参考
Ⓛ	最小实体要求	○[//|B]	联合特征参考
Ⓜ	最大实体要求	LD	小径
Ⓡ	可逆要求	MD	大径
CZ	联合公差带	PD	中径(节圆直径)

6.2 直线度控制平面

直线度控制平面见表6-3。

表6-3 直线度控制平面

符号	类型	基准参考	公差带形状	可用公差修正符号	可用基准修正符号
—	形状	无	平行线	Ⓕ CZ	无

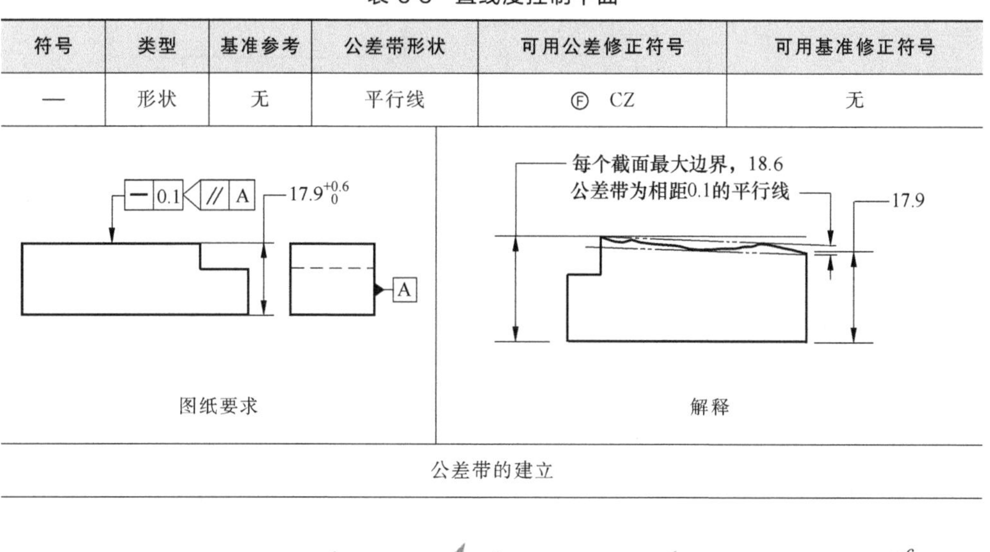

图纸要求　　解释

公差带的建立

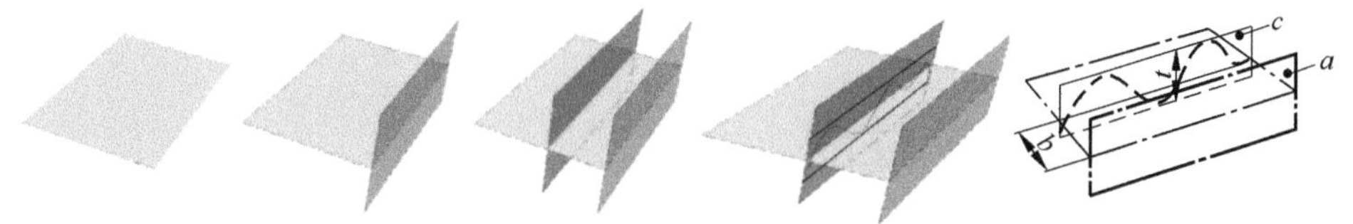

a—方向参考面 A；b—任意距离；c—平行于 A 的相交面；t—直线度公差带宽度

注意	①最大边界＝MMS＋直线度公差带。 ②直线度公差带可以大于尺寸公差带。 ③任意两点局部尺寸必须处于 LMS 和 MMS 之间

6.3 直线度控制平面与Ⓔ包容原则修正

直线度控制平面与Ⓔ包容原则修正见表6-4。

表 6-4　直线度控制平面与Ⓔ包容原则修正

符号	类型	基准参考	公差带形状	可用公差修正符号	可用基准修正符号
—	形状	无	平行线	Ⓕ　CZ	无

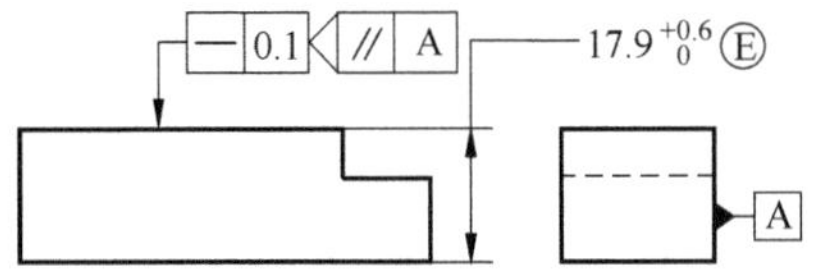

图纸要求 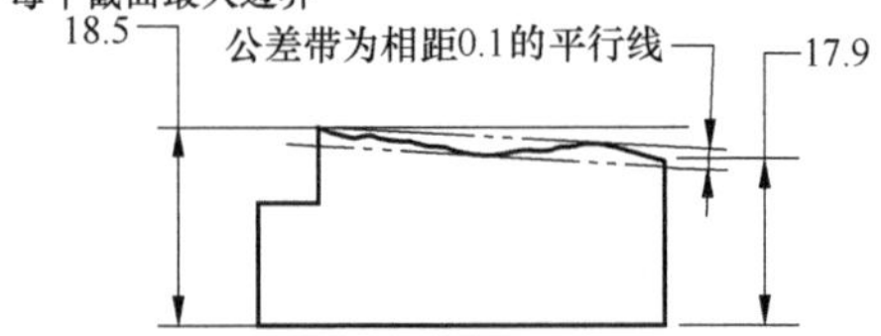　　解释

公差带的建立

a—方向参考面 A；b—任意距离；c—平行于 A 的相交面；t—直线度公差带宽度

注意	①包容边界＝MMS。 ②直线度公差带≤尺寸公差带。 ③任意两点局部尺寸必须处于 LMS 和 MMS 之间

6.4　直线度控制柱面

直线度控制柱面见表 6-5。

表 6-5　直线度控制柱面

符号	类型	基准参考	公差带形状	可用公差修正符号	可用基准修正符号
—	形状	无	平行线	Ⓕ　CZ	无

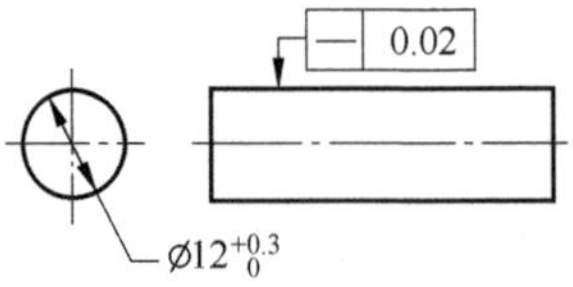

图纸要求 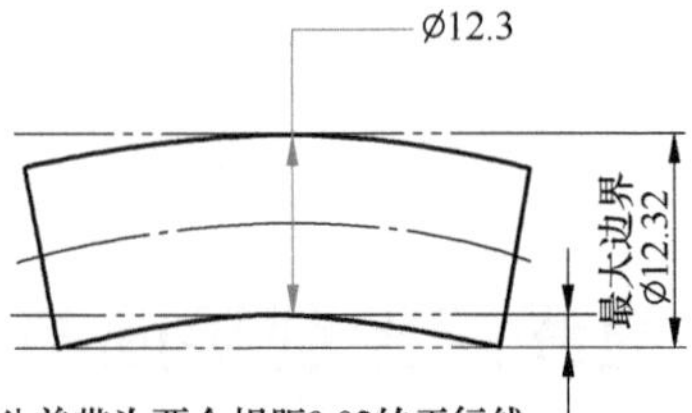　　解释

续表

公差带的创建

t—直线度公差带宽度

注意	①直线度公差独立控制柱面的每个组成线元素。 ②平行线公差带处于通过柱面轴线的任意相交面上。 ③轴最大边界＝直线度公差＋尺寸公差。 ④直线度公差值可以大于尺寸公差值。 ⑤任意两点局部尺寸必须在 LMS 和 MMS 之间

6.5 直线度控制轴线

直线度控制轴线见表 6-6。

表 6-6 直线度控制轴线

符号	类型	基准参考	公差带形状	可用公差修正符号	可用基准修正符号
—	形状	无	平行线	Ⓕ CZ	无

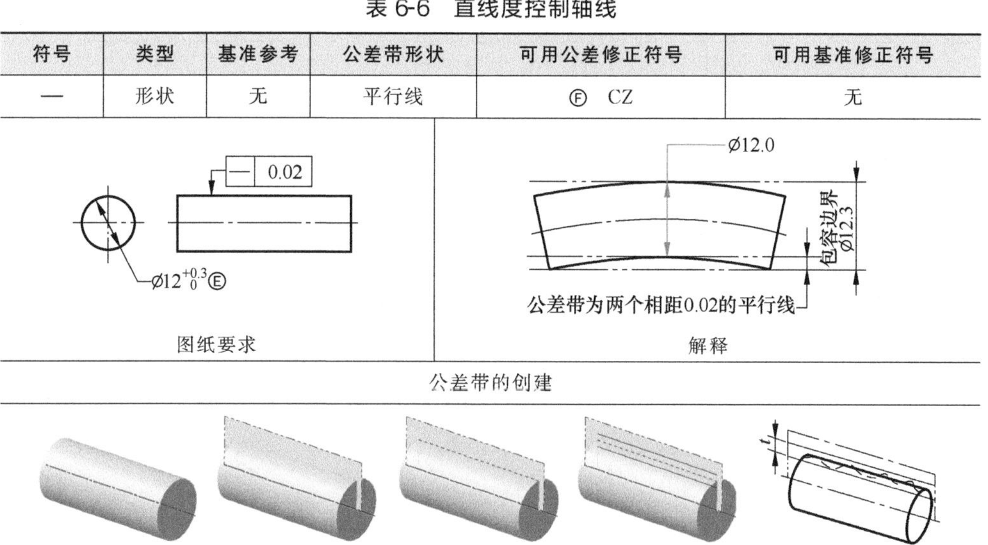

图纸要求　　解释

公差带的创建

t—直线度公差带宽度

注意	①直线度公差独立控制柱面的每个组成线元素。 ②平行线公差带处于通过柱面轴线的任意相交面上。 ③轴包容边界＝MMS。 ④直线度公差值可以大于尺寸公差值。 ⑤任意两点局部尺寸必须在 LMS 和 MMS 之间

6.6 直线度控制柱面与 MMR 修正

直线度控制柱面与 MMR 修正见表 6-7。

表 6-7　直线度控制柱面与 MMR 修正

符号	类型	基准参考	公差带形状	可用公差修正符号	可用基准修正符号
—	形状	无	MMVC 边界	⌀ⓂⓁⒻⓇ CZ	无

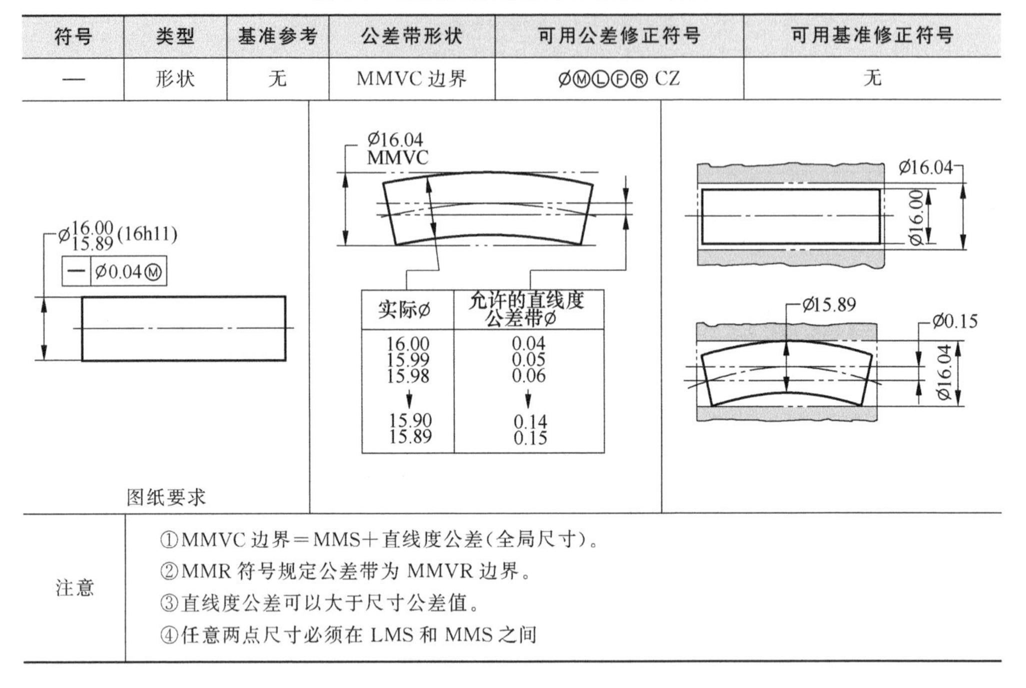

注意	①MMVC 边界＝MMS＋直线度公差（全局尺寸）。 ②MMR 符号规定公差带为 MMVR 边界。 ③直线度公差可以大于尺寸公差值。 ④任意两点尺寸必须在 LMS 和 MMS 之间

6.7 直线度控制轴线与长度限制修正

直线度控制轴线与长度限制修正见表 6-8。

表 6-8　直线度控制轴线与长度限制修正

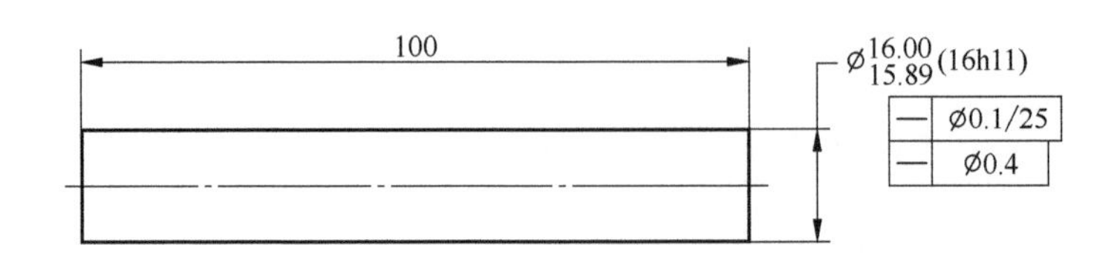

续表

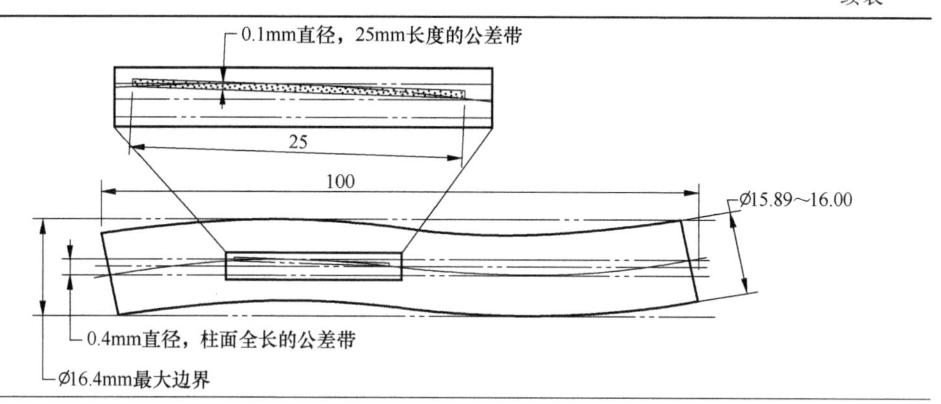

注意：第一行要求在任意的 25mm 轴线长度内的直线度偏差不能大于 ϕ0.1mm，是加严控制要求。第二行要求在整个 100mm 的轴线长度内的整体直线度不能超过 ϕ0.4mm

6.8　平面度控制中心平面

平面度控制中心平面见表 6-9。

表 6-9　平面度控制中心平面

符号	类型	基准参考	公差带形状	可用公差修正符号	可用基准修正符号
▱	形状	无	平行面	ⓂⓁⒻⓇ	无

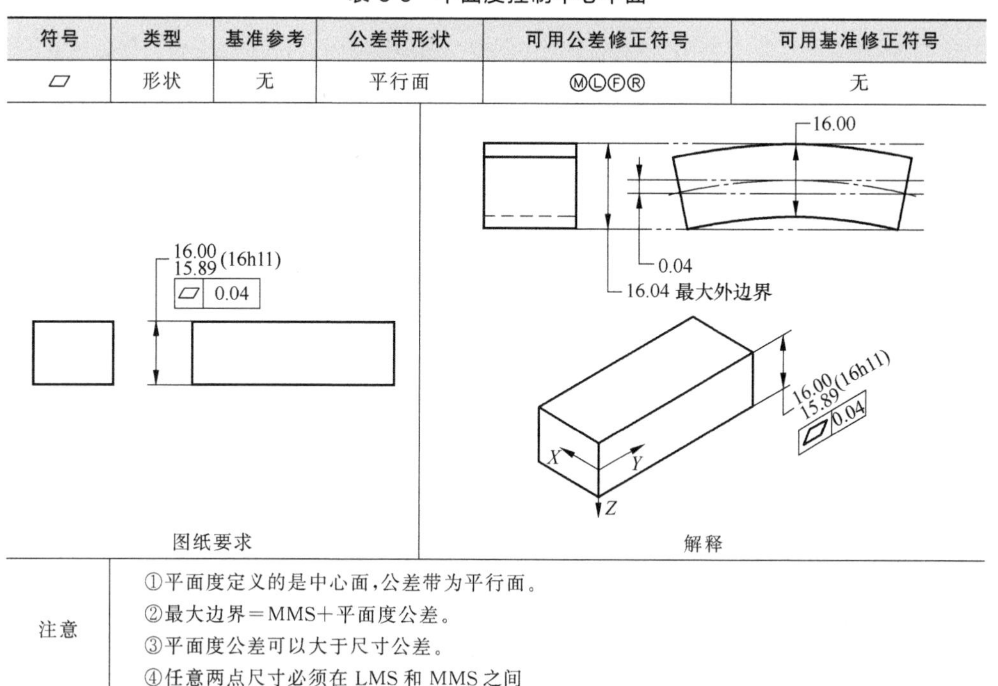

注意	①平面度定义的是中心面，公差带为平行面。 ②最大边界＝MMS＋平面度公差。 ③平面度公差可以大于尺寸公差。 ④任意两点尺寸必须在 LMS 和 MMS 之间

6.9 平面度控制平面

平面度控制平面见表 6-10。

表 6-10 平面度控制平面

符号	类型	基准参考	公差带形状	可用公差修正符号	可用基准修正符号
⏥	形状	无	平行面	Ⓕ CZ	无

⏥ 0.25

$17.9^{+0.6}_{0}$

图纸要求

18.75
最大边界

公差带为相距0.25的平行面

公差带的创建

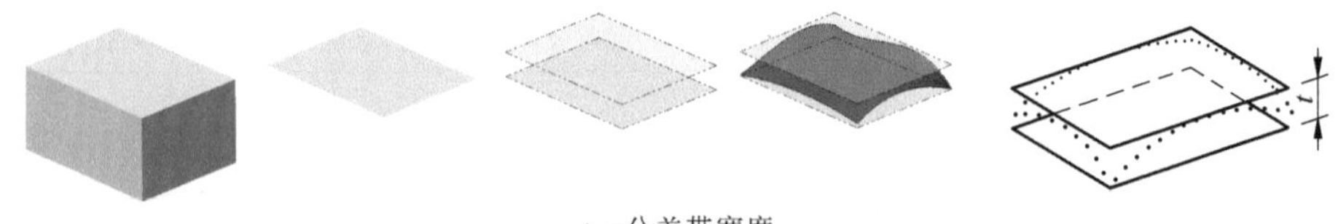

t—公差带宽度

注意	①最大边界＝MMS＋平面度公差带。 ②独立原则条件下，平面度公差带可以大于尺寸公差带。 ③任意两点局部尺寸必须处于 LMS 和 MMS 之间

6.10 平面度控制平面与Ⓔ包容原则修正

平面度控制平面与Ⓔ包容原则修正见表 6-11。

表 6-11 平面度控制平面与Ⓔ包容原则修正

符号	类型	基准参考	公差带形状	可用公差修正符号	可用基准修正符号
▱	形状	无	平行面	Ⓕ CZ	无

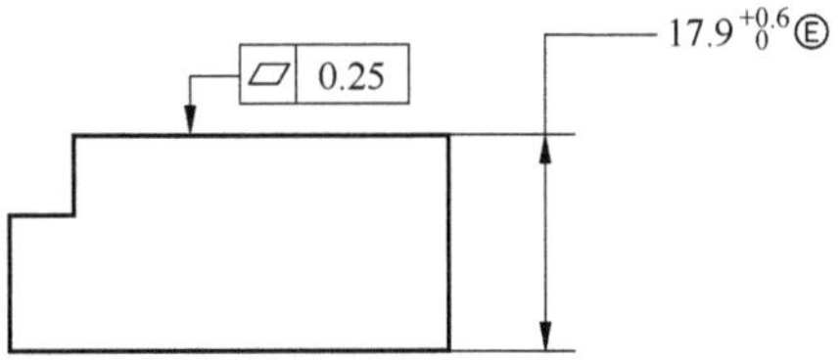

17.9 $^{+0.6}_{0}$ Ⓔ

▱ 0.25

图纸要求

18.5
最大边界

公差带为相距0.25的平行面

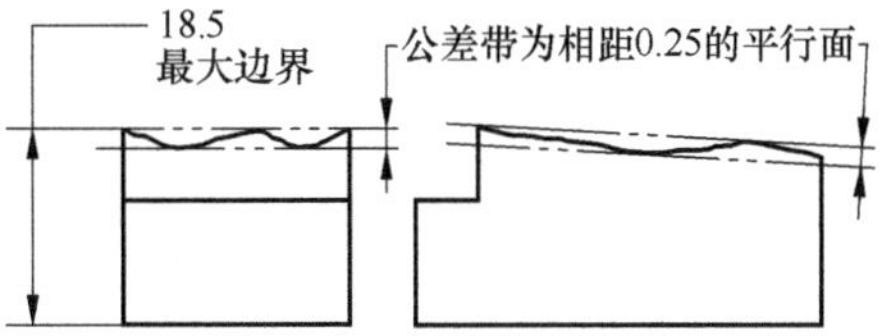

公差带的创建

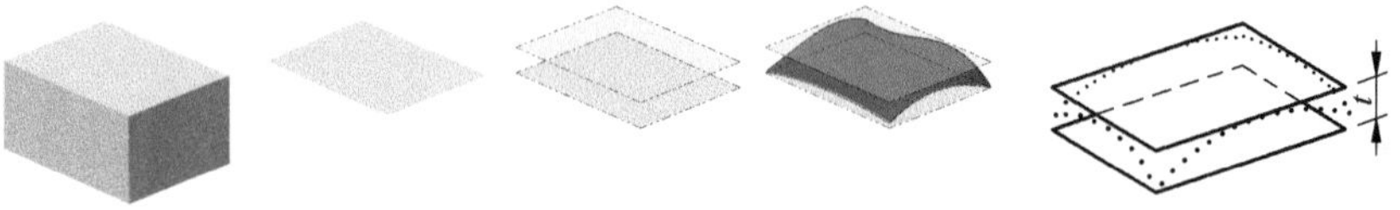

t—公差带宽度

注意	①包容边界＝MMS。 ②包容原则条件下，平面度公差带≤尺寸公差带。 ③任意两点局部尺寸必须处于 LMS 和 MMS 之间

6.11 平面度控制中心面与 MMR 修正

平面度控制中心面与 MMR 修正见表 6-12。

表 6-12 平面度控制中心面与 MMR 修正

符号	类型	基准参考	公差带形状	可用公差修正符号	可用基准修正符号
▱	形状	无	MMVC 边界	ⓂⓁⒻⓇ CZ	无

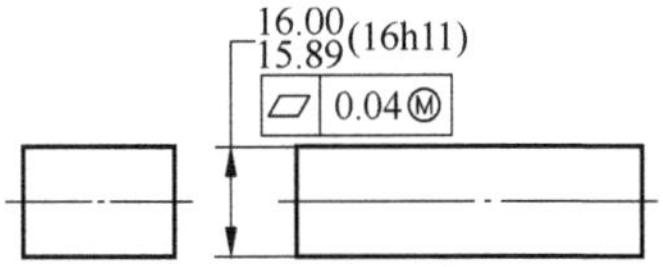

16.00
15.89 (16h11)

▱ 0.04Ⓜ

图纸要求

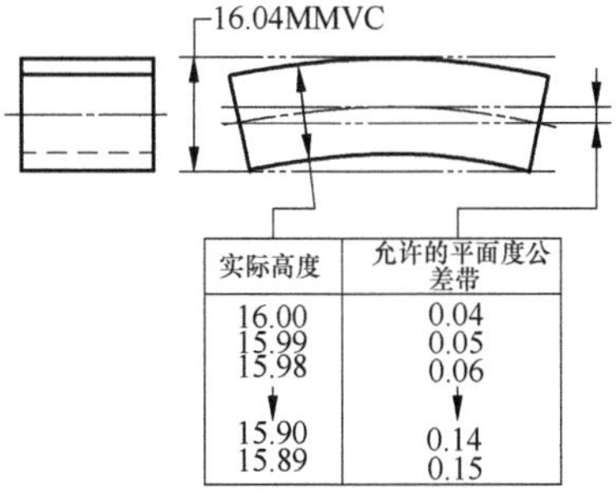

16.04MMVC

实际高度	允许的平面度公差带
16.00	0.04
15.99	0.05
15.98	0.06
↓	↓
15.90	0.14
15.89	0.15

解释

续表

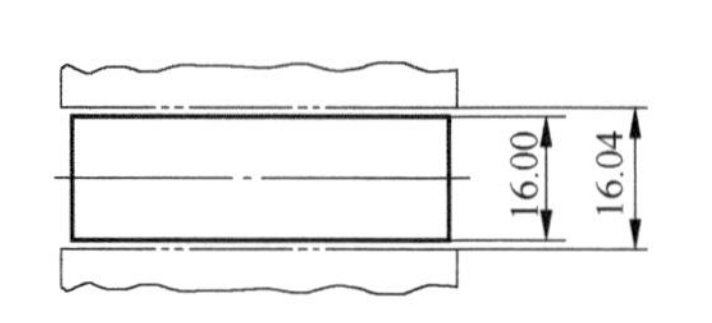

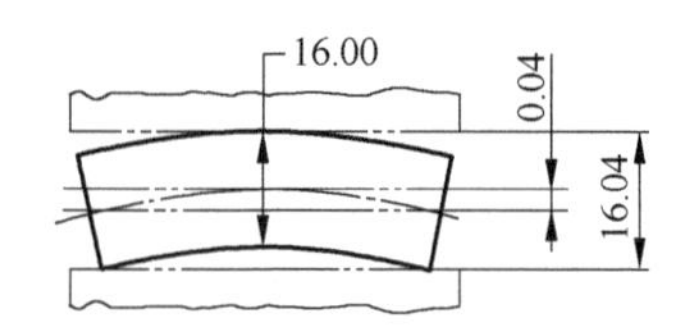

注意	①MMVC 边界＝MMS＋平面度公差。 ②MMR 符号规定公差带为 MMVC 边界。 ③平面度公差可以大于尺寸公差值。 ④任意两点尺寸必须在 LMS 和 MMS 之间

6.12 圆度控制柱面

圆度控制柱面见表 6-13。

表 6-13 圆度控制柱面

符号	类型	基准参考	公差带形状	可用公差修正符号	可用基准修正符号
○	形状	无	同心圆环	Ⓕ CZ	无
○ 0.25 $\phi 12^{+0.20}_{0}$ 图纸要求		12.45 最大边界 公差带为两个相距0.25的同心圆环 12.2 A-A 任意横截面 A 90° A 解释			

公差带的创建

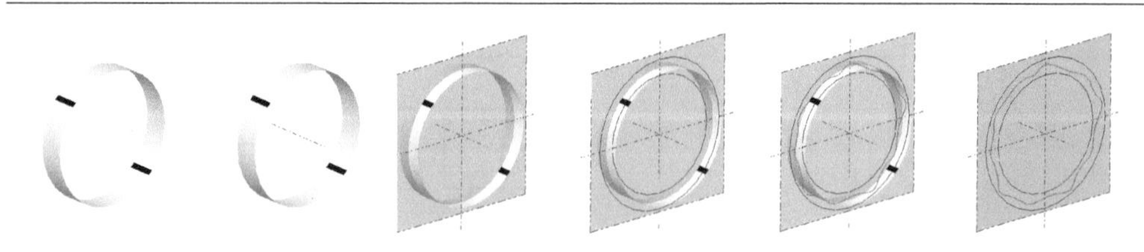

注意	①公差带建立在垂直于柱面轴线的任意横截面上的同心圆环。 ②柱面的任意横截面必须满足圆度公差带要求。 ③最大边界＝直径 MMS＋圆度公差带。 ④圆度公差带可以大于直径公差。 ⑤任意两点的局部尺寸必须在 LMS 和 MMS 之间

6.13　圆度控制柱面与Ⓔ包容原则修正

圆度控制柱面与Ⓔ包容原则修正见表 6-14。

表 6-14　圆度控制柱面与Ⓔ包容原则修正

符号	类型	基准参考	公差带形状	可用公差修正符号	可用基准修正符号
○	形状	无	同心圆环	Ⓕ　CZ	无
○ 0.25 $\varnothing 12^{+0.20}_{0}$Ⓔ 图纸要求			12.40 包容边界 公差带最大允许偏差0.25 A-A 任意横截面 A　90°　A 解释		
公差带的创建					
注意	①轴的任意横截面必须满足圆度公差带要求。 ②圆度公差不影响包容边界的计算：包容边界＝ϕ12.4。 ③圆度公差带必须小于直径公差。 ④任意两点的局部尺寸必须在 LMS 和 MMS 之间				

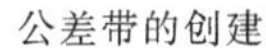

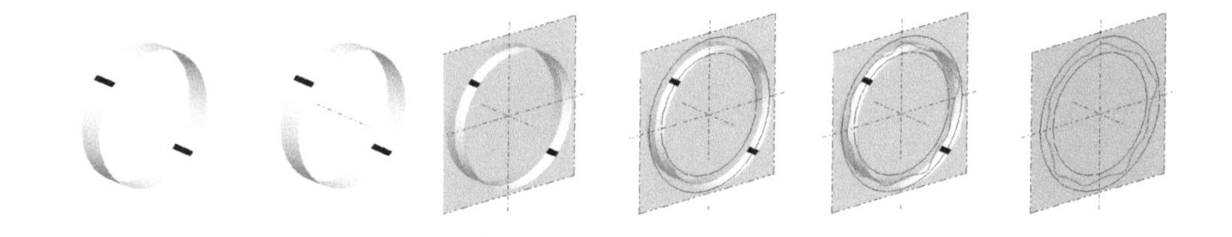

6.14　圆柱度控制柱面

圆柱度控制柱面见表 6-15。

表 6-15 圆柱度控制柱面

符号	类型	基准参考	公差带形状	可用公差修正符号	可用基准修正符号
⌭	形状	无	同轴圆环面	ⓂⓁⒻⓇ	无

⌭ 0.25

⌀25±0.4

图纸要求

公差带为两个相距0.25的同轴柱面

0.25

25.65
最大边界

解释

公差带的创建

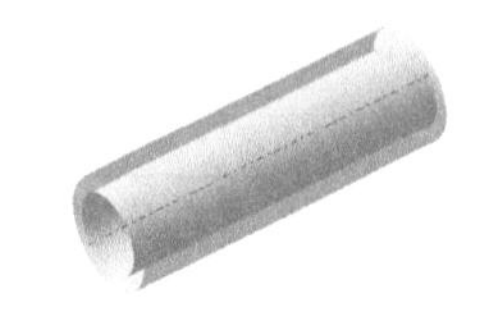

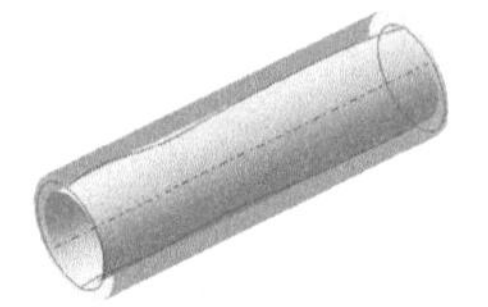

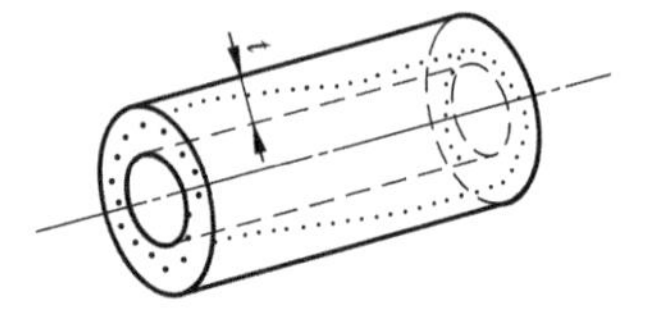

t—公差带宽度

注意	①圆柱度公差带应用于整个柱面。 ②最大边界＝MMS＋圆柱度公差。 ③圆柱度公差带可以大于直径公差值。 ④任意两点尺寸必须在 LMS 和 MMS 之间

6.15 圆柱度控制柱面与Ⓔ包容原则修正

圆柱度控制柱面与Ⓔ包容原则修正见表 6-16。

表 6-16 圆柱度控制柱面与Ⓔ包容原则修正

符号	类型	基准参考	公差带形状	可用公差修正符号	可用基准修正符号
⌭	形状	无	同轴圆环面	ⓂⓁⒻⓇ	无

⌭ 0.25

⌀25±0.4Ⓔ

图纸要求

公差带为两个相距0.25的同轴柱面

0.25

25.4
包容边界

解释

续表

公差带的创建

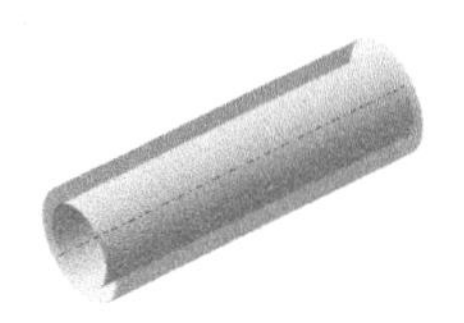
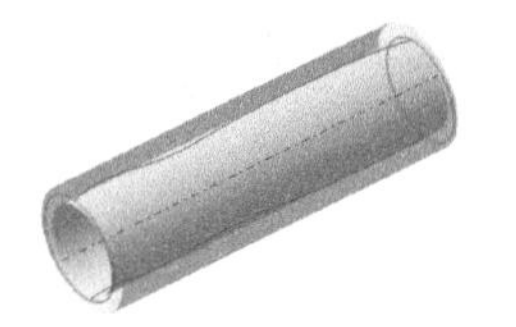
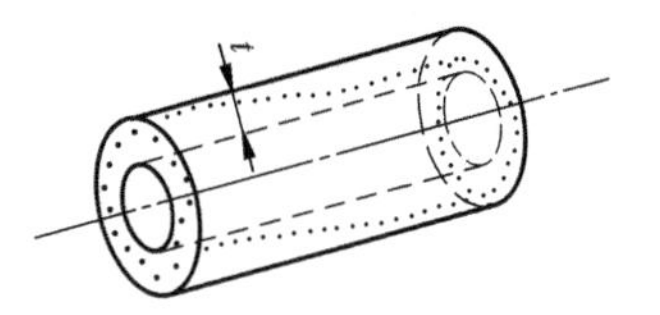

t—公差带宽度

注意	①圆柱度公差带应用于整个柱面。 ②包容边界＝MMS。 ③圆柱度公差带必须小于直径公差值。 ④任意两点尺寸必须在 LMS 和 MMS 之间

6.16　倾斜度定义平面到平面

倾斜度定义平面到平面见表 6-17。

表 6-17　倾斜度定义平面到平面

符号	类型	基准参考	公差带形状	可用公差修正符号	可用基准修正符号
∠	定向	必须	平行面	Ⓕ　CZ　LE	[DV]　><

30°　∠ 0.4 A　A

图纸要求

0.4　平行面公差带　实际工件表面　30°　基准A

解释

公差带的创建

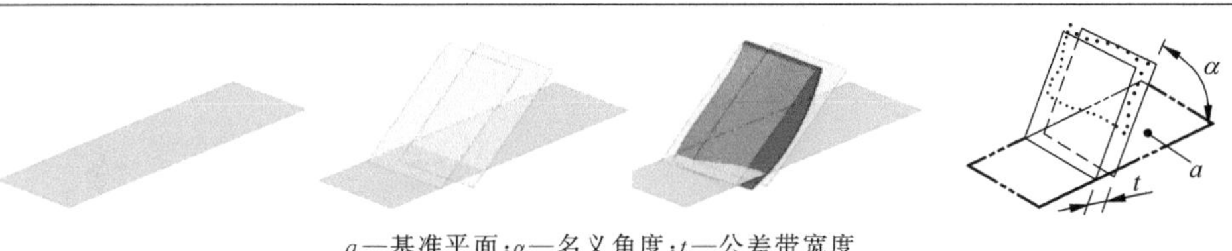

a—基准平面；*α*—名义角度；*t*—公差带宽度

注意	①倾斜度公差带应用于整个受控特征。 ②任意两点局部尺寸必须在 LMS 和 MMS 之间。 ③LE 和 CZ 符号不能同时使用

6.17 倾斜度定义轴线到平面

倾斜度定义轴线到平面见表6-18。

表6-18 倾斜度定义轴线到平面

符号	类型	基准参考	公差带形状	可用公差修正符号	可用基准修正符号
∠	定向	必须	圆柱面 平行面	ⓂⓁⒻⓇ CZ	[DV] ><

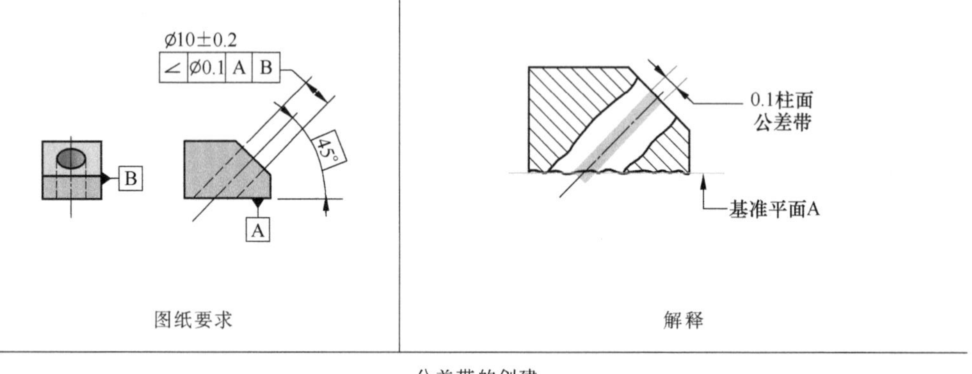

图纸要求　　解释

公差带的创建

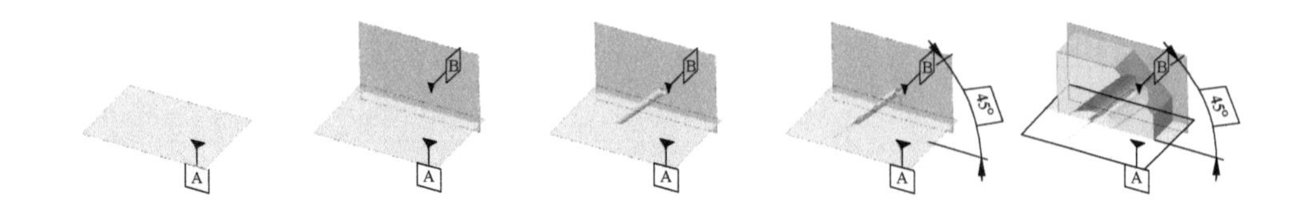

注意	①倾斜度公差带应用于整个受控特征。 ②任意两点局部尺寸必须在LMS和MMS之间

6.18 平行度定义平面到平面

平行度定义平面到平面见表6-19。

表 6-19　平行度定义平面到平面

符号	类型	基准参考	公差带形状	可用公差修正符号	可用基准修正符号
//	定向	必须	平行面	Ⓕ CZ LE	[DV]　><

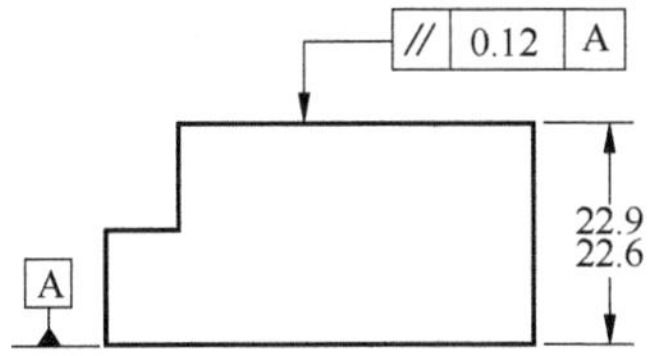

图纸要求	解释
// 0.12 A；22.9 22.6；A	受控平面实际表面；0.12平行度公差带；LMS22.6；22.9 MMS；A基准实际表面；A基准

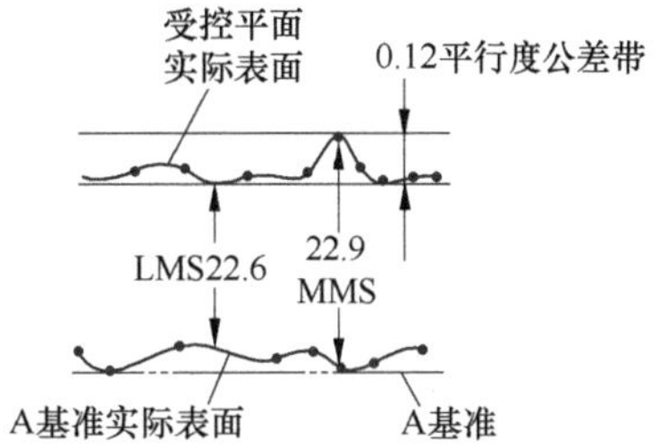

公差带的创建

注意	①平行度公差带可以大于尺寸公差。 ②任意两点局部尺寸必须在 LMS 和 MMS 之间。 ③受控平面的形状公差必须小于平行度公差

6.19　平行度定义轴线到平面

平行度定义轴线到平面见表 6-20。

表 6-20　平行度定义轴线到平面

符号	类型	基准参考	公差带形状	可用公差修正符号	可用基准修正符号
//	定向	必须	平行面 圆柱面	ⓂⓁⒻⓇ	[DV]　><

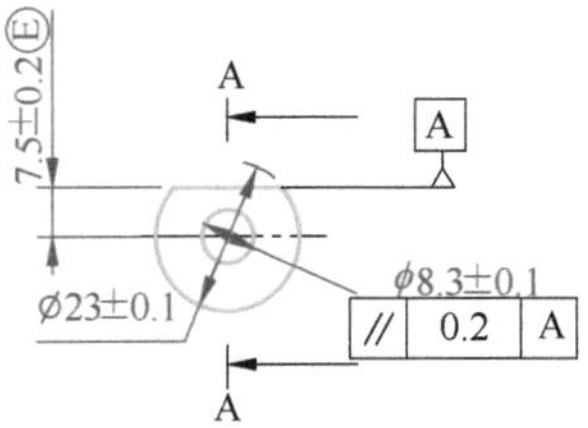

2D 标注	3D 标注
7.5±0.2Ⓔ；A；A；Ø23±0.1；Ø8.3±0.1；// 0.2 A	7.5±0.2Ⓔ；32.5±0.1；A；A；Ø23±0.1；Ø8.3±0.1；// 0.2 A

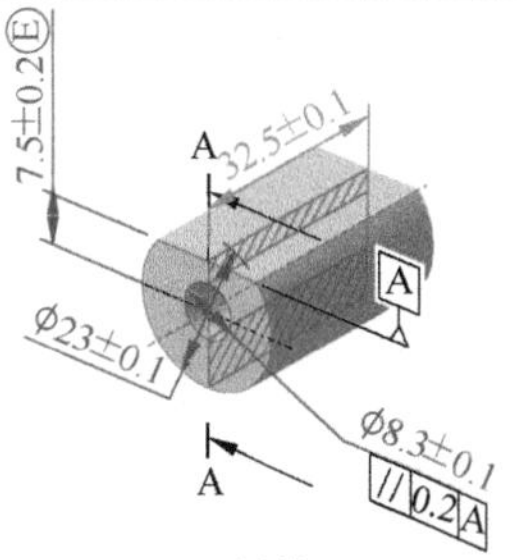

续表

公差带的解释	
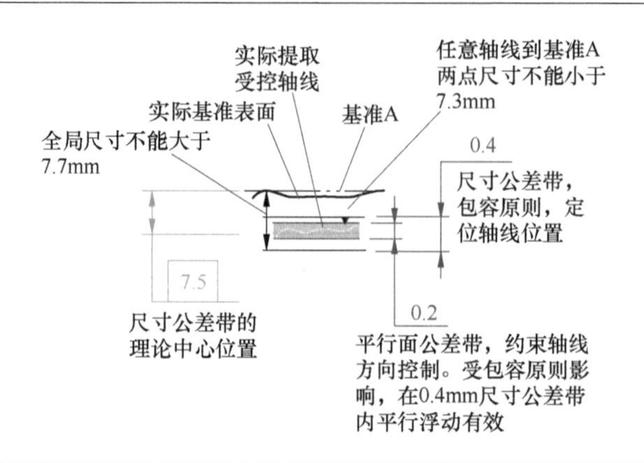 	
注意	①平行度公差带可以大于该特征尺寸公差，但要小于位置公差（如形状、位置度或相对于基准的尺寸公差）。 ②任意两点局部尺寸必须在 LMS 和 MMS 之间。 ③受控轴线的直线度公差必须小于平行度公差

该案例是关于尺寸特征的轴线相对于基准平面的平行度控制，该平行度公差带是两个平行面。注意平行度是方向控制，不控制这个轴在零件上的位置。轴线的位置由起始于基准的尺寸公差 7.5±0.2Ⓔ控制，它控制了轴线的高、低，而平行度只是要求轴线在加工时应该平行于基准 A 的方向。因为线性尺寸 7.5±0.2Ⓔ是包容原则修正，所以要求轴线到基准 A 的全局尺寸小于 7.7mm，而任意两点的局部尺寸大于 7.5mm。如果线性尺寸 7.5±0.2 后没有包容原则的修正符号Ⓔ，那么默认为基准面 A 到特征轴线的任意两点间的尺寸在 7.5～7.7mm 为合格尺寸，那么全局尺寸最大可达 7.9mm。

6.20　平行度定义轴线到轴线与 MMR 修正

平行度定义轴线到轴线与 MMR 修正见表 6-21。

该案例是关于尺寸特征的轴线相对于基准轴线的平行度控制，该平行度公差带是柱面公差带。注意平行度是方向控制，不控制这个轴在零件上的位置。轴线的位置由位置度|⌖|⌀0.5Ⓜ|B|控制，它控制了轴线相对于基准轴线 B 的距离，而平行度只是要求轴线在加工时应该平行于基准 B 的方向。因为|//|⌀0.2Ⓜ|B|是 MMR 修正，当特征孔的尺寸为最大实体尺寸 MMS=ϕ11.1 时，平行度允许的最大公差为 ϕ0.2。但当特征孔为最小实体材料尺寸 LMS 时，平行度获得尺寸公差最大补偿 ϕ0.2，所

以允许的最大公差为 ϕ0.4。在工艺的设置上，应该尽可能将特征孔做大，以获得最大的几何公差，实现降低成本的目的。

表 6-21　平行度定义轴线到轴线

符号	类型	基准参考	公差带形状	可用公差修正符号	可用基准修正符号
//	定向	必须	平行面 圆柱面	ⓂⓁⒻⓇ	[DV] ><

2D 标注　　　　3D 标注

公差带的解释

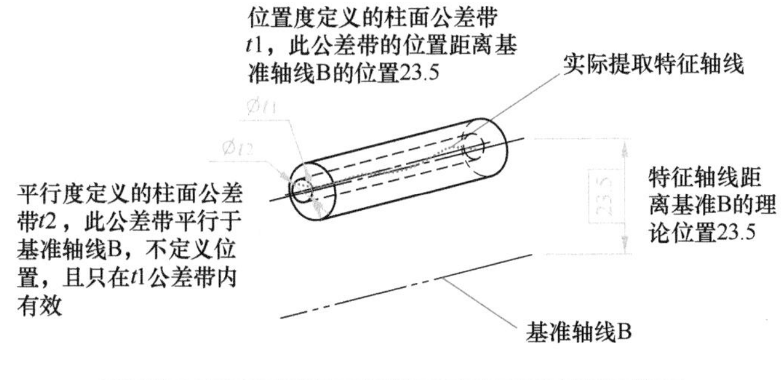

直径 ϕ	允许的最大平行度公差 ϕ
MMS 11.1	0.2
11.2	0.3
LMS 11.3	0.4

注意	①平行度公差带可以大于该特征尺寸公差，但要小于相应位置公差（如形状、位置度或相对于基准的尺寸公差）。 ②受控轴线的直线度公差必须小于平行度公差

6.21　平行度定义轴线到轴线与定向参考面修正

平行度定义轴线到轴线与定向参考面修正见表 6-22。

表 6-22 平行度定义轴线到轴线与定向参考面修正

符号	类型	基准参考	公差带形状	可用公差修正符号	可用基准修正符号
//	定向	必须	平行面 圆柱面	ⓂⓁⒻⓇ CZ	[DV] ><

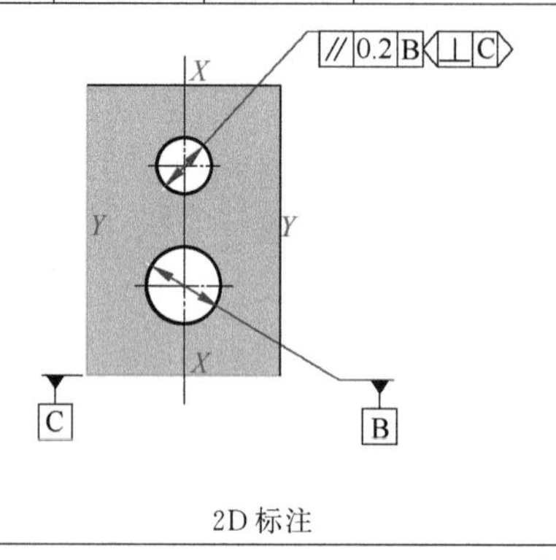

2D 标注

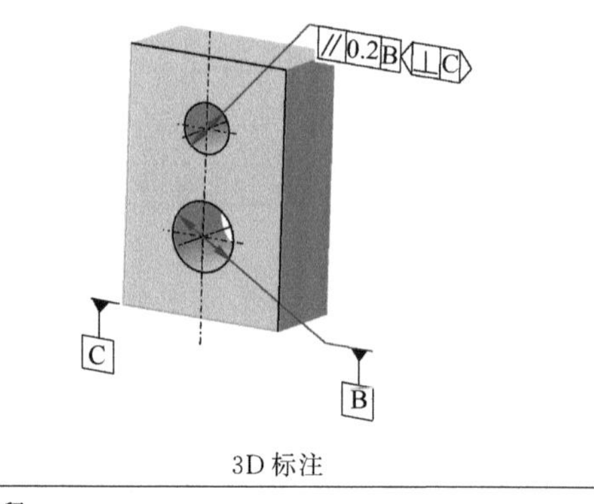

3D 标注

公差带的解释

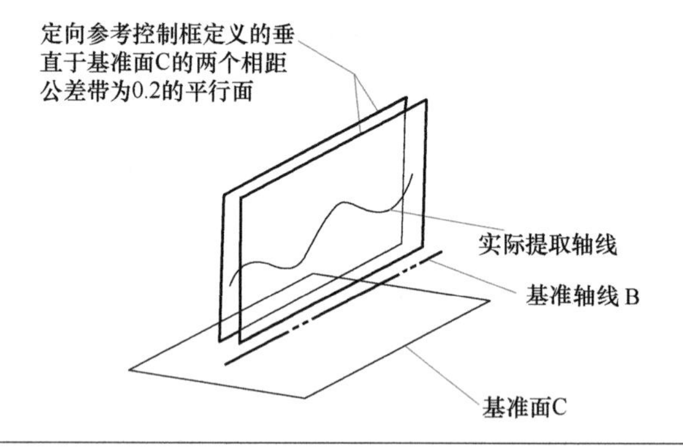

注意	①中心线、中心面特征使用定向参考面。 ②处于两个平行面公差带内的实际孔的轴线上的点都是合格的。 ③在垂直于基准 C 的方向，轴线的公差没有约束

该案例是关于尺寸特征的轴线相对于基准轴线的平行度控制，并且使用定向参考基准 C 来修正公差带的方向。该平行度公差带是平行面公差带。注意平行度是方向控制，不控制这个轴在零件上的位置。如果要求充分定义特征轴，还需要对特征孔增加能够进行位置定义的方法，如位置度、轮廓度或尺寸公差的控制。

6.22 垂直度定义平面到平面

垂直度定义平面到平面见表 6-23。

表 6-23　垂直度定义平面到平面

符号	类型	基准参考	公差带形状	可用公差修正符号	可用基准修正符号
⊥	定向	必须	平行面	Ⓕ　CZ　LE	[DV]　><

2D 标注	公差带的解释
⊥ 0.2 A A 35±0.1	两点局部尺寸在34.9～35.1之间 由提取零件表面高点拟合的相切面 实际零件表面 垂直度公差带相距0.2的平行面，且垂直于基准A 模拟基准平面A 实际基准A

公差带的建立

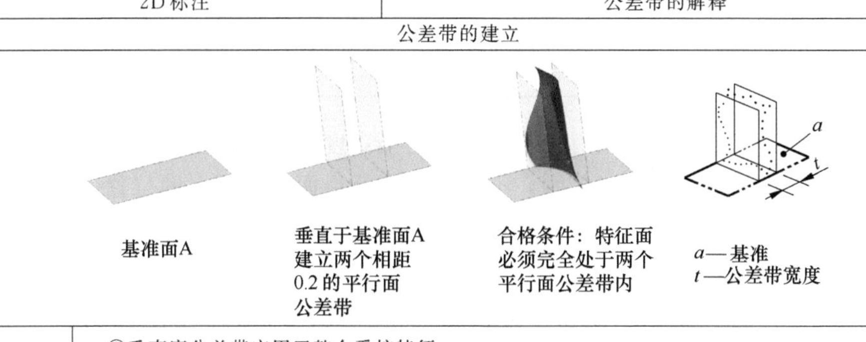

注意	①垂直度公差带应用于整个受控特征。 ②垂直度公差带独立于尺寸公差。 ③垂直度公差带包含受控面的形状控制。 ④任意两点局部尺寸必须在 LMS 和 MMS 之间。 ⑤LE 和 CZ 符号不能同时使用

该案例是关于平面特征相对于基准平面的垂直度控制。该垂直度公差带是平行面公差带。注意垂直度是方向控制，不控制这个特征面在零件上的位置。如果要求充分定义特征平面，还需要对特征平面增加能够进行位置定义的方法，如位置度、轮廓度或尺寸公差的控制。

此特征平面还有尺寸公差 35±0.1 约束，按照 ISO 8015 和 ISO 14405 两个标准的一般原则要求，此尺寸公差遵循独立原则，所以 35±0.1 是两点局部尺寸要求。图纸中零件的两个竖直面的任意两点距离（宽度）在 34.9～35.1mm 之间，本例中此两点局部尺寸的测量方向以拟合相切平面垂直方向测量。

6.23　垂直度定义平面到轴线

垂直度定义平面到轴线见表 6-24。

表 6-24 垂直度定义平面到轴线

符号	类型	基准参考	公差带形状	可用公差修正符号	可用基准修正符号
⊥	定向	必须	平行面	Ⓕ CZ LE	[DV] ><
2D标注				公差带的解释	
注意	①垂直度公差带应用于整个受控特征。 ②a 为基准轴 A。 ③t 为垂直度的平行面公差带宽度				

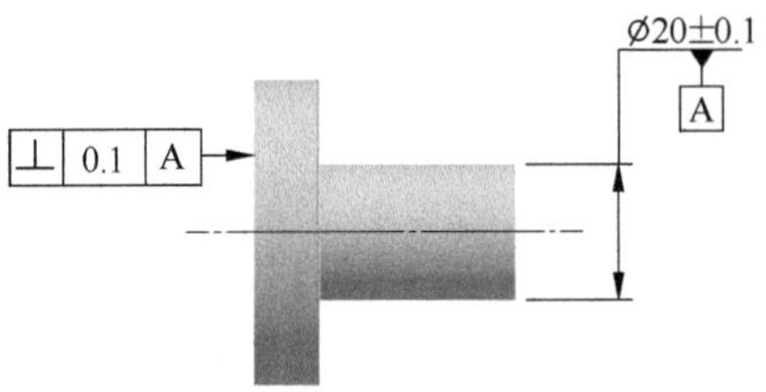

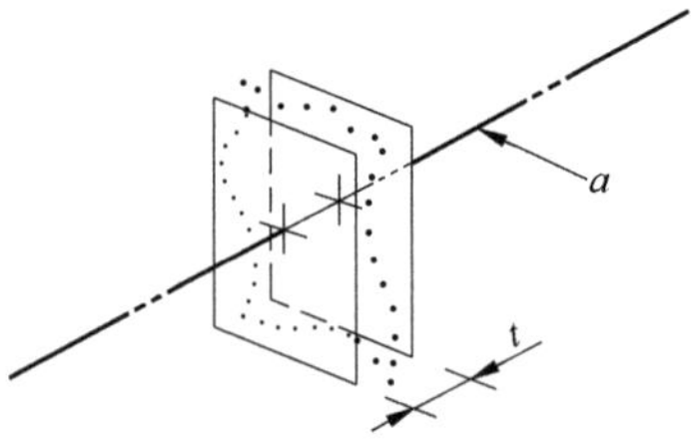

该案例是关于平面特征相对于基准轴线的垂直度控制。该垂直度公差带是平行面公差带。注意垂直度是方向控制，不控制这个特征面在零件上的位置。如果要求充分定义特征平面，还需要对特征平面增加能够进行位置定义的方法，如位置度、轮廓度或尺寸公差的控制。

6.24 垂直度定义轴线到平面

垂直度定义轴线到平面见表 6-25。

表 6-25 垂直度定义轴线到平面

符号	类型	基准参考	公差带形状	可用公差修正符号	可用基准修正符号
⊥	定向	必须	平行面 圆柱面	ⓂⓁⒻⓇ CZ	[DV] ><
2D标注				公差带的解释	

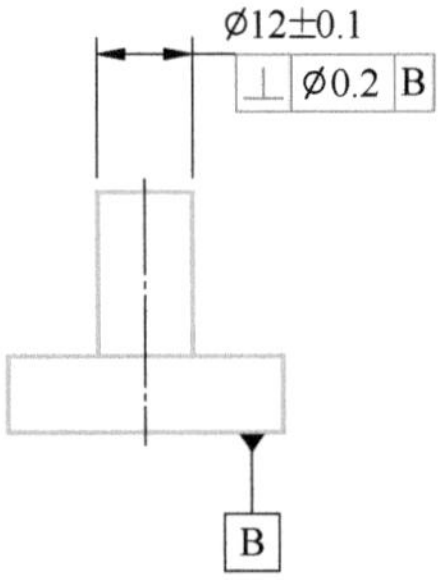

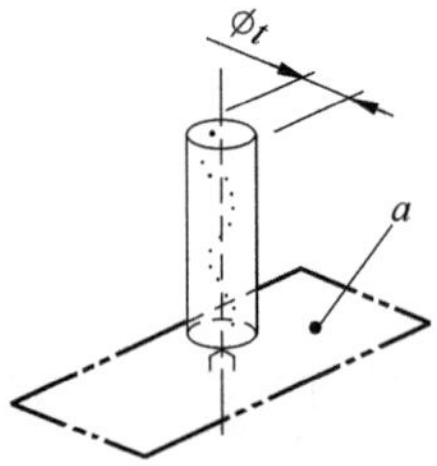

续表

直径 ϕ	公差带 ϕ	最大装配边界 ϕ
MMS 12.1	0.2	12.3
12.0	0.2	12.2
LMS 11.9	0.2	12.1
注意	①垂直度公差带应用于整个受控特征高度。 ②a 为基准面 B。 ③ϕt 为垂直度的平行面公差带宽度，本例为 $\phi0.2$。 ④此垂直度控制应用独立原则	

该案例是关于尺寸特征的轴线相对于基准面的垂直度控制。该垂直度公差带是柱面公差带，大小为 $\phi0.2$。注意垂直度是方向控制，不控制这个特征面在零件上的位置。如果要求充分定义特征平面，还需要对特征轴线增加能够进行位置定义的方法，如位置度、轮廓度或尺寸公差的控制。

垂直度公差带 $\phi0.2$ 后没有Ⓜ或Ⓛ符号，默认为独立原则控制。此时尺寸公差（$\phi12\pm0.1$）与垂直度公差控制框 ⊥ | Ø0.2 | B 相互独立，垂直度公差带为常数，而最大装配边界为变量。

6.25 垂直度定义轴线到平面与 MMR 修正

垂直度定义轴线到平面与 MMR 修正见表 6-26。

表 6-26 垂直度定义轴线到平面与 MMR 修正

符号	类型	基准参考	公差带形状	可用公差修正符号	可用基准修正符号
⊥	定向	必须	平行面 圆柱面	ⓂⓁⒻⓇ CZ	[DV] ><

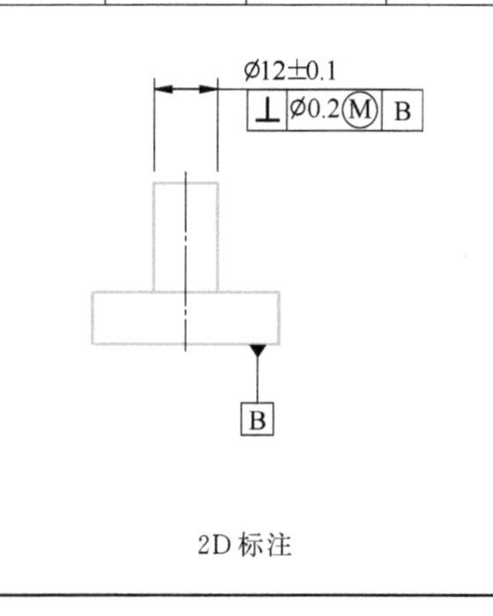

2D标注

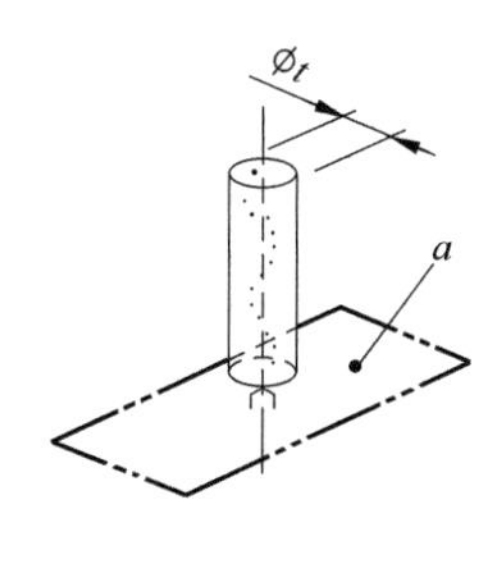

公差带的解释

续表

直径 ϕ	公差带 ϕ	最大装配边界 ϕ
MMS 12.1	0.2	12.3
12.0	0.3	12.3
LMS 11.9	0.4	12.3
注意	①垂直度公差带应用于整个受控特征高度。 ②a 为基准面 B。 ③ϕt 为垂直度的平行面公差带宽度，本例为 ϕ0.2。 ④此垂直度控制应用独立原则	

该案例是关于尺寸特征的轴线相对于基准面的垂直度控制。该垂直度公差带是柱面公差带。注意垂直度是方向控制，不控制这个特征面在零件上的位置。如果要求充分定义特征平面，还需要对特征轴线增加能够进行位置定义的方法，如位置度、轮廓度或尺寸公差的控制。

垂直度公差带 ϕ0.2 后是材料修正符号Ⓜ，遵循包容原则，此时尺寸公差（ϕ12±0.1）与垂直度公差控制框|⊥|Ø0.2Ⓜ|B|相关控制，垂直度公差带为变量，而最大装配边界为常量。

6.26 垂直度组合公差控制框定义轴线到平面

垂直度组合公差控制框定义轴线到平面与定向参考面修正见表 6-27。

表 6-27 垂直度组合公差控制框定义轴线到平面与定向参考面修正

符号	类型	基准参考	公差带形状	可用公差修正符号	可用基准修正符号
⊥	定向	必须	平行面 圆柱面	ⓂⓁⒻⓇ CZ	[DV] ><

2D 标注

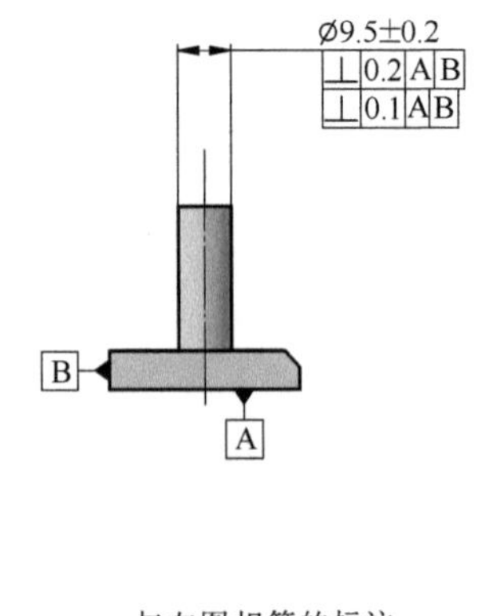

与左图相等的标注

续表

公差带的解释

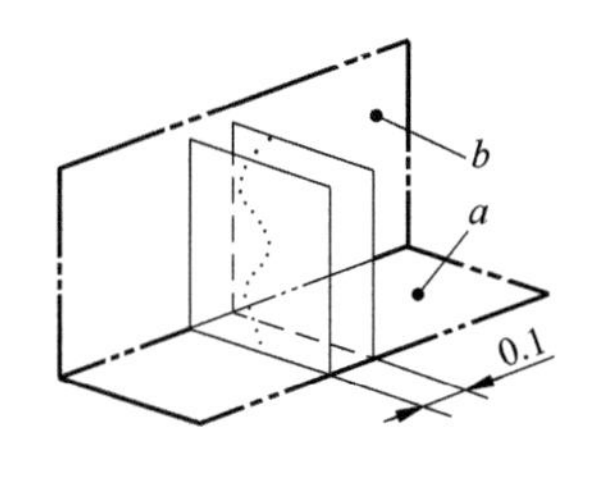

第二行公差控制框

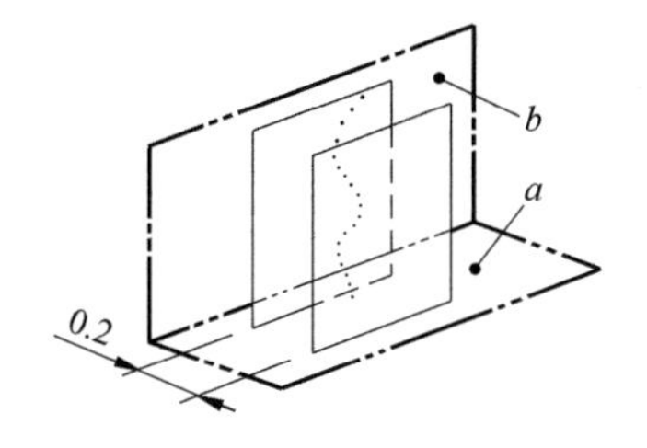

第一行公差控制框

注意	①垂直度公差带应用于整个受控特征高度。 ②*a* 为基准面 A。 ③*b* 为基准面 B。 ④第二行公差控制框的公差带为相距 0.1mm 的两个平行面，且垂直于基准 A 和 B。 ⑤第一行公差控制框的公差带为相距 0.2mm 的两个平行面，且垂直于基准 A、平行于基准 B。 ⑥此垂直度控制应用独立原则

该案例是关于尺寸特征的轴线相对于基准面和定向参考基准面的垂直度控制。第二行垂直度公差带是垂直于基准平面 A，相距 0.1mm 的平行面公差带。因为必须给出方向才有应用意义，按照定向控制框的要求，平行面公差带同时垂直于基准平面 B。如右图，基准 A 和 B 在公差控制框中，起到相同的定义目的。因为公差控制框的基准有优先性，所以 A 相当于主基准，B 相当于第二基准。

第一行垂直度公差带是垂直于基准平面 A，相距 0.2mm 的平行面公差带。因为必须给出方向才有应用意义，按照定向控制框的要求，平行面公差带同时平行于基准平面 B。如右图，基准 A 和 B 在公差控制框中，起到相同的定义目的。

注意垂直度是方向控制，不控制这个特征面在零件上的位置。如果要求充分定义特征轴线位置，还需要对特征平面增加能够进行位置定义的方法，如位置度、轮廓度或尺寸公差的控制。

6.27 位置度定义点的位置

位置度定义点的位置见表 6-28。

表 6-28 位置度定义点的位置

符号	类型	基准参考	公差带形状	可用公差修正符号	可用基准修正符号
⌖	位置	必须	平行面 球面	Ⓜ Ⓛ Ⓕ Ⓡ CZ	ⓂⓁⓅ[DV] >< [PD] [MD] [LD] [ACS] [ALS] [CF] [PT] [PL] [SL]

续表

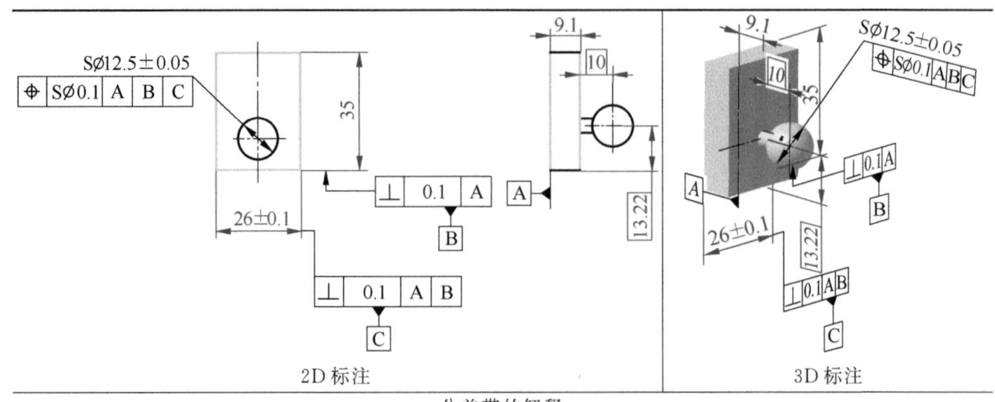

公差带的解释

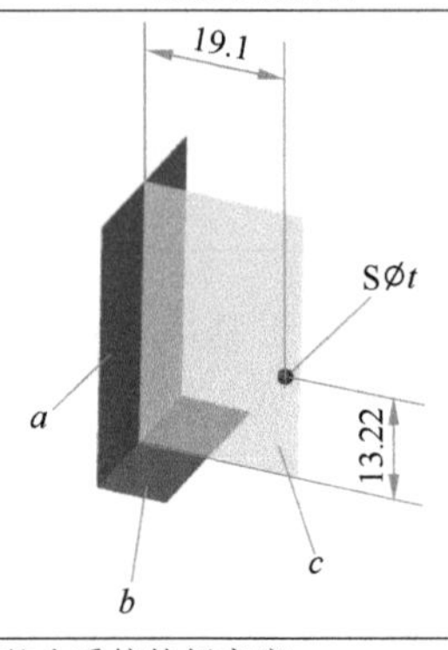

注意:	①位置度公差带应用于整个受控特征高度 ②*a* 为基准面 A ③*b* 为基准面 B ④*c* 为基准面 C,为中心面,控制了球面处于宽度中心对称位置(分中) ⑤公差带为 Sϕ0.1mm 球面,定位于基准 A、B 和 C ⑥此位置度控制应用独立原则

该案例是关于球面的中心相对于基准面的位置度控制。基准面 A、B 和基准中心面 C 定义了球面的中心的起始位置，且以基准 A、B 和 C 的顺序优先建立。

位置度公差带是球面 Sϕ0.1mm，公差带的中心点理论位置距离基准面 A 为 19.1mm，距离基准面 B 为 0mm，距离基准面 C 为 13.22mm。如果没有特殊要求，图纸中位置度必须参考名义尺寸定义（图纸中在矩形框中的尺寸）。

此位置度的公差带定义为独立原则。

6.28 位置度定义轴线的位置

位置度定义轴线的位置见表 6-29。

表 6-29 位置度定义轴线的位置

符号	类型	基准参考	公差带形状	可用公差修正符号	可用基准修正符号
⌖	位置	必须	平行面 圆柱面	Ⓜ Ⓛ Ⓕ Ⓡ CZ	ⓂⓁⓅ [DV] >< [PD] [MD] [LD] [ACS] [ALS] [CF] [PT] [PL] [SL]

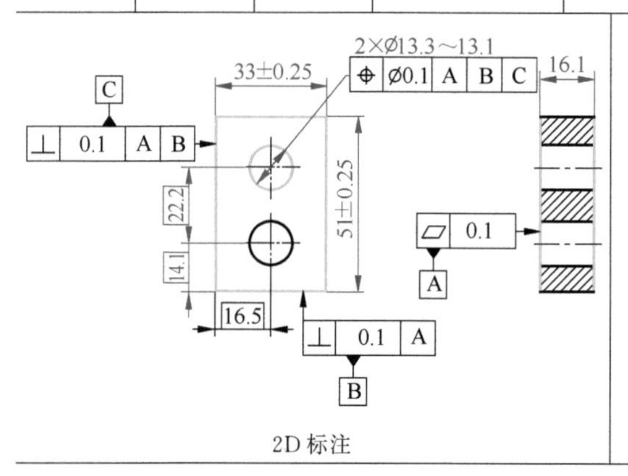

2D 标注

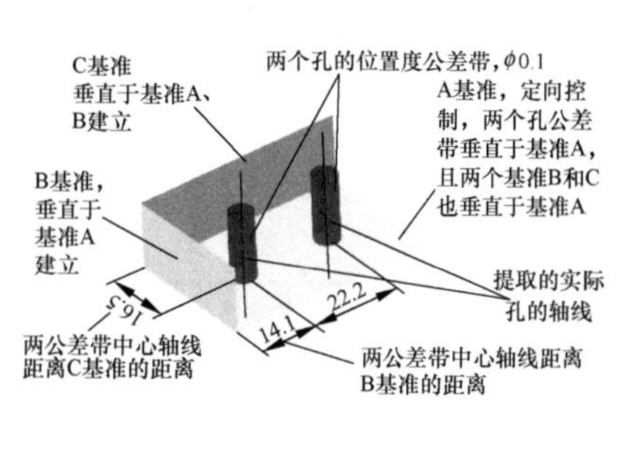

公差带的解释

孔的直径 ϕ	允许的位置度公差 ϕ	最大装配边界 ϕ
MMS 13.1	0.1	13.0
13.2	0.1	13.1
LMS 13.3	0.1	13.2

注意	①位置度公差带应用于整个受控特征高度。 ②基准的优先顺序是 A→B→C。 ③公差带为 ϕ0.1mm 柱面，定位于基准 A、B 和 C，且垂直于基准 A、平行于基准 B 和 C。 ④此位置度控制应用独立原则

位置度可以应用于具体的特征（如点、线和面），也可以应用到抽象的特征（如中心点、中心线和中心面）。当位置度定义具体特征时，必须为理想特征，即仅为点、直线特征和直平面特征。当位置度定义的是抽象特征时，理论抽象特征可以是点、直线或曲线、直平面和曲面。如果没有特殊要求，如相交面符号修正，位置度应用于整个特征。而且位置度必须使用名义尺寸（TEDs，theorical exact dimension）来定义受控特征之间和到基准系统之间的角度和距离。

该案例是关于直径尺寸特征的轴线相对于基准面的位置度控制。基准面 A 定向控制了位置度的柱面，基准面 B 和 C 定义了柱面公差带的中心的起始位置，图中要求以基准 A、B 和 C 的顺序优先建立。

两个位置度公差带是柱面 ϕ0.1mm，两个柱面公差带的中心轴线垂直于基准 A 建立，理论位置距离基准面 B 为 14.1mm、36.3mm，距离基准面 C 为 16.5mm、16.5mm。如果没有特殊要求，图纸中的位置度必须参考名义尺寸定义（图纸中在矩形框中的尺寸）。

此位置度的公差带定义为独立原则。独立原则常用于如阀类零件，起到对中和密封功能。独立原则位置度公差带为常数，所控制的最差装配边界是变量，因此只能使用数值型测量设备（如三坐标等）检测。

6.29 位置度定义轴线的位置与MMR修正

位置度定义轴线的位置与MMR修正见表6-30。

表6-30 位置度定义轴线的位置与MMR修正

符号	类型	基准参考	公差带形状	可用公差修正符号	可用基准修正符号
⌖	位置	必须	平行面 圆柱面	Ⓜ Ⓛ Ⓕ Ⓡ CZ	ⓂⓁⓅ [DV] >< [PD] [MD] [LD] [ACS] [ALS] [CF] [PT] [PL] [SL]

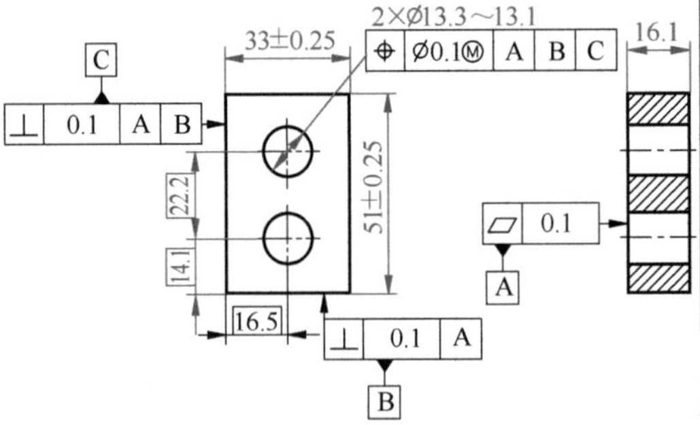

2D标注

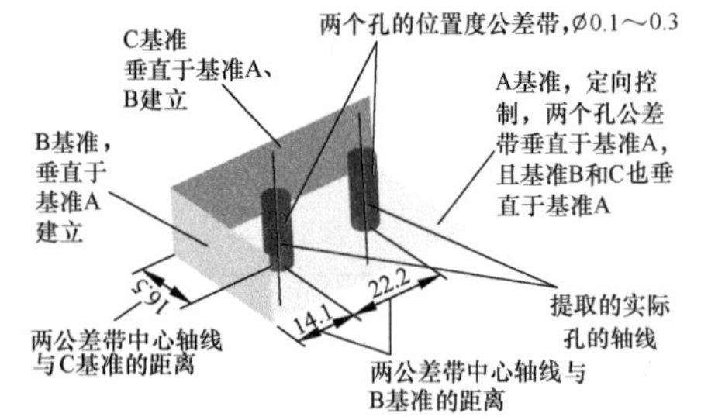

公差带的解释

孔的直径 ϕ	允许的位置度公差 ϕ	最大实体实效边界 MMVS ϕ
MMS 13.1	0.1	13.0
13.2	0.2	13.0
LMS 13.3	0.3	13.0

注意	①位置度公差带应用于整个受控特征高度。 ②基准的优先顺序是A→B→C。 ③公差带为可以得到尺寸公差补偿的柱面形状公差带，且定位于基准A、B和C，垂直于基准A、平行于基准B和C。 ④此位置度控制应用包容原则

该案例是关于直径尺寸特征的轴线相对于基准面的位置度控制。基准面A定向控制了位置度的柱面，基准面B和C定义了柱面公差带的中心的起始位置，图中要求以基准A、B和C的顺序优先建立。

两个位置度公差带是当孔的直径为最大实体尺寸（MMS，ϕ13.1mm）时，柱面公差带的大小为ϕ0.1mm，当孔的直径从MMS变化到LMS时，这个柱面公差带可以得到相应补偿，即在最小实体尺寸（LMS，ϕ13.3mm）时允许的位置度公差带最大（ϕ0.3mm）。两个柱面公差带的中心轴线垂直于基准A建立，理论位置距离基准面B为14.1mm、36.3mm，距离基准面C为16.5mm、16.5mm。如果没有特殊要求，图纸中的位置度必须参考名义尺寸定义（图纸中在矩形框中的尺寸）。

此位置度的公差带定义为包容原则。MMR修正的目的是满足最低成本的装配要求。包容原则的位置度公差带为变量，所控制的最差装配边界是常量，因此只能使用数值型测量设备（如三坐标等）检测。

6.30 位置度定义轴线的位置与LMR修正

位置度定义轴线的位置与LMR修正见表6-31。

表6-31 位置度定义轴线的位置与LMR修正

符号	类型	基准参考	公差带形状	可用公差修正符号	可用基准修正符号
⌖	位置	必须	平行面 圆柱面	Ⓜ Ⓛ Ⓕ Ⓡ CZ	ⓂⓁⓅ [DV] >< [PD] [MD] [LD] [ACS] [ALS] [CF] [PT] [PL] [SL]

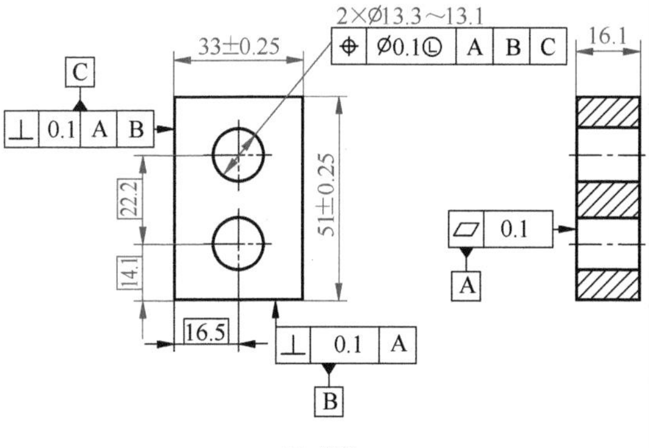

2D标注

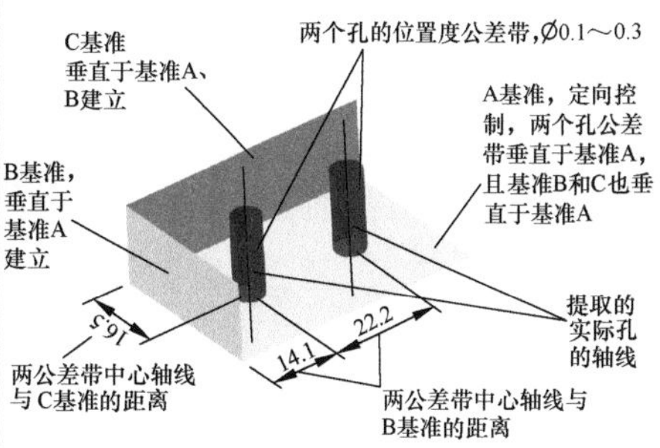

公差带的解释

孔的直径 ϕ	允许的位置度公差 ϕ	最小实体实效边界 LMVS ϕ
LMS 13.3	0.1	13.4
13.2	0.2	13.4
MMS 13.1	0.3	13.4

注意

①位置度公差带应用于整个受控特征高度。

②基准的优先顺序是A→B→C。

③公差带为可以得到尺寸公差补偿的柱面形状公差带，且定位于基准A、B和C，垂直于基准A、平行于基准B和C。

④此位置度控制应用LMR最小实体材料修正原则

该案例是关于直径尺寸特征的轴线相对于基准面的位置度控制。基准面A定向控制了位置度的柱面，基准面B和C定义了柱面公差带的中心的起始位置，图中要求以基准A、B和C的顺序优先建立。

两个位置度公差带是当孔的直径为最小实体尺寸（LMS，ϕ13.3mm）时，柱面公差带的大小为ϕ0.1mm，当孔的直径从LMS变化到MMS时，这个柱面公差带可以得到相应补偿，即在最大实体尺寸（MMS，ϕ13.1mm）时允许的位置度公差带最大（ϕ0.3mm）。两个柱面公差带的中心轴线垂直于基准A建立，理论位置距离基准面B为14.1mm、36.3mm，距离基准面C为16.5mm、16.5mm。如果没有特殊要求，图纸中的位置度必须参考名义尺寸定义（图纸中在矩形框中的尺寸）。

此位置度的公差带定义为包容原则。LMR修正的常量边界在材料内部，所以为了保证最小的加工余量使用，在一般的铸造毛坯图纸、工艺图纸或半成品图纸上常见。LMR原则修正的位置度公差带为变量，所控制的包容装配边界（LMVC，最小实体实效边界）是常量ϕ13.4mm，可见这个边界处于材料内部，一般使用数值型测量设备（如三坐标等）虚拟出这个边界进行检测。

6.31 位置度定义中心面的位置

位置度定义中心面的位置见表6-32。

表6-32 位置度定义中心面的位置

符号	类型	基准参考	公差带形状	可用公差修正符号	可用基准修正符号
⌖	位置	必须	平行面	Ⓜ Ⓛ Ⓕ Ⓡ CZ	ⓂⓁⓅ [DV] >< [PD] [MD] [LD] [ACS] [ALS] [CF] [PT] [PL] [SL]
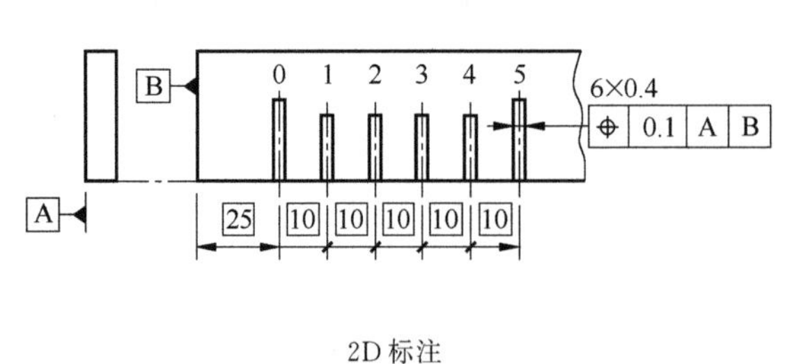 2D标注				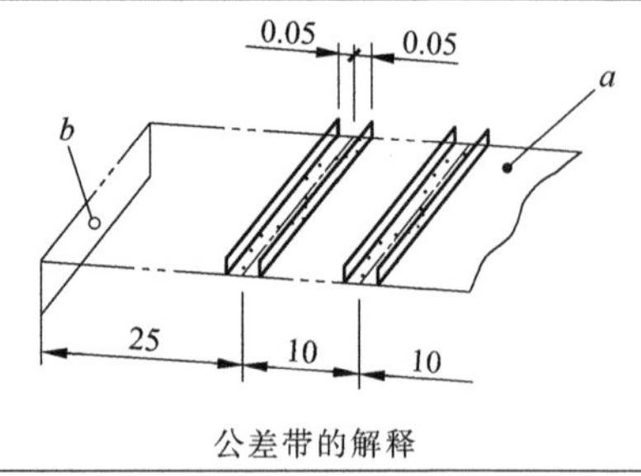 公差带的解释	
注意	①位置度公差带应用于整个受控特征高度和宽度。 ②基准的优先顺序是A→B。 ③*a*为基准A，*b*为基准B。 ④公差带为相距0.1mm的平行面，公差带的中心起始于基准A、B。 ⑤平行面公差带垂直于基准A、平行于基准B。 ⑥此位置度控制独立原则				

续表

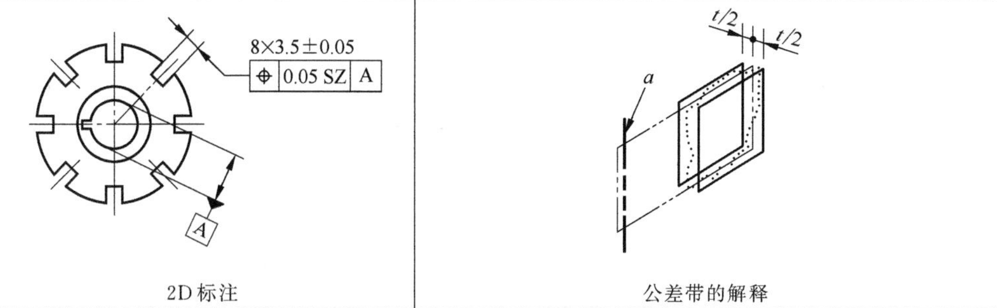

2D标注	公差带的解释
注意	①位置度公差带应用于整个受控特征高度和宽度。 ②SZ 代表独立要求,8 个平行面公差带相互之间无角度和位置要求。 ③a 为中心孔形成的基准轴线 A。 ④公差带为两个相距 0.05mm 的平行面,平行面公差带的中心面通过基准轴线 A。 ⑤此位置度控制应用独立原则

该案例是关于尺寸特征的中心面的位置度控制。这种控制常见于新兴微加工工艺，如半导体产品和 PCBA 印刷电路板产品。在实际操作中，为了保证电路或通道的间隙均匀和避免工艺缺陷，还可能结合平行度、垂直度和直线度进行综合控制。

第一个案例是矩形阵列公差带，位置度公差带为相距 0.1mm 的平行面，公差带垂直于基准 A，位置起始于基准 B，且平行于基准 B 建立。六个平行面公差带各自独立验证，无相互平行或位置关系。

第二个案例为圆周阵列公差带，基准 A 为图中圆柱面的轴线 a，位置度公差带的中心面通过这条基准轴线建立。但因为是独立原则修正（SZ），所以八个平行面公差带没有相互位置和方向要求（不必均匀布置），也就是有产生互相重叠的可能。

6.32　同心度定义圆柱面

同心度定义圆柱面见表 6-33。

同轴度（同心度）是一种特殊的位置度控制，专门用来控制特征的中心点或轴线对齐方法，默认情况下是同轴度，如果使用 ACS 修正，表示为同心度。这种特殊的位置控制意味着，基准或基准系统同受控特征之间的角度为 0°，距离为 0mm。

如果是二维的几何特征控制，公差带是二维的圆，ISO GPS 归类此种条件为同心控制。如果是两个柱面的同轴控制，公差带是三维的圆柱面，ISO GPS 归类这种条件为同轴控制。该案例是关于直径尺寸特征的轴线相对于基准轴线的同心控制。垂直于基准轴线 A 建立任意横截面截取受控特征，提取柱面 ϕ11.0mm 上的测量点。每个横截面与基准轴线 A 的交点为 ϕ0.2mm 的圆公差带的中心。当所有此受控特征横截面上的 180°相对点的中点位于这个 ϕ0.2mm 公差带内则判定合格。

表 6-33 同心度定义圆柱面

符号	类型	基准参考	公差带形状	可用公差修正符号	可用基准修正符号
◎	位置	必须	圆	Ⓜ Ⓛ Ⓕ Ⓡ CZ	ⓂⓁⓅ [DV] >< [PD] [MD] [LD] [ACS] [ALS] [CF] [PT] [PL] [SL]
2D 标注			公差带的解释		
注意	①同心度公差带应用于整个受控特征的任意横截面上。 ②横截面垂直于基准轴线 A 建立。 ③公差带为处于横截面上二维的圆,公差带圆心在基准轴线 A 上				

ACS 修正符号只能用于提取特征为直线的情况，比如柱面拟合的提取特征轴线、锥面拟合的提取特征轴线等。

6.33 同轴度与联合基准

同轴度定义圆柱面见表 6-34。

表 6-34 同轴度定义圆柱面

符号	类型	基准参考	公差带形状	可用公差修正符号	可用基准修正符号
◎	位置	必须	圆	Ⓜ Ⓛ Ⓕ Ⓡ CZ	ⓂⓁⓅ [DV] >< [PD] [MD] [LD] [ACS] [ALS] [CF] [PT] [PL] [SL]
2D 标注			公差带的解释		
注意	①同轴度公差带应用于整个受控特征长度上。 ②基准 A 和 B 联合建立共同的基准轴线作为同轴度公差带的中心位置。 ③公差带的形状为圆柱面				

此案例的同轴度应用到整个圆柱面，公差带是三维的圆柱面，基准为轴线，ISO GPS 归类这种条件为同轴控制。该案例是关于直径尺寸特征的轴线相对于基准轴线的同心控制。因为轴类零件使用两个轴承作为支撑的典型装配结构的特点，使用这种联合基准的定义方式比较常见。

6.34　对称度与联合基准

对称度定义平面见表 6-35。

表 6-35　对称度定义平面

符号	类型	基准参考	公差带形状	可用公差修正符号	可用基准修正符号
⌯	位置	必须	平行面	Ⓜ Ⓛ Ⓕ Ⓡ　CZ	ⓂⓁⓅ [DV]　><　[PD] [MD] [LD] [ACS] [ALS] [CF] [PT] [PL] [SL]
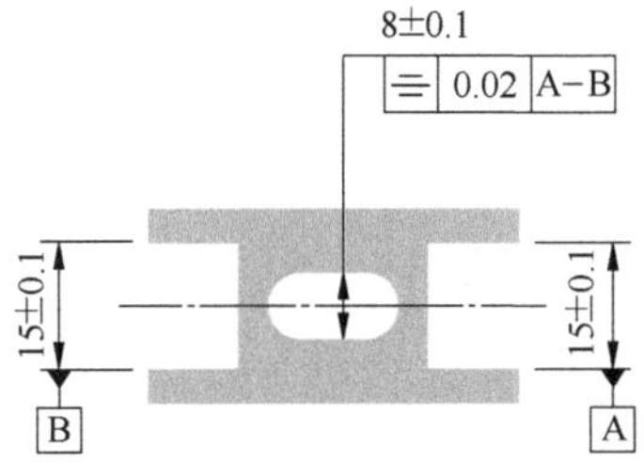 8±0.1 ⌯ 0.02 A−B 15±0.1　15±0.1 B　A 2D 标注			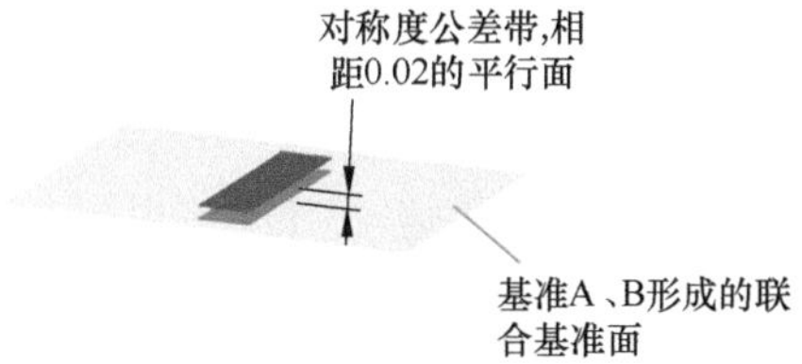 对称度公差带,相距0.02的平行面 基准A、B形成的联合基准面 公差带的解释		
注意	①对称公差带应用于整个受控特征上。 ②基准 A 和 B 联合建立共同的基准平面作为对称度公差带的中心位置。 ③公差带为两个平行面				

对称度是一种特殊的位置度控制，对称度的定义公差特征可能是点、线或面，通常用于抽象规则特征上，如中心点、中心线和中心面上。当没有特殊指出，如有相交参考面符号情况下，默认为整个特征的控制。这种特殊的位置控制意味着，基准或基准系统同受控特征之间的角度为 0°，距离为 0mm。

此案例使用联合基准 A-B 创建的中心平面作为对称度公差带的中心位置，对称度的公差带只能是平行面。此案例的公差带为相距 0.02mm 的平行面。

6.35　圆跳动定义圆柱面

圆跳动定义圆柱面见表 6-36。

表6-36 圆跳动定义圆柱面

符号	类型	基准参考	公差带形状	可用公差修正符号	可用基准修正符号
↗	跳动	必须	同心圆环	Ⓕ CZ	[DV] >< [PD] [MD] [LD] [ACS] [ALS] [CF] [PT] [PL] [SL]

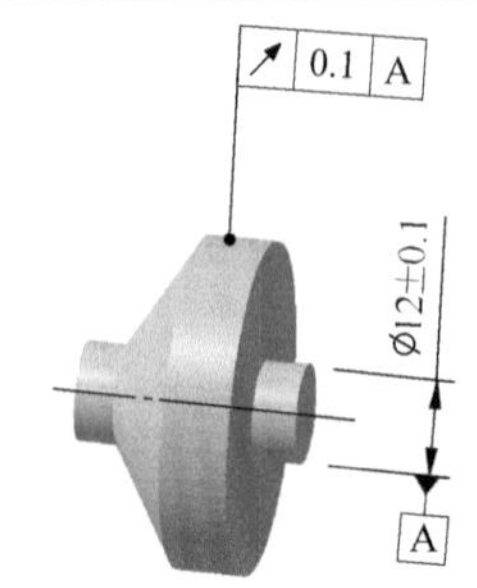

3D标注1

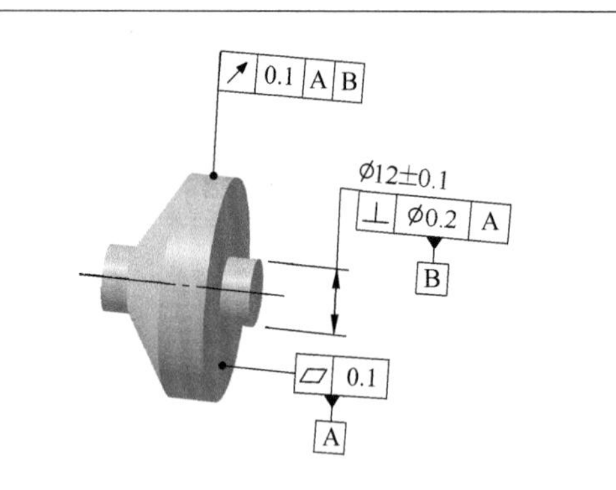

3D标注2

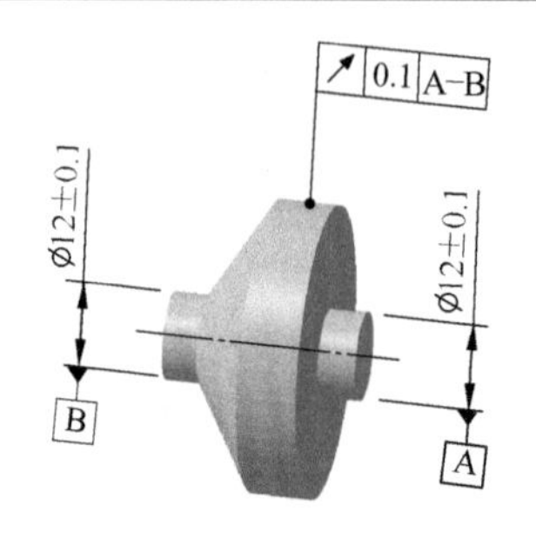

3D标注3

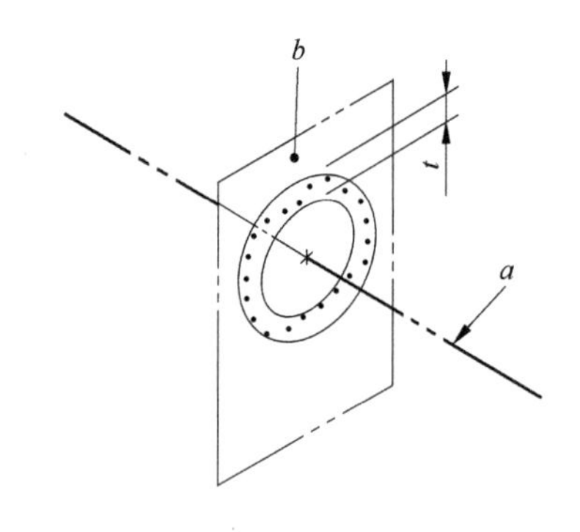

公差带的解释

注意	①圆跳动应用于整个受控特征的任意横截面上。 ②圆跳动控制了圆柱面的方向和位置，但控制不了柱面大小。 ③a—基准轴线，b—垂直于基准轴线的任意横截面，t—处于 b 上的同心圆环公差带宽度。 ④横截面垂直于基准轴线建立，案例给出3种建立基准的方法。 ⑤公差带为处于横截面上二维的同心圆环，同心圆环圆心在基准轴线上

圆跳动控制只能应用到具体的特征上（线性的圆特征上），不能应用到抽象特征上。圆跳动的设计应用目的是提高旋转零件的动平衡性能，所以圆跳动一般应用到动态、旋转工作的零件上。此案例是控制径向圆跳动的方法，先建立基准轴线，然后垂直于基准轴线建立相交面，相交面同受控特征（柱面）产生的圆就是圆跳动的控制对象，默认情况下，这些相交面产生的圆特征相互独立。在测量时，只比较同一个相交面上提取的点云差异，每个横截面需要重新归零再检测。

案例1使用一个柱面建立的轴线作为跳动基准A，受控特征的任意相交面上的点之间的径向偏差如果都在0.1mm之内，也就是处于相距0.1mm的同心圆环之内，就接收为合格。

案例2使用一个平面基准A和一个柱面建立的轴线基准B作为跳动基准，对于跳动控制，本来平行于基准轴线的方向没有偏差控制，所以如果此圆跳动使用的基准顺序是 B|A，那么这个定义与案例1的定义方法并没有区别。如果基准的优先顺序是 A|B，零件的基准轴线B必然和端面A之间产生制造误差，如果先贴齐基准面A，必然无法保证同B基准的紧密贴合，因此圆跳动的基准轴线不是完全如案例1一样的柱面拟合轴线。

案例3使用一个A-B的联合基准方法建立圆跳动的基准轴线 A-B，同样的道理，建立基准的两个柱面特征的轴线必然有制造误差，不能同时满足紧密贴合，而是综合之下的拟合基准轴线。

6.36 圆跳动定义端面

圆跳动定义端面见表6-37。

表6-37 圆跳动定义端面

符号	类型	基准参考	公差带形状	可用公差修正符号	可用基准修正符号
↗	跳动	必须	同心圆环	Ⓕ CZ	[DV] >< [PD] [MD] [LD] [ACS] [ALS] [CF] [PT] [PL] [SL]
3D标注			公差带的解释		
注意	①圆跳动应用于整个受控特征的任意截面上。 ②端面圆跳动控制了每个剖面的方向和形状，但控制不了位置。 ③公差带为两个同心圆环，以基准轴A为轴线建立圆柱截面形成相距0.1mm的圆环				

此案例的圆跳动控制旋转状态的直平面特征同基准轴线之间的偏差。公差带为平行，且以基准轴 A 为轴线的圆柱截面形成两个相距 0.1mm 的圆。

6.37 圆跳动定义锥面

圆跳动定义锥面见表 6-38。

表 6-38 圆跳动定义锥面

符号	类型	基准参考	公差带形状	可用公差修正符号	可用基准修正符号
↗	跳动	必须	同心圆环	Ⓕ CZ	[DV] >< [PD] [MD] [LD] [ACS] [ALS] [CF] [PT] [PL] [SL]
↗ 0.05 A ⌓ 0.02 ⌀31±0.1 60° z y A 3D标注			0.02形状公差带 锥面可能的位置1 0.05跳动公差带形成的可能中心位置控制锥面的方向和位置 0.025跳动公差带，以基准轴A为中心 锥面可能的位置2 公差带的解释		
注意	①圆跳动可以控制锥面的方向和位置,但不能控制锥面的大小。 ②锥面通过基准轴 A 建立同心圆环公差带。 ③锥面必须指定理论锥角的大小,此案例为 60°。 ④圆跳动公差 0.05mm 控制了锥面的位置和方向。 ⑤锥面的大小由形状 0.02mm 公差带控制				

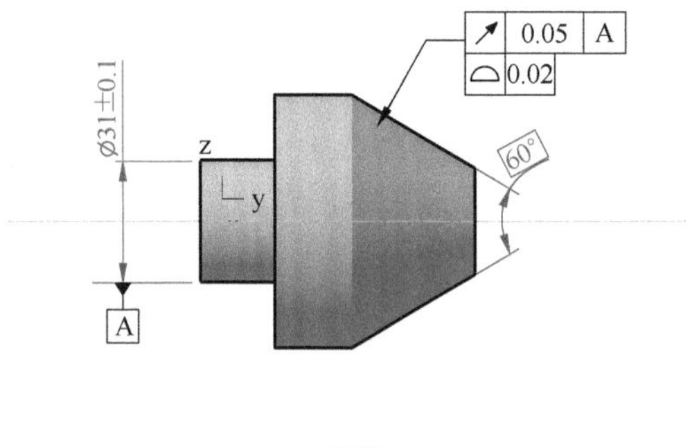

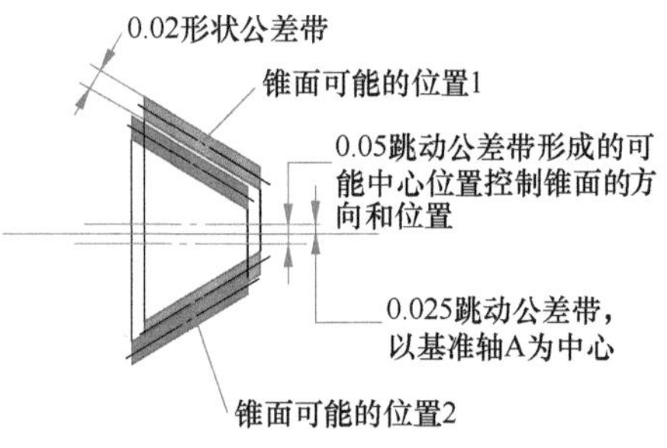

当锥面是旋转状态工作，圆跳动控制比较有效。圆跳动控制属于位置和方向控制，对于锥面充分定义还需要进行大小控制。本案例使用了轮廓度 0.02mm 和名义角度 60°值定义来补充圆跳动控制对锥面缺少的大小约束，圆跳动控制了实际锥面中心的位置（在基准轴 A 的 ϕ0.05mm 浮动），且平行于基准轴 A。

6.38 圆跳动定义旋转曲面

圆跳动定义旋转曲面见表 6-39。

表 6-39 圆跳动定义旋转曲面

符号	类型	基准参考	公差带形状	可用公差修正符号	可用基准修正符号
½	跳动	必须	同心圆环	Ⓕ CZ	[DV] >< [PD] [MD] [LD] [ACS] [ALS] [CF] [PT] [PL] [SL]

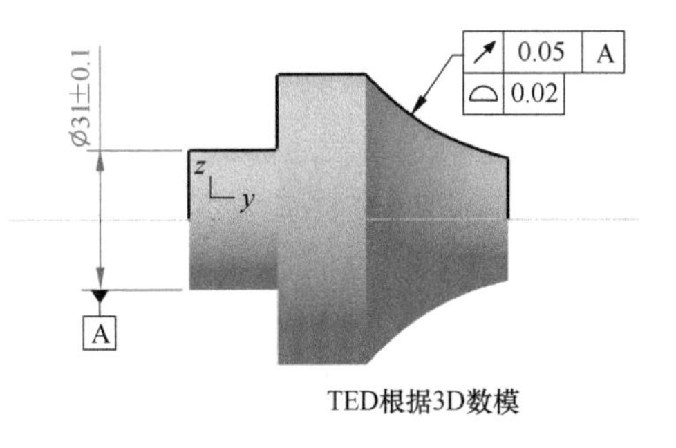

TED根据3D数模

3D 标注 1

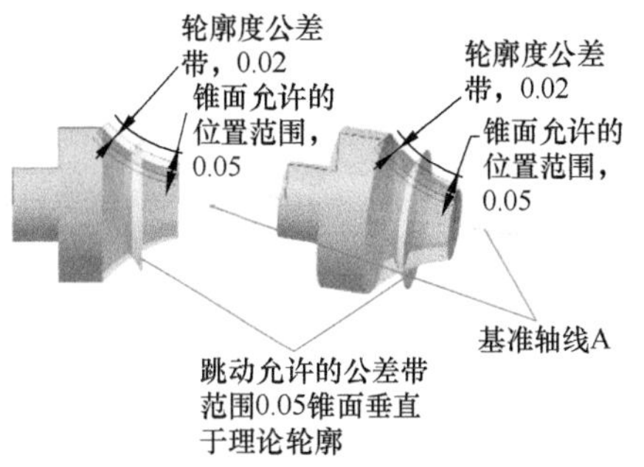

公差带的解释

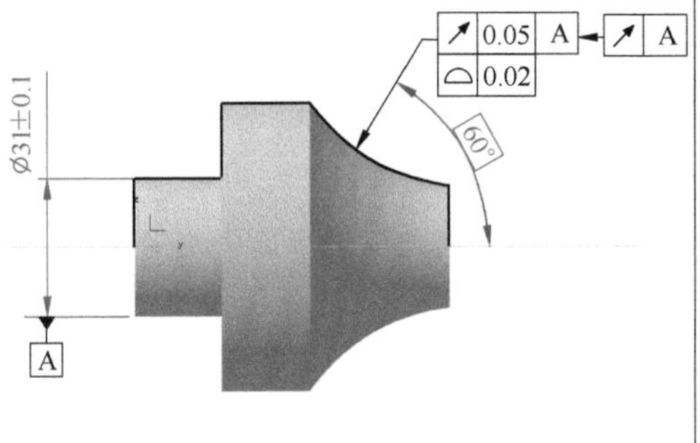

3D 标注 2

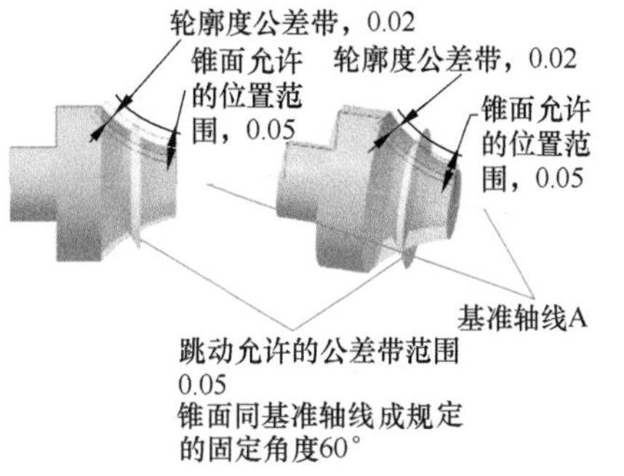

公差带的解释

注意	
注意	①圆跳动可以控制锥面的方向和位置,但不能控制曲面的尺寸。 ②锥面公差带同基准轴线成固定的角度 60°。 ③轮廓度公差必须给出 TEF(理论特征)定义,或参考 3D 数模。 ④圆跳动公差 0.05mm 控制了锥面的位置和方向。 ⑤锥面的大小由形状 0.02mm 公差带和 TEF 控制

圆跳动可以控制旋转形成的曲面，因为圆跳动不控制旋转曲面的大小，所以需要引入如轮廓度的控制来充分定义曲面。圆跳动控制（0.05mm）曲面的位置和方向。圆跳动的公差带建立在锥面上。默认情况下，锥面在受控曲面的法线方向，圆跳动控制就是限制受控曲面在这个任意锥面同心圆环之内。但在安排测量时，需要不停地变换千分表的接触位置的垂直测量方向，导致测量的 GR&R（测量可重复性和再现性）非常低，测量精度不高。改进的设计方法是方案 2，其建立的公差带逻辑与方案 1 相同，不同的是在标注上，圆跳动的引线同基准轴线 A 增加名义角度（TED）的定义，这样测量的入射矢量方向保持固定的 60°不变，提高了测量的精度。

6.39 全跳动定义圆柱面

全跳动定义圆柱面见表6-40。

表6-40 全跳动定义圆柱面

符号	类型	基准参考	公差带形状	可用公差修正符号	可用基准修正符号
⌰	跳动	必须	同心圆环面	Ⓕ CZ	[DV] >< [PD] [MD] [LD] [ACS] [ALS] [CF] [PT] [PL] [SL]

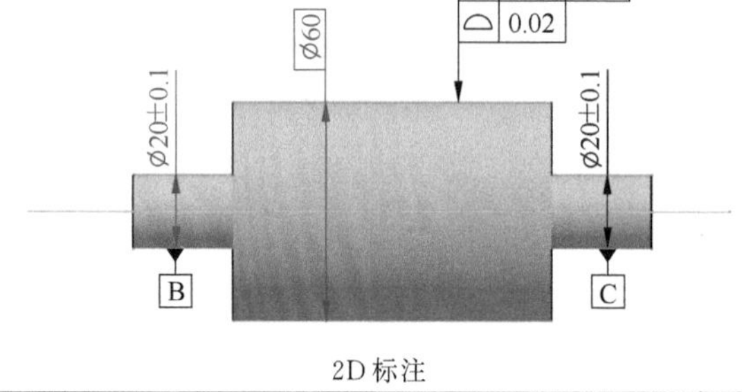

2D标注

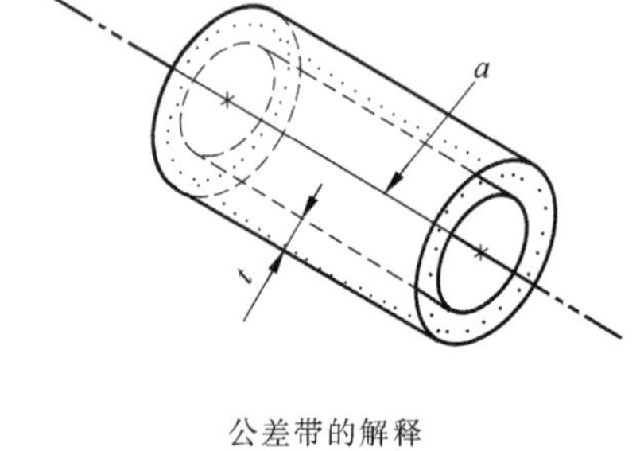

公差带的解释

注意	
	①全跳动可以控制圆柱面的方向和位置，但不能控制受控面的大小。 ②a—基准轴B-C，t—全跳动公差带大小。 ③通过基准轴B-C建立同心圆环面公差带。 ④受控柱面必须指定理论直径的大小，此案例使用轮廓度和理论值ϕ60mm控制大小。 ⑤圆跳动公差0.05mm控制了受控柱面的位置和方向。 ⑥受控柱面的大小由形状0.02mm公差带控制，在0.05mm公差带内平行于基准轴B-C浮动

对比圆跳动，全跳动是对整个受控表面测量点进行全局控制，而圆跳动只同时比较一个截面内的测量点偏差。测量整个特征面（柱面、端面、锥面或旋转曲面）时，全跳动进行一次归零设置，而圆跳动需要每个截面独立归零设置。但全跳动和圆跳动都属于位置和方向控制，对于受控特征的充分定义还需要进行大小控制。本案例使用了轮廓度0.02mm和理论直径ϕ60mm值定义来补充全跳动控制对缺少的大小约束。全跳动控制了柱面中心的位置（在基准轴A的ϕ0.05mm浮动），且平行于基准轴A。

6.40 线轮廓度与相交面修正

线轮廓度与相交面修正见表6-41。

表6-41　线轮廓度与相交面修正

符号	类型	基准参考	公差带形状	可用公差修正符号	可用基准修正符号
⌒	轮廓	可选	等距曲线	Ⓕ CZ ⟷	[DV] >< [PD] [MD] [LD] [CF] [PT] [PL] [SL]

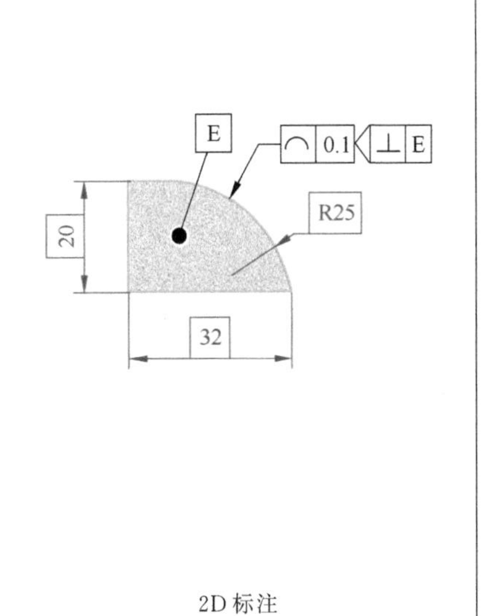

2D标注

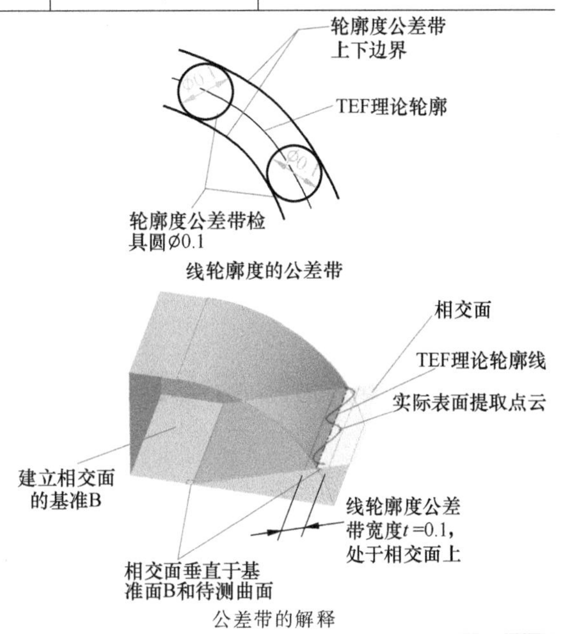

公差带的解释

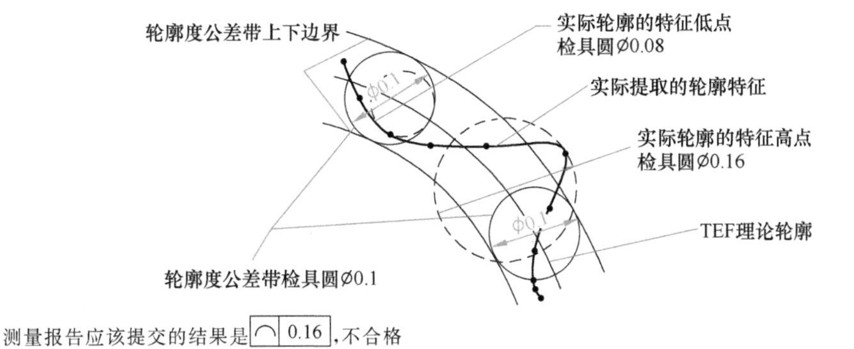

测量报告应该提交的结果是 ⌒ 0.16 ,不合格

注意	①轮廓度基于明确、充分的理论尺寸(TED)定义的理论几何特征(TEF)进行定义。 ②轮廓度公差带具有位置、方向、形状和大小的控制功能。 ③线轮廓度应该指定公差带处于的相交面,如垂直于基准面B,同时垂直于受控曲面建立唯一的相交面作为线性公差带平面。 ④默认公差带等距于理论轮廓两侧各一半公差

ISO 1101和ISO 1660是两个重要的轮廓度标准链。轮廓度的功能强大，功能上可以定义特征的位置、方向、形状和大小。定义元素不但包括曲线、曲面，也包含直线和直平面。在确认特征是直线或直平面时，最好选择直线度和平面度来定义。因为直线度和平面度可以向阅图的人传递更多的信息，受控特征隐含为直平

面，而不是轮廓度定义可能是曲面或直平面的两种可能，因此设计者选择轮廓度专门用来定义曲面是较好的方式。轮廓度的公差带是由无数个中心在理论特征上（TEF，theoretically exact feature），直径为轮廓度公差值的检具圆或检具球形成的两个上下曲线或曲面边界包围的区域，可以等同看作是两个等距于理论轮廓的曲线（线轮廓度），或曲面（面轮廓度）包容的区域。

此案例是线轮廓度的应用，公差带为二维的等距曲线，必须明确定义这个二维线性公差带所处的平面，所以引用相交面来辅助定义。按照图中定义，唯一确定的相交面需要垂直于基准面 B，然后垂直相交于受控曲面。相交面与受控曲面的理论交线即为待测特征，如果提取的实际零件表面的点云在这个相交面上的公差带 0.1mm 宽度的两条等距曲线之内，即判定合格。

6.41 面轮廓度与 SZ、UF、CZ 修正

面轮廓度与 SZ、UF、CZ 修正见表 6-42。

表 6-42 面轮廓度与 SZ、UF、CZ 修正

符号	类型	基准参考	公差带形状	可用公差修正符号	可用基准修正符号
⌓	轮廓	可选	等距曲面	Ⓕ CZ ⟷	[DV] >< [PD] [MD] [LD] [CF] [PT] [PL] [SL]

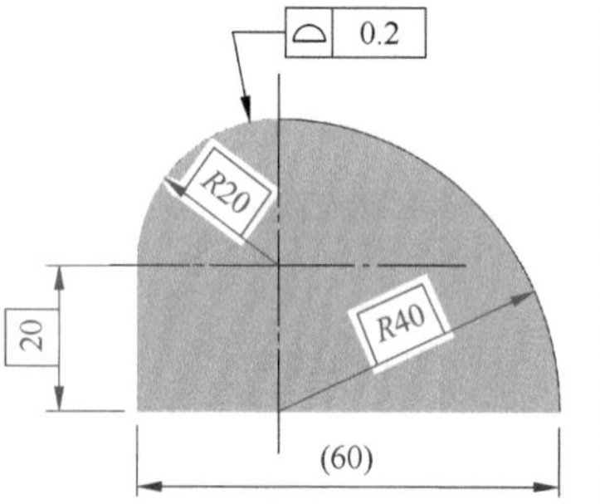

2D标注

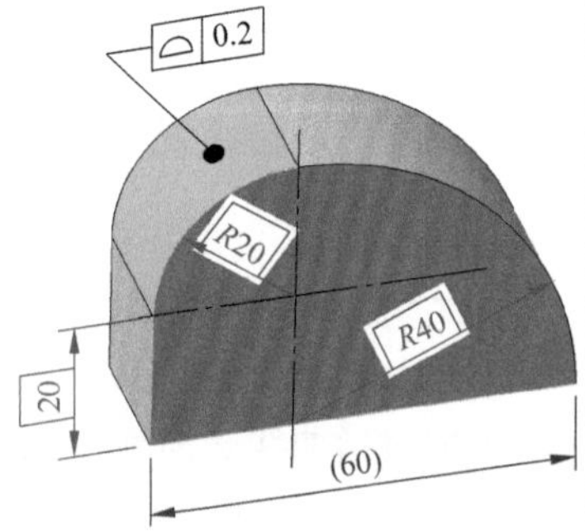

3D标注

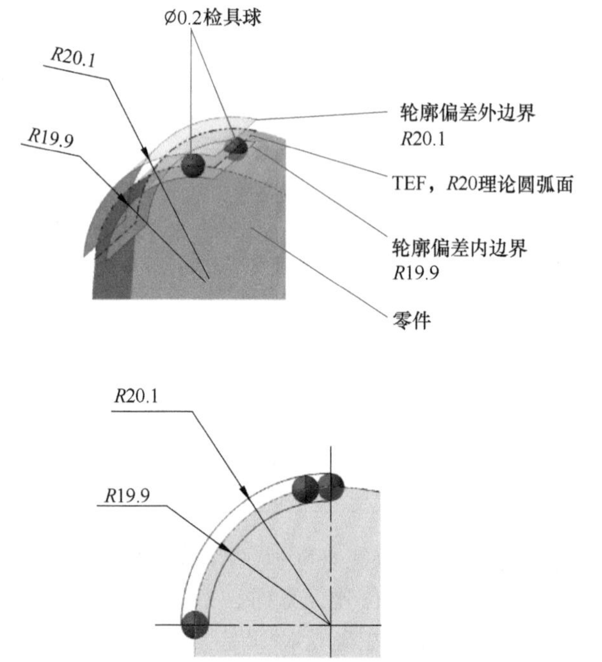

公差带的解释

续表

注意：	①轮廓度基于明确、充分的TED定义的理论几何特征(TEF)进行定义。 ②默认情况下，作用范围为轮廓度公差控制框引线直接指向的曲面。 ③默认情况下，面轮廓度的公差带为无数个公差值直径的检具球 ϕt，球心在TEF上形成的包容边界上

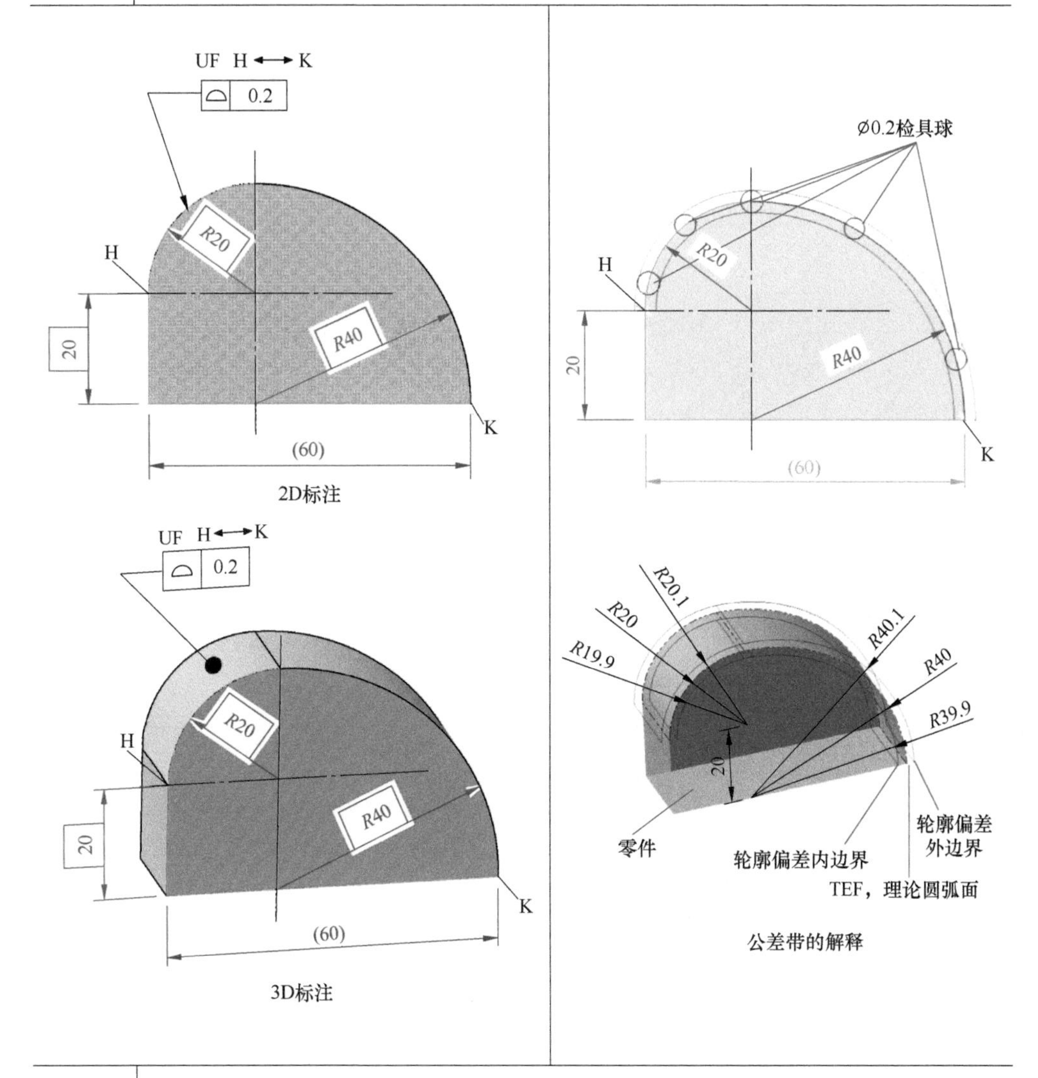

注意	①轮廓度基于明确、充分的TED定义的理论几何特征(TEF)进行定义。 ②如果需要控制多个特征曲面，可以使用⟷符号扩展范围。 ③对于多个特征曲面，需要使用修正符号如UF、CZ、SZ等明确是独立，还是同步控制。 ④H⟷K包含 $R20$ 和 $R40$ 两个曲面，因为UF(组合特征)的修正，这两个曲面同步控制。两个曲面除了满足自身的形状0.2mm公差带外，额外增加了两个公差带之间的相互位置和方向要求。 ⑤中心在 $R20$ 和 $R40$ 两个TEF上的无数个 $\phi0.2$mm的检具球形成了公差带的两个包容曲面边界，分别为 $R19.9\sim R20.1$、$R39.9\sim R40.1$，它们互相定位在20mm高度，且连接处相切

续表

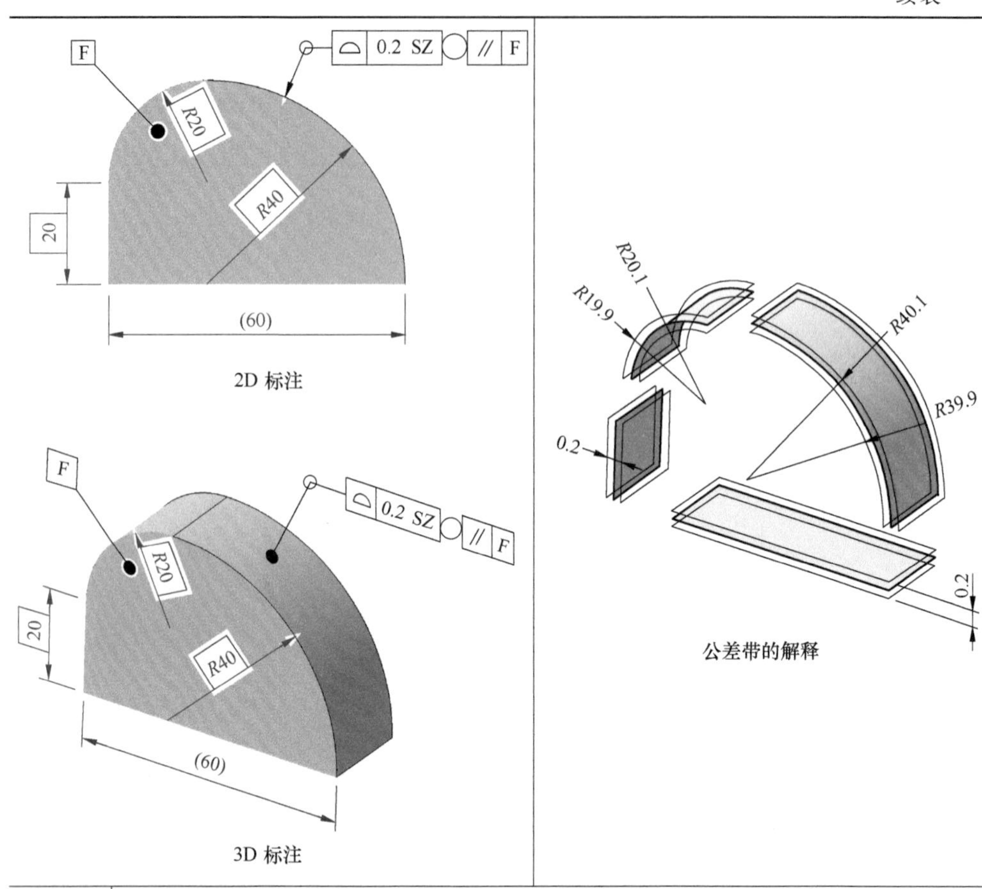

2D 标注

3D 标注

公差带的解释

注意	①轮廓度基于明确、充分的 TED 定义的理论几何特征(TEF)进行定义。 ②如果需要控制多个特征曲面，可以使用⌓符号+“集合”符号扩展范围。集合参考面的基准 F 代表所要定义的封闭曲面的相交面。此种情况对于多个曲面的定义是独立的。 ③0.2mm 轮廓度的控制后有 SZ 符号修正，或默认情况下表示独立控制，只需要满足本身的形状控制 0.2mm 要求。 ④中心在 *R*20 和 *R*40 两个 TEF 上的无数个 ϕ0.2mm 的检具球形成了公差带的两个包容曲面边界，分别为 *R*19.9～*R*20.1、*R*39.9～*R*40.1，四个公差带互相之间不要求控制，独立验证

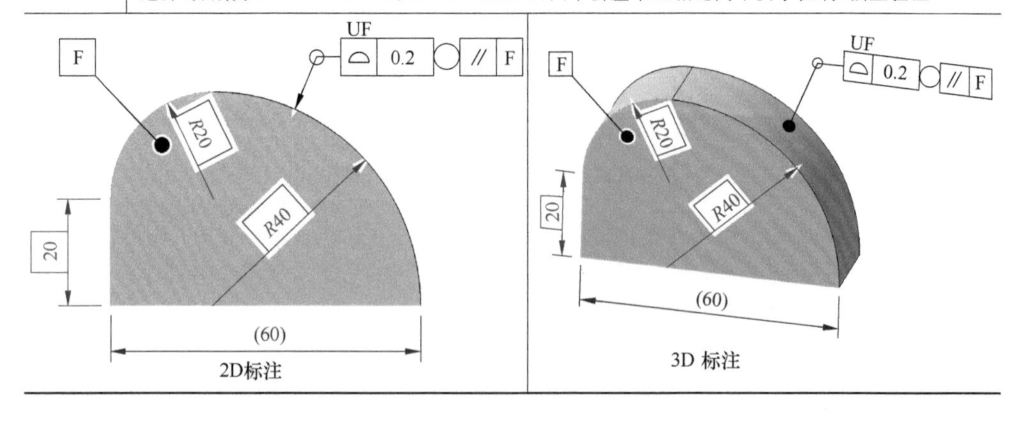

2D标注

3D 标注

续表

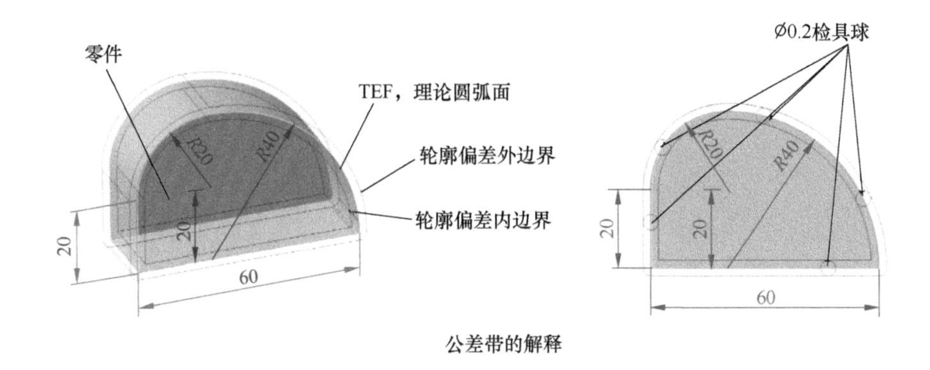

公差带的解释

注意	①轮廓度基于明确、充分的TED定义的理论几何特征(TEF)进行定义。 ②⊘符号+"集合"符号扩展定义范围到整个基准F相交的封闭曲面集合。 ③UF表示组合特征，四个曲面公差带除了满足轮廓度要求的形状偏差0.2mm外，还要满足公差带之间的相互位置和方向要求。 ④中心在$R20$和$R40$两个TEF上的无数个$\phi0.2$mm的检具球形成了公差带的两个包容曲面边界，分别为$R19.9 \sim R20.1$、$R39.9 \sim R40.1$，四个公差带互相之间不要求控制

6.42 面轮廓度的不等边分布定义

面轮廓度的不等边分布定义见表6-43。

表6-43 面轮廓度的不等边分布定义

符号	类型	基准参考	公差带形状	可用公差修正符号	可用基准修正符号
⌓	轮廓	可选	等距曲面	Ⓕ CZ UZ ↔ ⊘	[DV] >< [PD] [MD] [LD] [CF] [PT] [PL] [SL]

UF ⌓ 0.2 UZ−0.1 ○ // F
F R20 R40 20 (60)

2D标注

UF ⌓ 0.2 UZ−0.1 ○ // F
F R20 R40 20 (60)

3D标注

续表

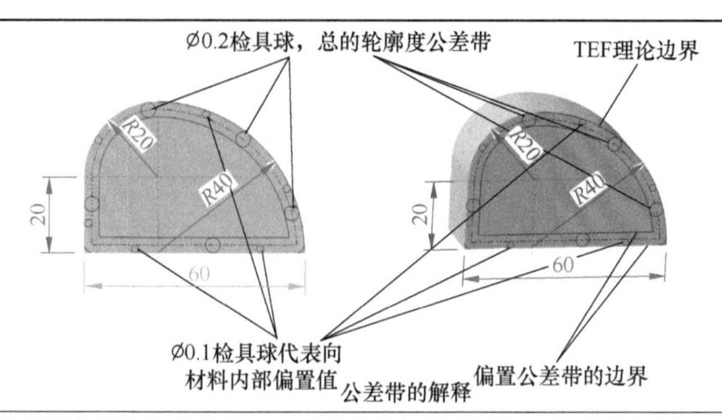

公差带的解释

注意	①轮廓度基于明确、充分的 TED 定义的理论几何特征(TEF)进行定义。 ②符号＋“集合”符号扩展定义范围到整个基准 F 相交的封闭曲面集合。 ③UF 表示组合特征，四个曲面公差带除了满足轮廓度要求的形状偏差 0.2mm 外，还要满足公差带之间的相互位置和方向要求。 ④UZ 表示偏置公差带，偏置公差带分为单边内偏置、单边外偏置、不等边偏置。UZ 后的值代表公差带中间面的偏移值和偏移方向，−0.1 代表向材料内部偏移 0.1mm

6.43 面轮廓度与 OZ 修正

面轮廓度与 OZ 修正见表 6-44。

表 6-44 面轮廓度与 OZ 修正

符号	类型	基准参考	公差带形状	可用公差修正符号	可用基准修正符号
⌓	轮廓	可选	等距曲面	Ⓕ CZ OZ ⟷	[DV] >< [PD] [MD] [LD] [CF] [PT] [PL] [SL]

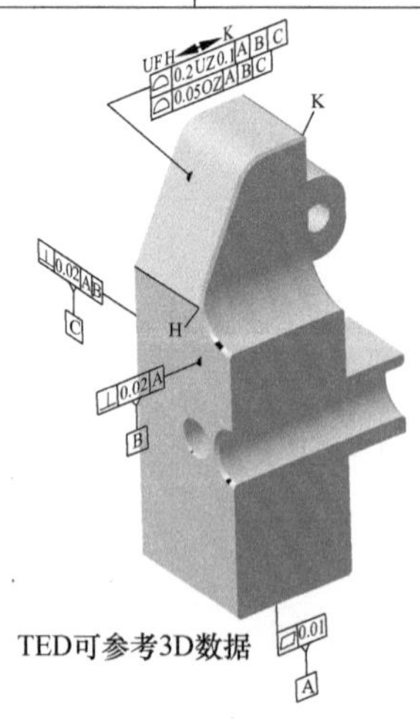

3D标注

续表

公差带的解释	
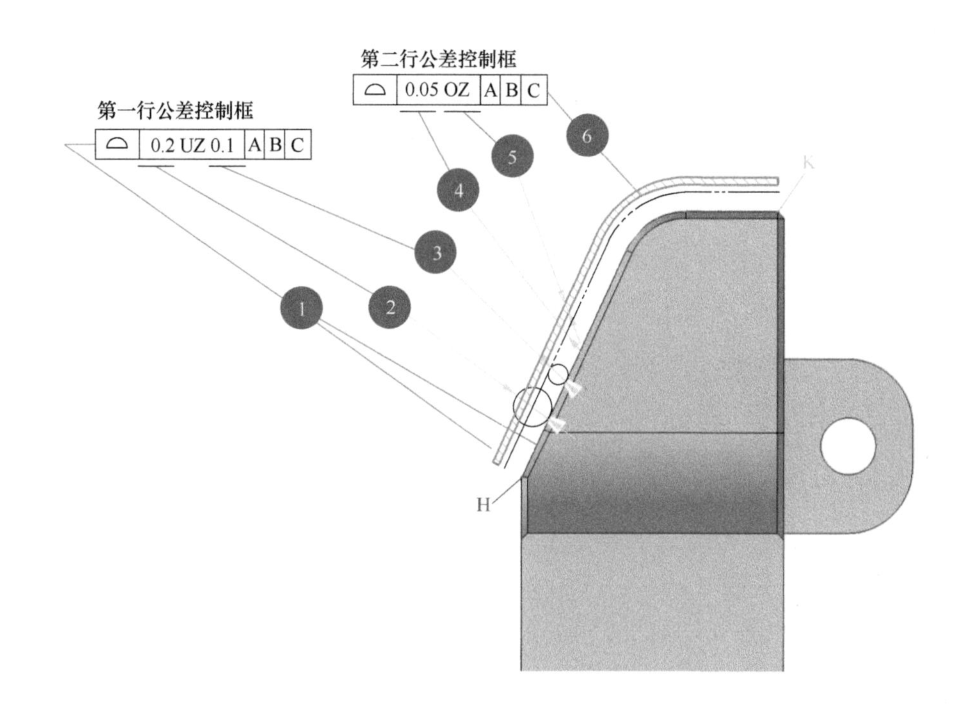	
注意	①轮廓度基于明确、充分的TED定义的理论几何特征(TEF)进行定义，如果TED尺寸通过3D数模定义，需要在图纸中声明。 ②UF表示组合特征，两个曲面公差带除了满足轮廓度要求，还要满足公差带之间的相互位置和方向要求。 ③第一行1#轮廓度通过基准框架 | A | B | C | 定义了距离0.2mm的等距曲面公差带，限制了H←→K的集合曲面的位置。 ④第一行2#定义了直径ϕ0.2mm的检具球，即公差带的宽度。 ⑤第一行3#定义了公差带中心面在UZ符号下偏置的检具球ϕ0.1mm，相当于0.2mm的宽度公差带单侧向外偏置，零件的理论轮廓即为公差带的允许下限边界。 ⑥第二行4#定义了平移公差带的检具球为ϕ0.05mm，是在 | A | B | C | 进行方向控制，不控制位置。 ⑦第二行5#表示此定位公差带检具球的值为变量，可以是任意实数，起到方向控制作用。 ⑧第二行6#表示第二行公差控制框定义的0.05mm公差带，定向在 | A | B | C | 的基准框架内，在第一行定义的0.2mm公差带内有效

⌓	0.1 CZR

如图5-12（b）所示，应用组合但约束旋转的修正符号CZR，4个公差带只允许正交平移，不允许旋转，相互之间没有位置要求。4个0.1mm平行面公差带成半独立状态，相互之间只有名义角度（TED，0°或90°）约束。

⌓	0.2 CZ

如图5-12（c）所示，应用组合公差带修正符号CZ。4个0.1mm平行面公差带，相互之间由名义尺寸（TED，10mm）和名义角度（TED，0°或90°）约束。

第7章 MMR、LMR和RPR

ISO GPS系统中有三个标准ISO 8015、ISO 14405和ISO 2692是关于材料实体条件的，如图7-1所示。图7-2是实体材料符号在公差控制框中的应用位置，

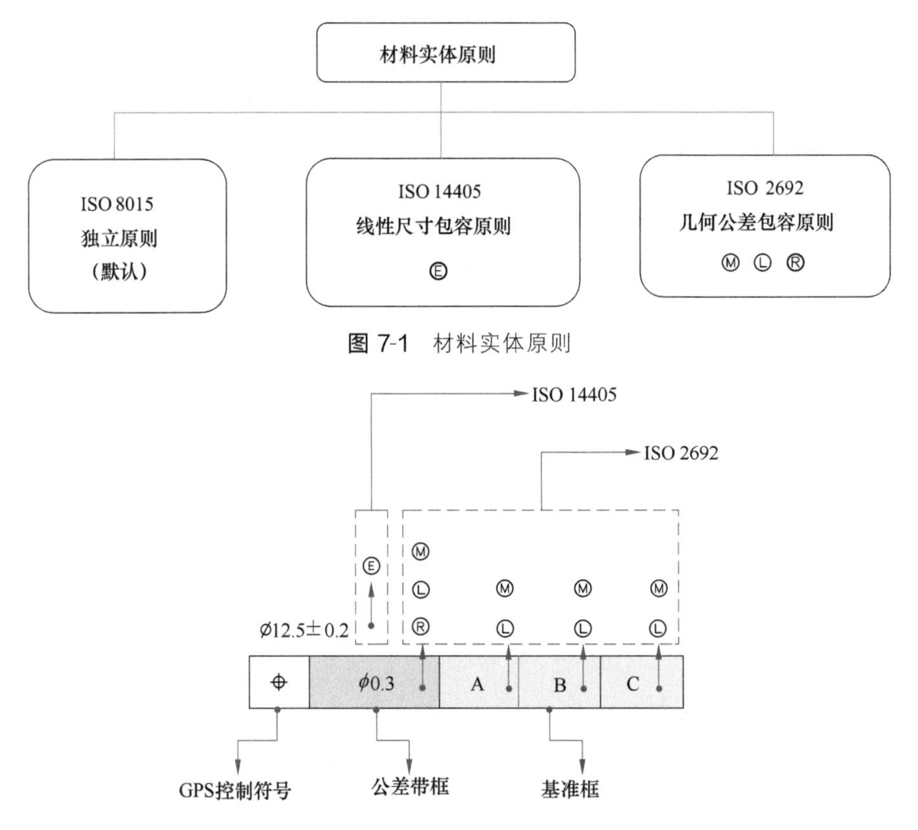

图7-1 材料实体原则

图7-2 实体材料原则在几何公差控制框中的应用位置

ISO 14405是关于线性公差的实体材料修正原则，请参考前面章节关于这一部分的内容。本章节主要讨论ISO 2692关于几何公差的材料实体原则在公差带、基准中的修正应用。

图7-2显示了材料实体原则在公差控制框中的语法位置，所有实体原则在ISO 8015中被规定默认独立原则，所以公差控制框中的4个材料实体修正位置还各有一个重要的无符号的独立原则。

7.1 公差特征最大实体材料要求（MMR）——Ⓜ

最大实体材料要求（MMR，maximum material requirement）主要应用于装配设计条件。配合特征的最大实体材料尺寸（MMS）和允许的最大几何公差综合影响了装配边界。MMR控制是利用装配间隙会随着配合特征从最大实体材料尺寸（MMS）向最小实体材料尺寸（LMS）变化时增大的效果来补偿几何公差，如位置度获得相应的尺寸公差的补偿方法来降低制造难度。MMR在几何公差控制框中用Ⓜ符号表示，可以修正公差带和基准。

MMR原则修正可以为特征创建一个常数值边界，即最大实体材料实效边界尺寸（MMVS，maximum material virtual size），这个边界的功能是装配的最差条件边界值。MMVS的计算分为内、外特征两种方法，是受控特征的最大实体尺寸MMS和该特征的几何公差（形状控制、方向控制和位置控制）综合计算值。

外部特征（请参见图7-3）：

MMVS＝MMS＋几何公差值（形状控制、方向控制和位置控制）

内部特征（请参见图7-4）：

MMVS＝MMS－几何公差值（形状控制、方向控制和位置控制）

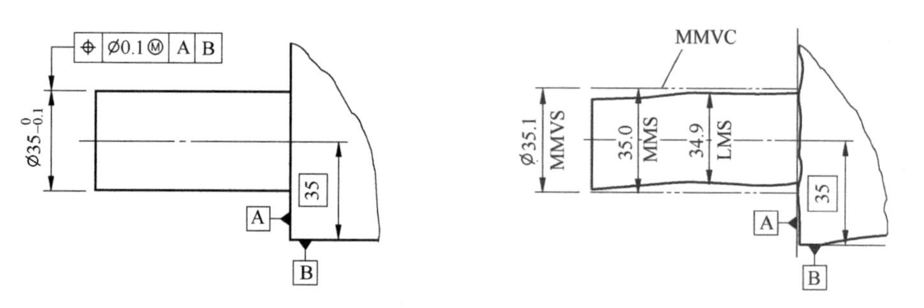

图7-3 MMR应用于外部特征、公差特征

图中零件要求同配合件在两个平面A基准和B基准定位下装配，MMR要求公差带：

① 实际零件特征不能超过最大实体材料实效条件 MMVC 要求，即最大实体材料实效边界尺寸 MMVS=35.1。

② 实际零件的两点尺寸应该大于 LMS=34.9，小于 MMS=35.0。

③ MMVC 要求特征垂直于基准 A，且距离 B 基准 35。

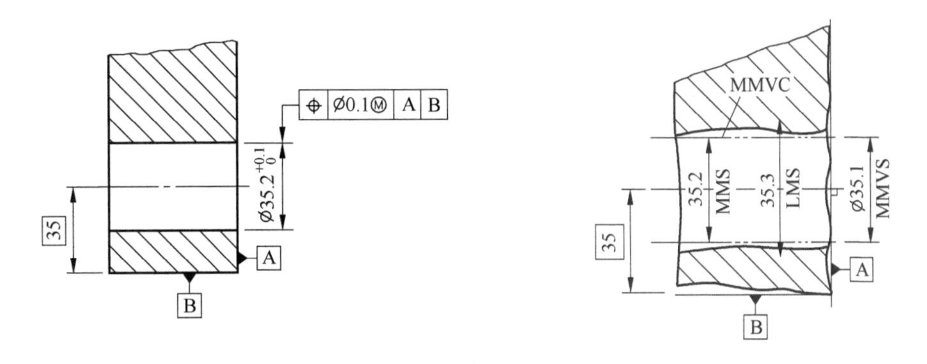

图 7-4　MMR 应用于内部特征、公差特征

图中零件要求同配合件在两个平面 A 基准和 B 基准定位下装配，MMR 要求公差带：

① 实际零件特征不能超过最大实体材料实效条件 MMVC 要求，即最大实体材料实效边界 MMVS=35.1。

② 实际零件的两点尺寸应该大于 MMS=35.2，小于 LMS=35.3。

③ MMVC 要求特征垂直于基准 A，且距离 B 基准 35。

7.2　公差特征最小实体材料要求（LMR）——Ⓛ

最小实体材料要求（LMR，least material requirement）目的是保证材料最小厚度，以满足强度、加工余量要求。最小实体材料尺寸（LMS）和允许的最大几何偏差综合影响了材料厚度。LMR 控制是利用材料厚度随着受控特征从最小实体材料尺寸（LMS）向最大实体材料尺寸（MMS）变化时增大的效果来补偿几何公差，如位置度获得相应的尺寸公差的补偿方法来降低制造难度。LMR 在几何公差控制框中用Ⓛ符号表示，可以修正公差带和基准。

LMR 原则修正可以为特征创建一个常数值边界，即最小实体材料实效边界尺寸（LMVS，least material virtual size），这个边界的功能是装配的最差条件边界值。LMVS 的计算分为内、外特征两种方法，是受控特征的最大实体尺寸 LMS 和该特征的几何公差（形状控制、方向控制和位置控制）综合计算值。

外部特征（请参见图7-5）：

LMVS=LMS−几何公差值（形状控制、方向控制和位置控制）

内部特征（请参见图7-6）：

LMVS=LMS+几何公差值（形状控制、方向控制和位置控制）

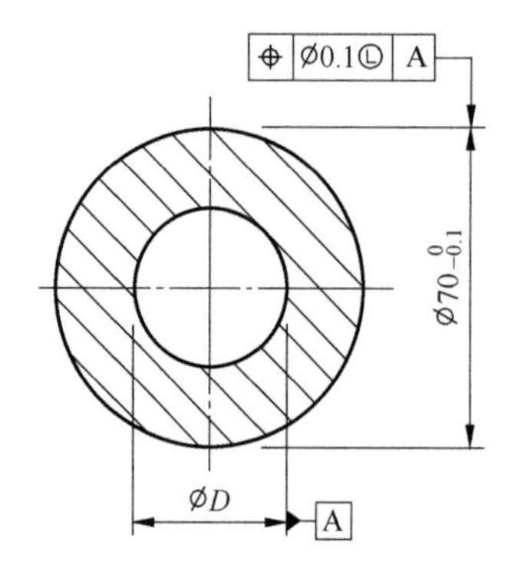

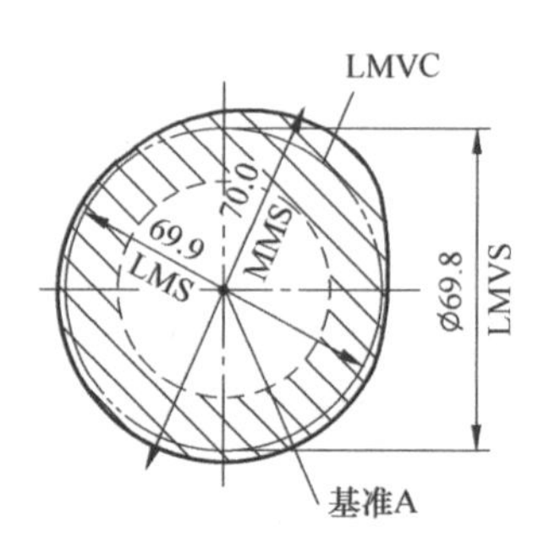

图7-5 LMR应用于外部特征、公差特征

图中零件要求内、外两个柱面的同轴偏差：

① 实际零件特征不能超过最小实体材料实效条件LMVC要求，即最小实体材料实效边界尺寸LMVS=69.8。

② 实际零件的两点尺寸应该大于LMS=69.9，小于MMS=70.0。

③ LMVC要求特征平行于基准A，且同基准A轴线重合。

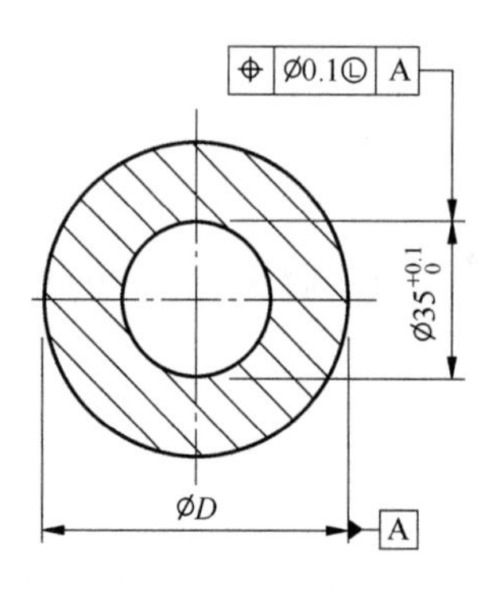

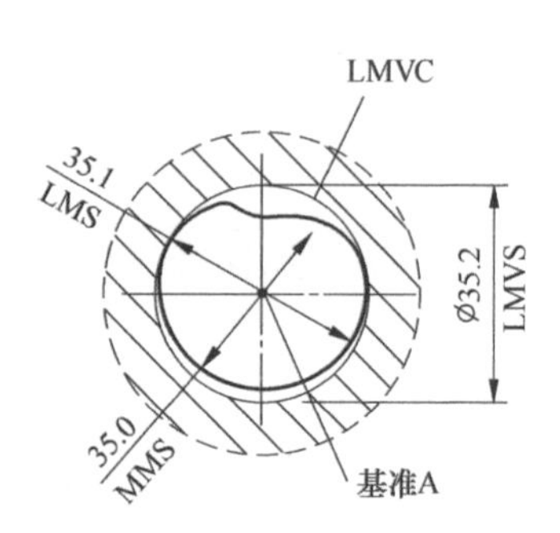

图7-6 LMR应用于内部特征、公差特征

图中零件要求内、外两个柱面的同轴偏差：

① 实际零件特征不能超过最小实体材料实效条件LMVC要求，即最小实体材料实效边界尺寸LMVS=35.2。

② 实际零件的两点尺寸应该小于LMS=35.1，大于MMS=35.0。

③ LMVC要求特征平行于基准A，且同基准A轴线重合。

7.3 公差特征可逆要求（RPR）——Ⓡ

可逆要求（RPR，reciprocity material requirement）是MMR和LMR的补充定义，符号为Ⓡ。同Ⓜ或Ⓛ组合使用时，功能是在满足MMVC和LMVC条件下扩大尺寸公差，相当于使用几何公差来补偿尺寸公差。RPR在功能上同Ⓜ控制效果相同。

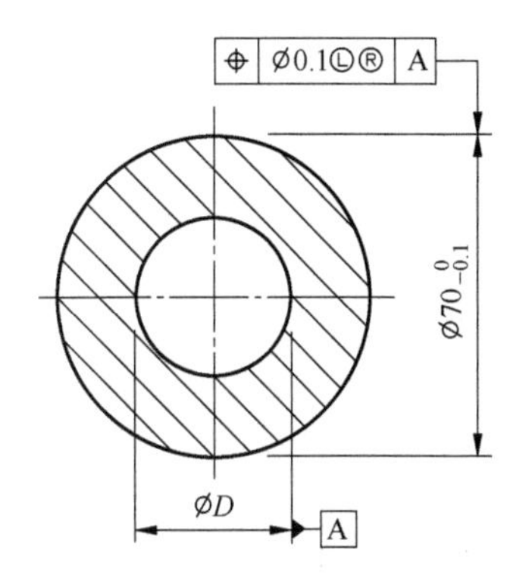

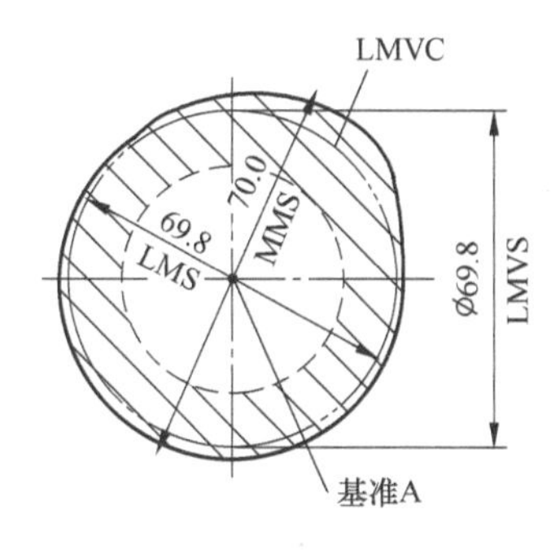

图7-7 RPR、LMR应用于外部特征及公差特征

图7-7中零件要求内、外两个柱面的同轴偏差：

① 实际零件特征不能超过最小实体材料实效条件LMVC要求，即最小实体材料实效边界尺寸LMVS=69.8。

② 实际零件的两点尺寸应该大于LMS=69.8，小于MMS=70.0。

③ LMVC要求特征平行于基准A，且同基准A轴线重合。

如图7-8所示是对于图7-7中的GPS定义的曲线图，三角区域都是上述定义的

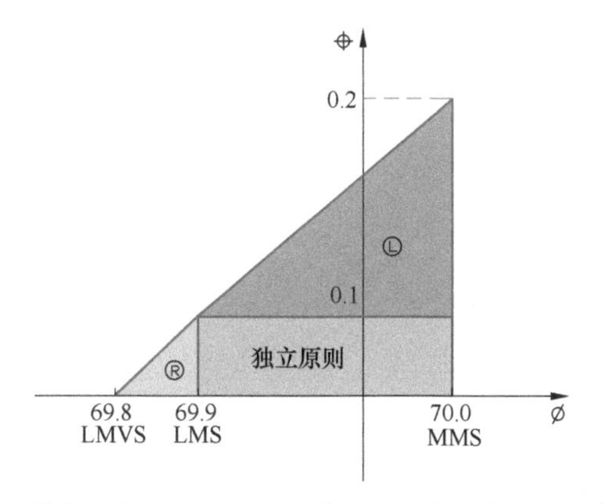

图7-8 外部特征RPR、LMR、独立原则各自定义的公差区域

合格公差带分布区域。这个三角区域由三部分组成：

① 当公差特征没有任何材料符号修正时，|⌖|Ø0.1|A|定义的公差带区域为独立原则矩形区域。

② 当公差特征没有任何材料符号修正时，|⌖|Ø0.1Ⓛ|A|定义的公差带区域为Ⓛ原则三角形区域。

③ 当公差特征没有任何材料符号修正时，|⌖|Ø0.1ⓁⓇ|A|定义的公差带区域为Ⓡ原则三角形区域。

图 7-9 中零件要求内、外两个柱面的同轴偏差：

① 实际零件特征不能超过最小实体材料实效条件 LMVC 要求，即最小实体材料实效边界尺寸 LMVS=35.2。

② 实际零件的两点尺寸应该小于 LMS=35.1，大于 MMS=35.0。

③ LMVC 要求特征平行于基准 A，且同基准 A 轴线重合。

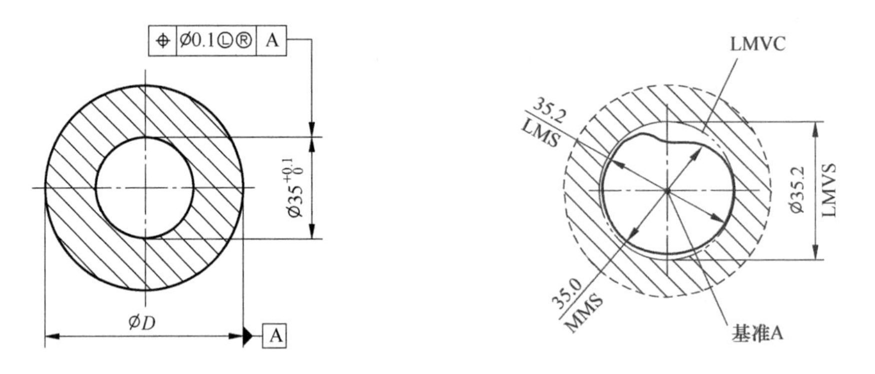

图 7-9 RPR、LMR 应用于内部特征及公差特征

如图 7-10 所示是对于图 7-9 中的 GPS 定义的曲线图，横轴代表直径，纵轴代

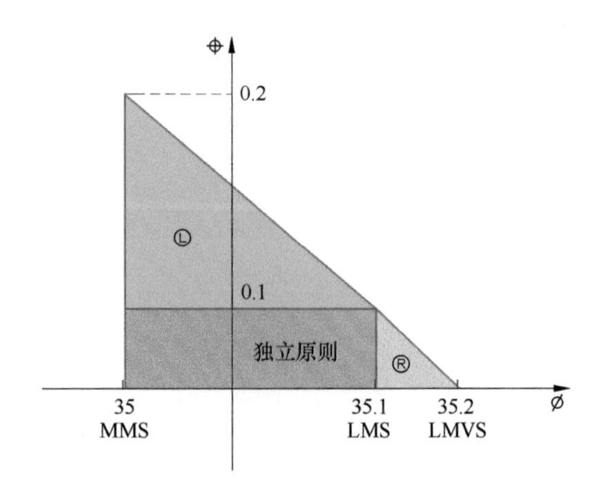

图 7-10 内部特征 RPR、LMR、独立原则各自定义的公差区域

表位置度，三角区域都是上述定义的合格公差带分布区域。这个三角区域由三部分组成：

① 当公差特征没有任何材料符号修正时，|⌖|Ø0.1|A|定义的公差带区域为独立原则矩形区域。

② 当公差特征没有任何材料符号修正时，|⌖|Ø0.1Ⓛ|A|定义的公差带区域为Ⓛ原则三角形区域。

③ 当公差特征没有任何材料符号修正时，|⌖|Ø0.1ⓁⓇ|A|定义的公差带区域为Ⓡ原则三角形区域。

使用Ⓜ、Ⓛ可以在工程应用上降低制造成本，但是并不是所有几何公差控制方式都可以使用Ⓜ、Ⓛ修正（表 7-1 列出的 14 种 GPS 控制方式可以使用）。

表 7-1　可以使用Ⓜ、Ⓛ、独立的几何公差控制方式

—	▱	○	⌭	⌒	⌓	∠	//	⊥	◎	⌯	⌖	↗	⌰
Ⓜ Ⓛ 独立	Ⓜ Ⓛ 独立	独立	独立	独立	独立	Ⓜ Ⓛ 独立	Ⓜ Ⓛ 独立	Ⓜ Ⓛ 独立	Ⓜ Ⓛ 独立	Ⓜ Ⓛ 独立	Ⓜ Ⓛ 独立	独立	独立

7.4　基准特征最大实体材料要求（MMR）——Ⓜ

图 7-11 中零件要求公差特征 $\phi35$ 相对于基准特征 $\phi70$ 的同轴偏差：

① 实际零件公差特征不能超过最大实体材料实效条件 MMVC 要求，即最大实体材料实效边界尺寸 MMVS=35.1。

② 实际零件的公差特征两点尺寸应该大于 LMS=34.9，小于 MMS=35.0。

③ 实际零件基准特征不能超过最大实体材料实效条件 MMVC 要求，即最大实体材料实效边界尺寸 MMVS=MMS=70.0。

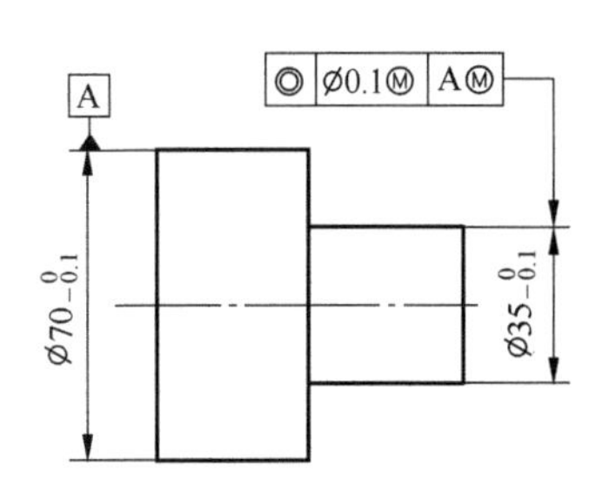

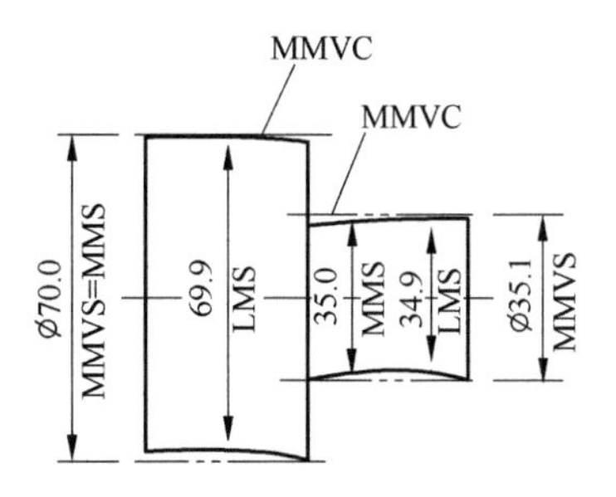

图 7-11　MMR 应用于外部特征、基准特征

④ 实际零件的基准特征两点尺寸应该大于 LMS=69.9。

⑤ MMVC 边界轴线平行于基准 A，且同基准 A 轴线重合。

图 7-12 中零件要求公差特征 ϕ35.2 相对于基准特征 ϕ70 的同轴偏差：

① 实际零件公差特征不能超过最大实体材料实效条件 MMVC 要求，即最大实体材料实效边界尺寸 MMVS=35.1。

② 实际零件的公差特征两点尺寸应该大于 MMS=35.2，小于 LMS=35.3。

③ 实际零件基准特征不能超过最大实体材料实效条件 MMVC 要求，即最大实体材料实效边界尺寸 MMVS=MMS=70.0。

④ 实际零件的基准特征两点尺寸应该小于 LMS=70.1。

⑤ MMVC 边界轴线平行于基准 A，且同基准 A 轴线重合。

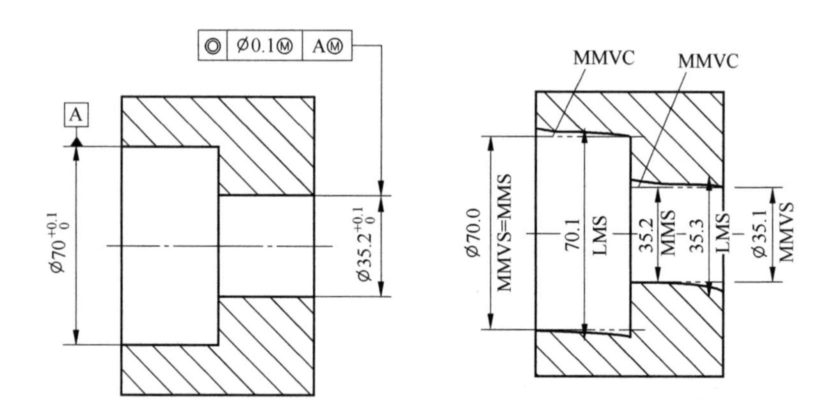

图 7-12 MMR 应用于内部特征、基准特征

7.5 基准特征最小实体材料要求（LMR）——Ⓛ

图 7-13 中零件要求公差特征 ϕ70 相对于基准特征 ϕ35 的同轴偏差：

① 实际零件公差特征不能超过最大实体材料实效条件 LMVC 要求，即最大实体材料实效边界尺寸 MMVS=69.8。

② 实际零件的公差特征两点尺寸应该大于 LMS=69.9，小于 MMS=70.0。

③ 实际零件基准特征不能超过最大实体材料实效条件 MMVC 要求，即最大实体材料实效边界尺寸 MMVS=MMS=35.1。

④ 实际零件的基准特征两点尺寸应该大于 MMS=35.0，小于 LMS=35.1。

⑤ MMVC 边界轴线平行于基准 A，且同基准 A 轴线重合。

图 7-14 中使用了零件的底平面基准 A、前端面平面基准 B、中心轴线投影基

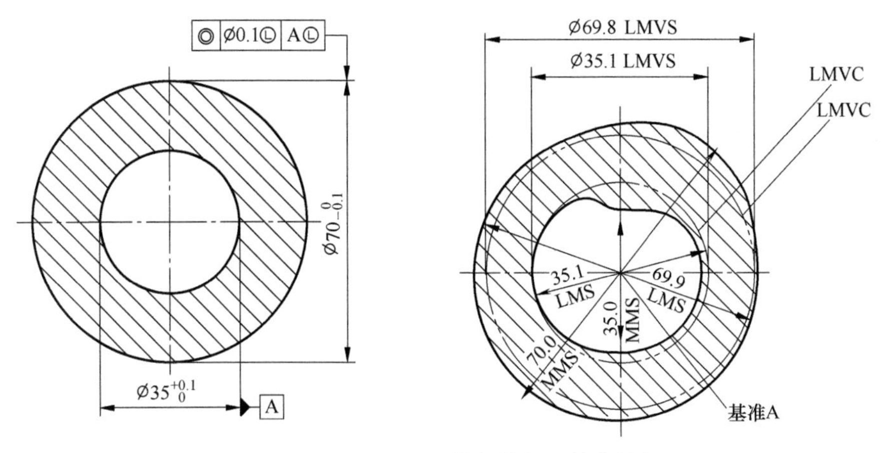

图 7-13　LMR 应用于外部特征、基准特征

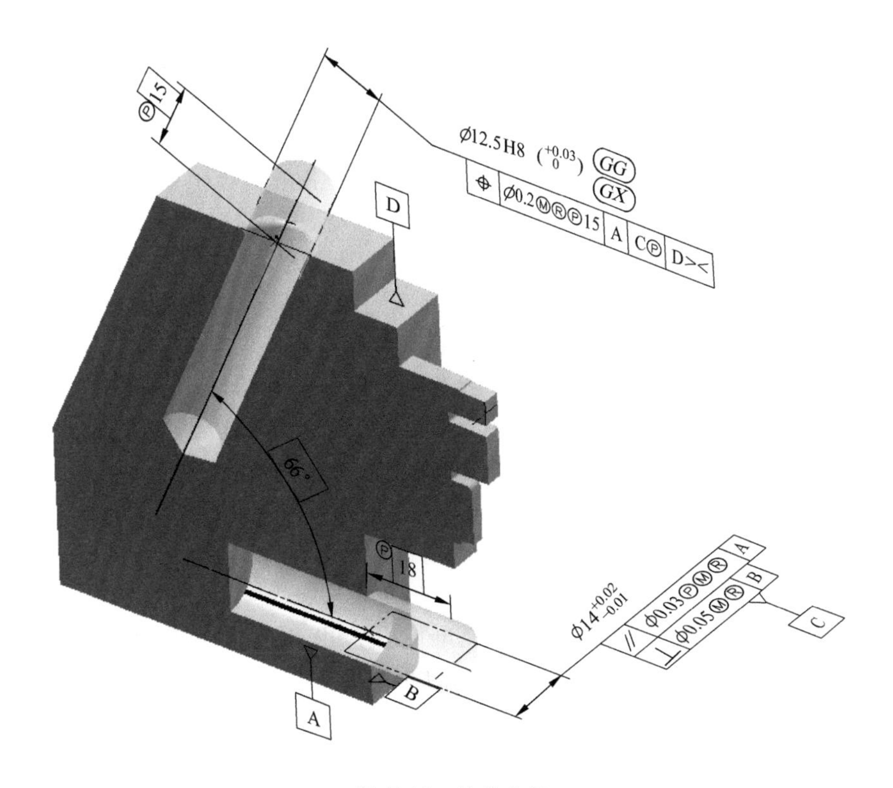

图 7-14　基准应用

准 C 和上平面基准 D。

作为基准特征，基准特征 C 定义在两个基准框架上，分别同 A 基准平行、同 B 基准垂直，需要两次测量设置，都通过算合格。

| // | Ø0.03 ⓅⓂⓇ | A |：平行度控制。

Ⓟ代表投影公差，ϕ14mm的孔在安装面上18mm高度上的区域为直接控制区域。

Ⓜ代表MMR要求，创建MMVC边界，MMVS＝14－0.01－0.03＝ϕ13.96mm。因为要求的投影公差在18mm高度上的一段抽象区域，一般需要使用检具销辅助测量，或者使用三坐标软件的虚拟销来进行检验。

Ⓡ代表可逆要求，影响尺寸公差验收范围，尺寸公差获得几何公差补偿。因为几何公差是中心线控制，按照ISO 2692定义原则，MMVC边界更适合作为功能约束，在不破坏MMVC边界的条件下，RPR可逆要求扩大了ϕ0.03mm尺寸公差的验收范围，所以直径合格范围在ϕ13.96～ϕ14.02mm。

| ⊥ | Ø0.05 ⓂⓇ | B |：垂直度控制。

Ⓜ代表MMR要求，创建MMVC边界，MMVS＝14－0.01－0.05＝ϕ13.94mm。

Ⓡ代表可逆要求，影响尺寸公差验收范围，尺寸公差获得几何公差补偿，对直径的验收范围要求同上。

| ⌖ | Ø0.2ⓂⓇⓅ 15 | A | CⓅ | D>< |：位置度控制了同基准孔C在66°方向上的轴线位置，在功能上这个斜孔需要滑动配合，查ISO 286公差与配合的推荐值选择H8作为公差要求。

Ⓟ代表投影公差，ϕ12.5mm的孔在安装面上15mm高度上的区域为直接控制区域，名义尺寸15mm可以标识在零件上，也可以标识在公差控制框中。

Ⓜ代表MMR要求，创建MMVC边界，MMVS＝12.5－0.00－0.2＝ϕ12.3mm。因为要求的投影公差在15mm高度上的一段抽象区域，需要使用检具销辅助测量，或者使用三坐标软件的虚拟销来进行检验。

Ⓡ代表可逆要求，影响尺寸公差验收范围，尺寸公差获得几何公差补偿。因为几何公差是中心线控制，按照ISO 2692定义原则，MMVC边界更适合作为功能约束，在不破坏MMVC边界的条件下，RPR可逆要求扩大了ϕ0.2mm尺寸公差的验收范围，所以直径合格范围在ϕ12.30～ϕ12.53mm。

| A | CⓅ | D>< |是基准框架设置。

A是主基准平面，为零件的安装底面。

C基准是ϕ14mm的轴线，但是C基准使用了组合公差控制框定义方式，存在两个MMVC边界，分别是相对于A基准的MMVC$_{A}$＝ϕ13.96mm，相对于B基准的MMVC$_{B}$＝ϕ13.94mm，需要选定用哪一个MMVC来进行这个基准框架的设置。因为受控公差特征ϕ12.5mm的基准框架参考的是基准A，而不是基准B，所以在加工过程中，受控特征同基准B是没有相关性的。据此使用第一行相对于A基准的公差控制设置的MMVC$_{A}$来定义，因此C基准的MMVC＝ϕ13.96mm。C基准同时受到Ⓟ投影公差符号修正，所以C基准的定位有效区域为安装面上18mm的一段高度。测量时一般使用MMVC直径、高度为18mm的检具销来模拟，或使用三坐标软件虚拟这个检测定位销。

D基准是平行于A基准的平面，在建立基准框架时，因为零件在两个基准平面 A、D 之间的距离有偏差，所以不可能使用固定距离同时接触，因此同时使用固定距离 A、D 基准来进行定位是不合理的。因此基准 D 使用可变距离＞＜修正符号，D 基准在检具设置时变换为可移动基准，D 基准此时相当于平行于主基准面 A 的平行压块。

图 7-15 是机加工模仁的 GPS 基准定义。机加工零件的基准设置特点是需要基

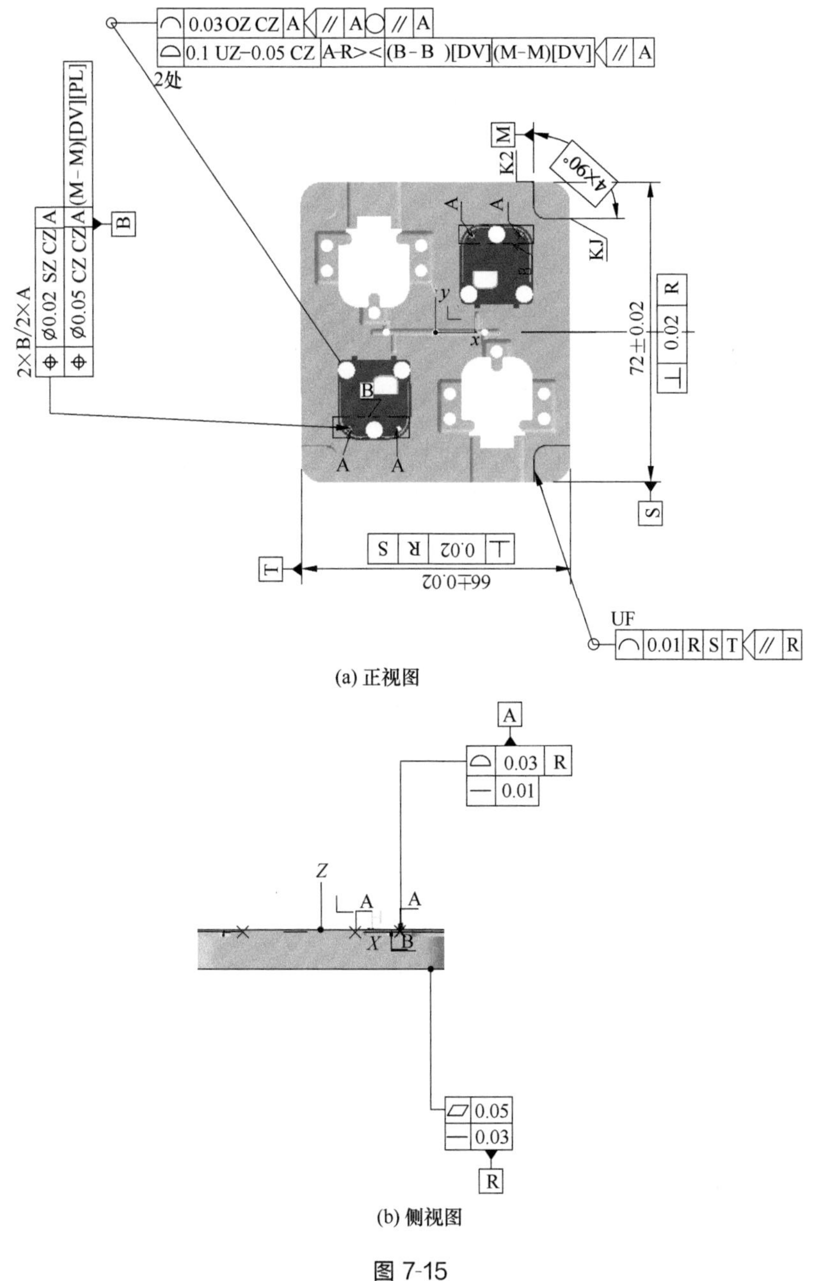

(a) 正视图

(b) 侧视图

图 7-15

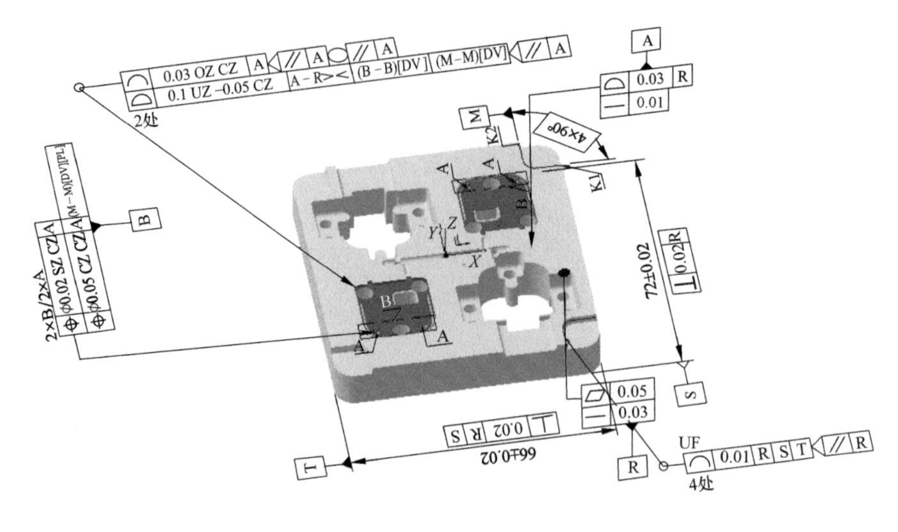

(c) MBD标注

图 7-15 机加工件的基准设置

准传递。机加工件从毛坯、半成品到成品加工需要多次装夹定位，这些装夹定位就是每道工序的基准设置方法。图上所示是经过了三次装夹加工，基准传递了三次。

R S T 基准框架：

R 基准是以零件的底面为基准，在整体的平顺性上要求平面度为 0.05mm，关键部分的局部要求的直线度为 0.03mm。垂直于 R 基准建立了 S 和 T 基准，以零件的中心面为基准，基准框架的坐标系原点在零件底面的中心点上，通常这种方式叫做分中定位。

⌓ 0.03 R：

A 基准建立使用了组合公差控制框，第一行使用轮廓度定义，以底面 R 为基准，默认 0.03mm 的公差带等边分布于 TED（TED 通过数模测量，图上未标识）尺寸两侧定义了上表面的位置。

— 0.01：

对于上表面，关于平顺性加严要求了直线度 0.01mm。

UF

⌒ 0.01 R S T ◁ // R 基准框架

4 处

为了增加同配合零件之间的配合精度，增加定位的刚性，在零件的四个角点布置了 4 个锁紧斜面特征，使用了 R S T 基准框架定义。四个斜面使用了线轮廓度的定义方式，取斜面的中间横截面位置（K1、K2 标记点）。UF 修正表示联合特征，4 处位置同步定义，线轮廓度的横截面参考了 R 基准建立。

这 4 处特征同时作为 M-M 基准，ISO GPS 使用这种重复字母的方法表示基准特征使用了相同特征的阵列来建立，4 处斜面建立两个中心面基准，相比较 |R|S|T| 的中心面基准，这个基准是实际零件和配合件的接触中心面基准，功能上更加精确。建立线轮廓度的公差带需要指定公差带的平面位置，相交面参考框声明这个平面是平行于 R 基准建立。

2× B/2× A

⊕	Ø0.05 CZ CZ	A	(M-M)[DV][PL]

如图 7-16 局部细节图所示，这个零件存在两个相同的型腔，型腔通常是通过电火花加工，电火花的定位点需要先制造出来。零件上存在两级阵列特征嵌套，标识为 A 的两个孔为一组阵列，标识为 B 的孔形成两两一组阵列，所以在位置度控制框上表示为 2× B/2× A。A 标识的阵列是控制两孔间距的内部特征位置，B 标识的阵列是控制两个型腔之间的位置。

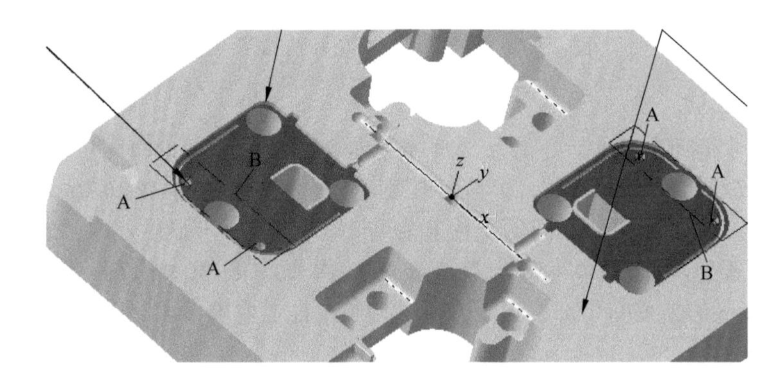

图 7-16　阵列特征的定义

既然这个位置度控制了 2 级阵列特征，所以公差控制框中需要定义两级独立或联合公差带要求，这个公差控制框使用了 CZ CZ，表示对于 A 组阵列是联合公差带控制，两个孔中心轴线要求保证相互定向（平行）和定位（TED 距离，数模测量取得）。对于 B 阵列也要求两个孔中心轴线距离 A、M 基准保证相互定向（平行）和定位（TED 距离，数模测量取得），实际上就是 4 个孔保证在 A、M 基准框架下的位置度为 $\phi0.05$mm。

2× B/2× A

⊕	Ø0.02 SZ CZ	A

第一行公差控制框只参考基准 A，B 组阵列（两个型腔的位置）是 SZ 独立公差带控制，无约束控制。A 阵列为 CZ 联合公差带控制，两个孔的中心轴线要求保证相互定向（平行）和定位（TED 距离，数模测量取得）在 $\phi0.02$mm 公差带内。

2 处型腔在烧蚀过程中需要保证切边平顺光滑，因此定义使用了组合公差控制框。如图 7-17。

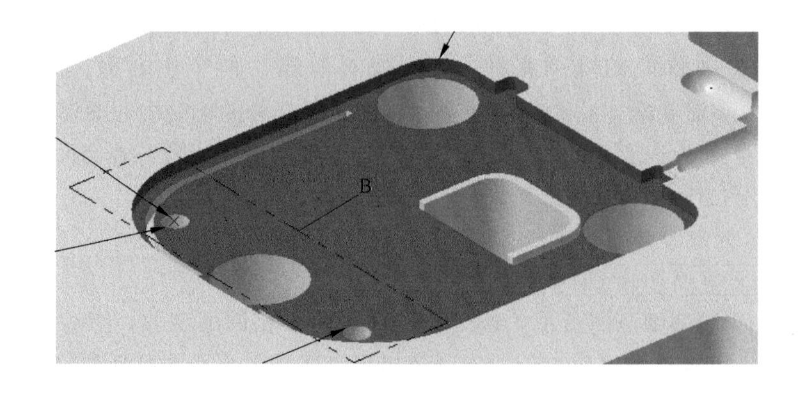

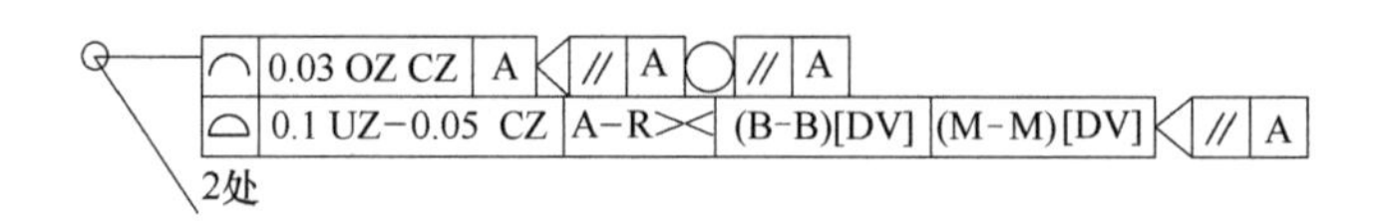

图 7-17 型腔侧壁（黑色）及 GPS 要求

○、CZ

应用到全部侧面轮廓，平行于 A 的相交面表示每个型腔的封闭边组成的参考面，这些轮廓边缘同时使用 CZ 联合公差带控制，因此边缘需要满足 0.1mm 的公差带控制要求，也需要保证相互之间的定向和定位（TED 图中未显示，取值于数模）。UZ 表示使用偏置公差带，−0.05mm 表示 0.1mm 的公差带中心由 TED 边界向材料内部偏置，0.1mm 的公差带全部偏置于外侧（型腔设计上要求偏大制造）。

| | A-R >< |

主基准使用了联合基准设置，A 基准是零件的上表面，R 基准是辅助定位，因为 R 和 A 基准是平行关系，应对加工误差，所以使用＞＜符号修正 R 基准为平行移动基准。

| | (B-B)[DV] |

B-B 是两个孔作为联合基准，因为两孔的中心距在制造时有误差，所以使用［DV］可变距离修正，两个基准销保证轴线的定向约束（相互平行）。

| | (M-M)[DV] |

M-M 基准的中心面约束同 B-B 的定位约束方向功能重合，工作作业上起到加强作用。使用［DV］可变距离修正，模拟锥面的压紧过程。

| ⌓ | 0.1UZ−0.05 |

轮廓度控制，UZ 表示公差带不等边分布，0.1mm 代表总公差带，−0.05mm 代表公差中心线向材料内部偏置，所以总的公差带全部偏置到材料内部。

| ⌒ | 0.03 OZ |

线轮廓度加严控制，OZ 表示公差带平移偏置，约束旋转方向的自由度，0.03mm 代表零件轮廓允许的公差带的总宽度，相当于第二行控制边缘的位置、第

一行控制边缘的形状。如图 7-18。

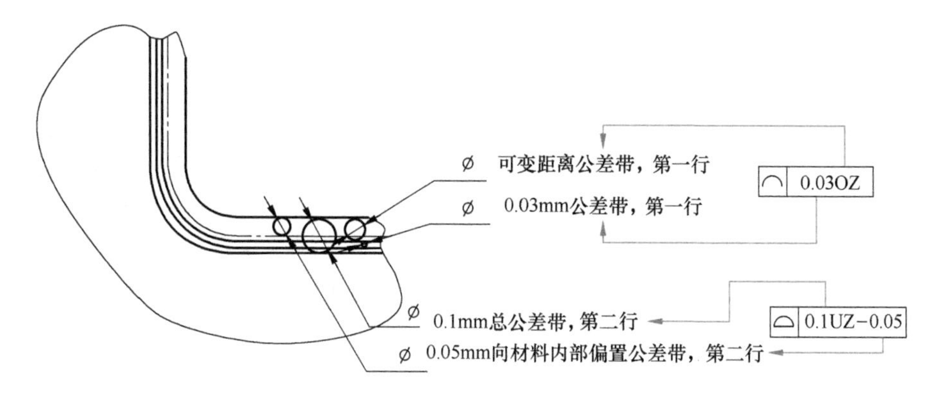

图 7-18　轮廓度的控制功能分解

第8章 铸件GPS公差控制

ISO 8062是参考ASME Y14.8M和ISO 1101标准而制定的，是对所有以模具成型零件的公差定义方法适用的标准，但这个标准中的案例以铸造件为主。

8.1 ISO 8062中的模具成型相关技术术语

在ISO 8062中定义了铸造的术语，这个标准有效管理了从铸造到半加工、精加工成本过程中的公差传递，见图8-1～图8-13。

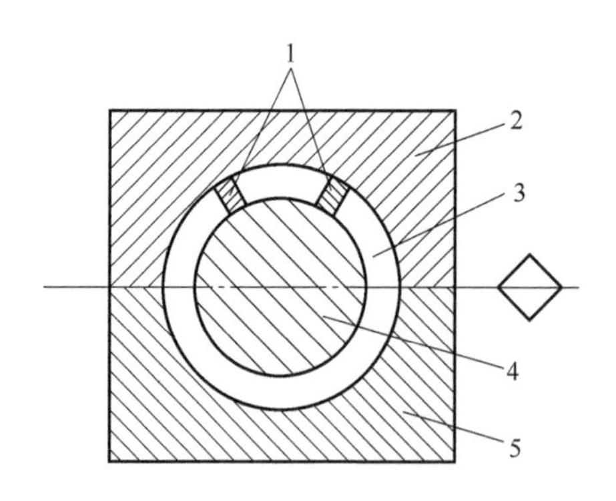

图8-1　铸造术语图解

1—芯撑；2—上模；3—型腔；4—型芯、模仁；5—下模

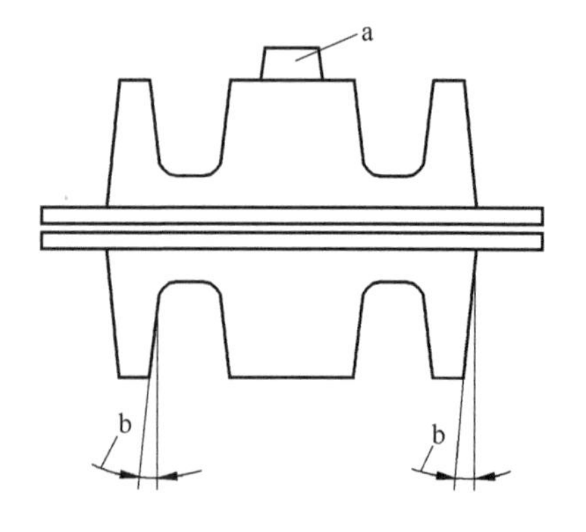

图8-2　型芯座a和拔模角b

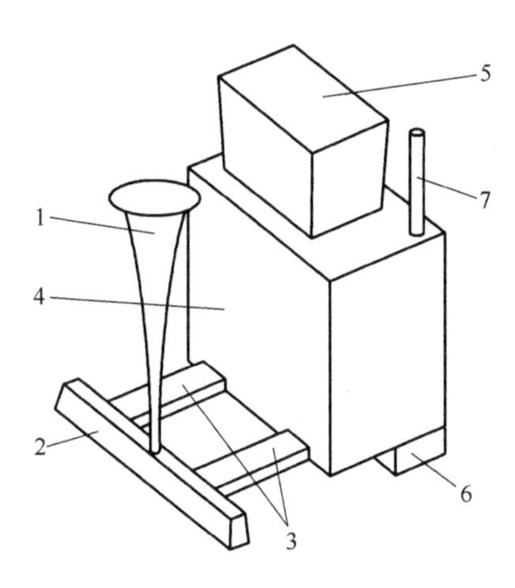

图 8-3　砂铸件术语

1—竖浇道；2—横浇道；3—浇口；4—铸件；5—冒口；6—冷铁；7—通气孔

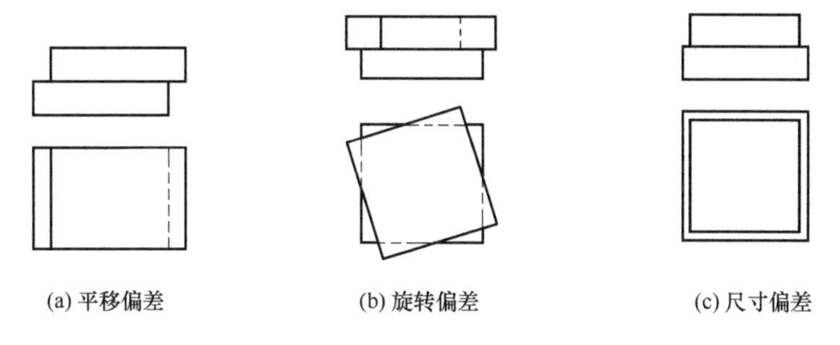

图 8-4　引起铸造缺陷的三种偏差来源

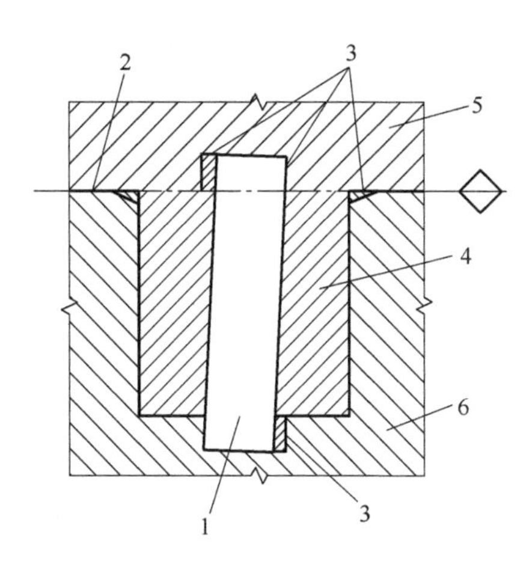

图 8-5　铸件的主要缺陷毛刺产生位置

1—型芯；2—分型面；3—毛刺；4—铸件；5—上模；6—下模

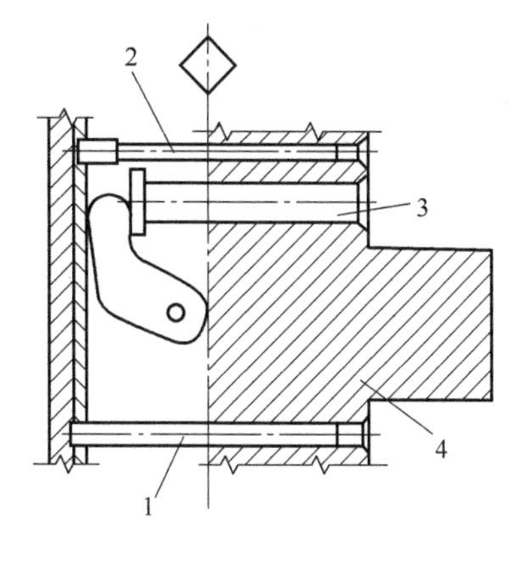

图 8-6　模具的顶出机构

1—推杆；2—支撑架销；3—加速顶出销；4—顶出模

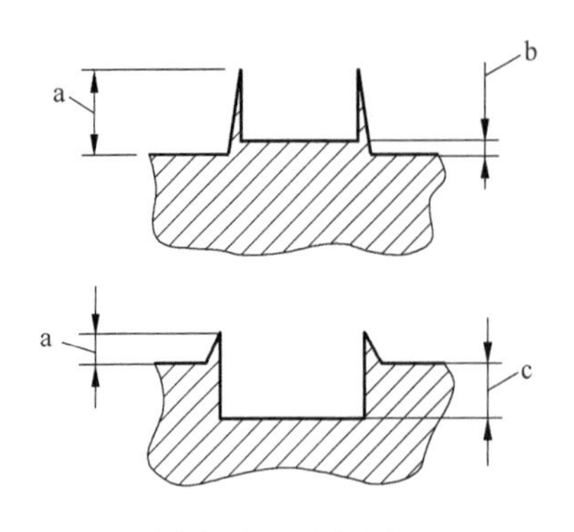

图 8-7 顶杆压痕

a—毛刺高度；b—表面凸起；c—表面凹陷

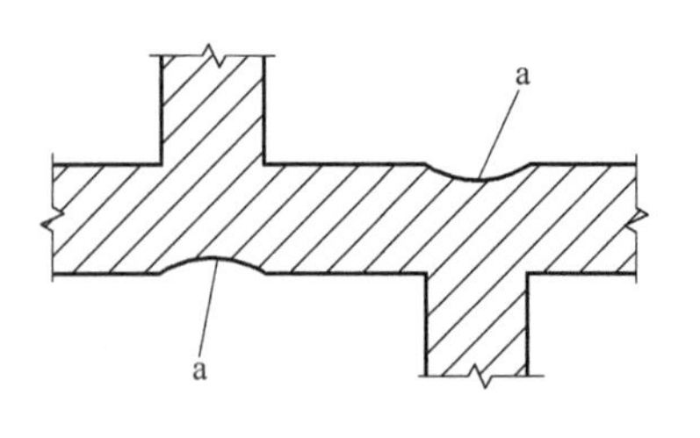

图 8-8 表面缩痕 a

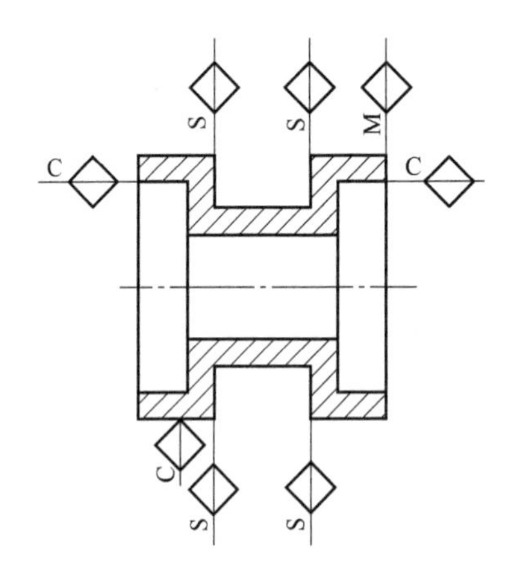

图 8-9 分型面的符号 ISO 10135

S—滑块分型面；C—型芯分型面；M—模具主分型面

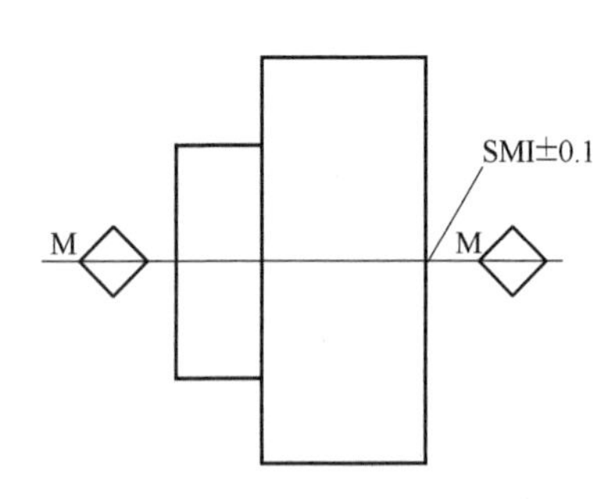

图 8-10 SMI 错模要求的分型面

+—上模大于下模；-—上模小于下模

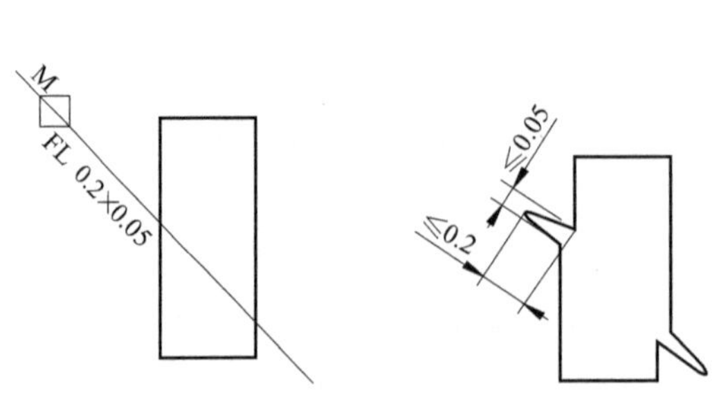

图 8-11 有毛刺 FL 要求的分型面标识

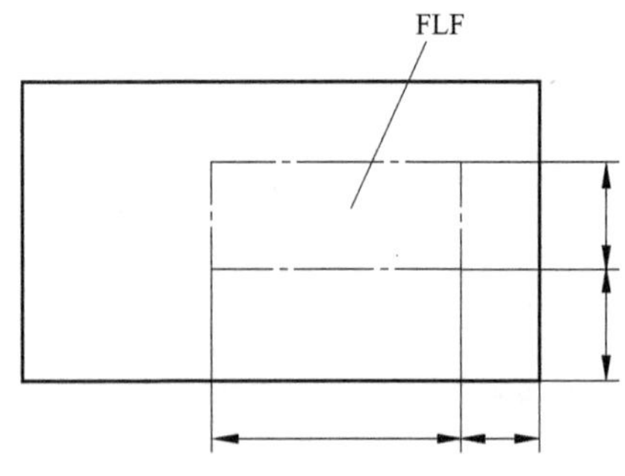

图 8-12 FLF 无毛刺区域要求标识

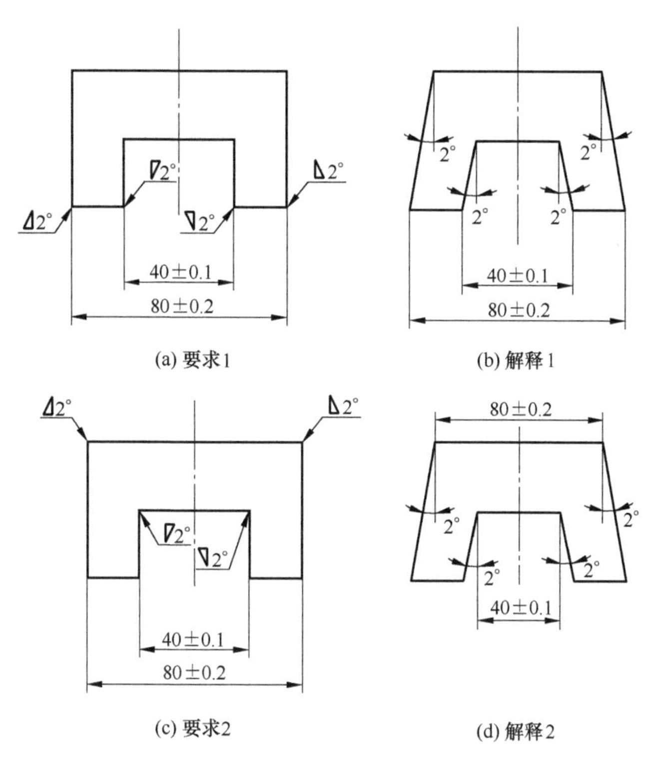

图 8-13　拔模角要求的两种情况

8.2　铸件表面纹理符号规则——ISO 8062

如图 8-14 所示，引用了 ISO 8062 的符号进行铸件的定义，一张图纸叠加了从毛坯、半成品到成品四个阶段的要求，SUP 表示供应商负责制造。

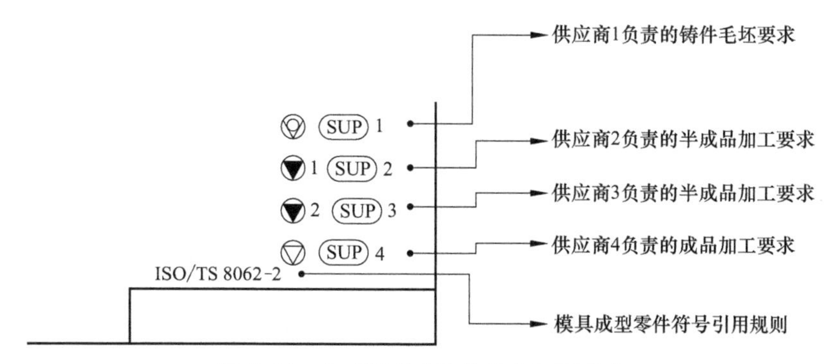

图 8-14　从毛坯到成品的复合图纸要求

图 8-15 是关于图纸中的毛坯和半成品要求的符号定义。上表面的平行度不是组合公差控制框应用，3mm 的平行度是毛坯件的表面要求，0.5mm 是半成品加工要求。铸件表面一般纹理要求按照铸造表面 *Ra*20，半成品加工面纹理一般要求 *Rz*25。工艺上可以是 1 边定位，加工 3 边，然后以 4 边定位（A 基准）完成图纸要求的 2 边平行度加工，满足图纸的 0.5mm 的平行度要求。或者以 3 边定位加工 1 边，形成 2 边，然后以 1 边定位加工 4 边，再以 4 边定位（A 基准）加工图纸要求的半成品 2 边，满足图纸的 0.5mm 的平行度要求。

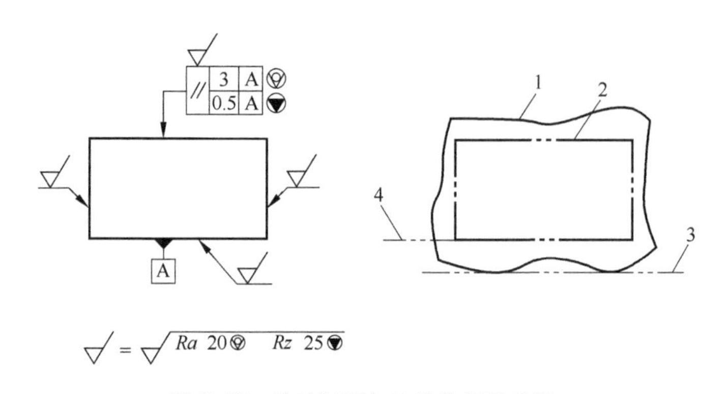

图 8-15 从毛坯到加工件的基准设置

1—毛坯件；2—半成品加工件；3—基准 A 的毛坯面；4—基准 A 的半成品加工件

1～2 边之间和 3～4 边之间需要留足够的加工余量（RMA，required machining allowance），ISO 8062-3 定义了一般加工余量要求，如：

ISO 8062-DCTG 12-3 RMA 6（RMA H）

解释：要求加工余量 RMA 为 6mm，ISO 8062-3 中的公差级别 H，尺寸范围为 400～630mm；铸件公差级别为 DCTG 12 级。

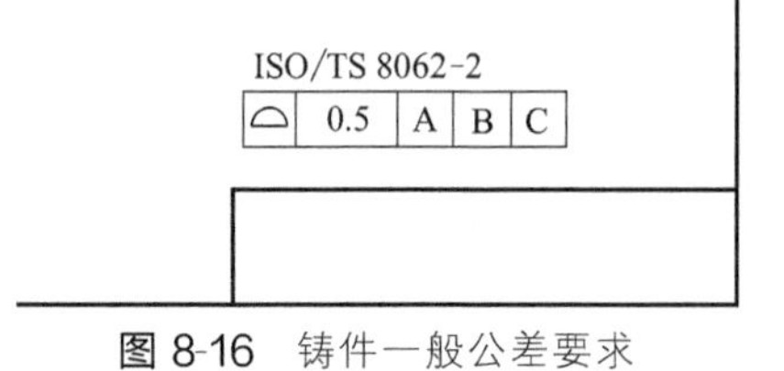

图 8-16 铸件一般公差要求

图 8-16 所示是 ISO 8062-2 一般表面轮廓度公差应用于铸件表面要求，这个一般公差要求定义了所有使用 TED 定义的未标注几何公差要求。为了防止定义上的冲突，ISO 8062-3 的一般公差要求不建议同时引用。同时还要注意 ISO 22081 这个一般公差要求引用不应引起冲突。

8.3 铸件的加工余量（RMA）要求

最终铸件的加工要求能够实现需要计算铸件到加工成品零件的最小加工余量，解决这个问题需要用到线性尺寸公差（ISO 14405）和几何公差（ISO 1101）规则定义。影响这个最小加工余量计算的因素有如下四点：

① 根据 ISO 8062-3 要求的加工余量 RMA。

② 铸件公差要求 t_C，主要是收缩率导致的尺寸变化。

③ 几何公差要求，如直线度、圆度等，主要是按照加工件的长度规格考虑的。需要注意几何公差的包含逻辑，比如因为定向控制平行度包含形状要求，如果直线度同时出现，只考虑平行度。

④ 锥度要求。

以下是计算最小加工余量 RMA 的计算公式：

① 计算 RMA 的公式分为外部特征，包容原则Ⓔ（图 8-17）：

$$d_C = d_{Mmax} + 2A_{RMA} + t_{FCT} + \frac{t_{DCT}}{2}$$

式中　d_C——成品铸件的名义尺寸；

d_{Mmax}——成品加工件的最大尺寸；

A_{RMA}——要求加工余量；

t_{FCT}——铸造形状公差；

t_{DCT}——铸造尺寸公差。

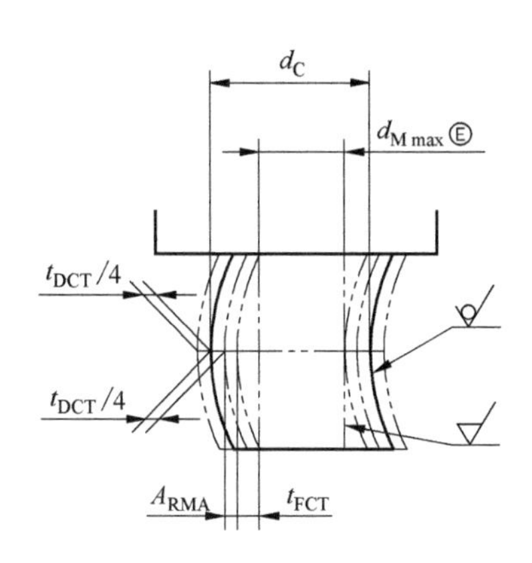

图 8-17　加工要求，包容原则

计算案例： 灰铸铁材料零件（砂铸，机加工），最大毛坯外形尺寸为 900mm，查表 d_M 的 RMAG 统一采用 F 级别精度（ISO 8062-3：2007，表 B1），A_{RMA} = 3.5mm（ISO 8062-3：2007，表 7）。如果也统一采用 DCTG 级别 10 精度（ISO 8062-3：2007，表 A.1）和 GCTG 级别精度 6（ISO 8062-3：2007，表 A.3），那么继续假设 t_{DCT} = 3.2mm（ISO 8062-3：2007，表 2），t_{FCT} = 1.4mm（ISO 8062-3：2007，表 4）。

相距 78mm 的加工外部特征两个平行面的铸造名义尺寸的计算：

d_C = 78mm + 2×3.5mm + 1.4mm + 1/2×3.2mm = 88.0mm

d_C = 88.0mm 没有改变 ISO 8062-3：2007 表 2、表 4 中的范围，可以作为合适结果。

相距 94mm 的加工外部特征两个平行面的铸造名义尺寸的计算：

d_C = 94mm + 2×3.5mm + 1.4mm + 1/2×3.2mm = 104.0mm

这个结果大于 100mm，t_{DCT} = 3.6mm，t_{FCT} = 2.0mm，所以：

d_C = 94mm + 2×3.5mm + 2.0mm + 1/2×3.6mm = 104.8mm

② 计算 RMA 的公式分为外部特征，独立原则（图 8-18）：

$$d_C = d_{Mmax} + 2A_{RMA} + t_{FCT} + \frac{t_{DCT}}{2} + t_{FMT}$$

式中　d_C——成品铸件的名义尺寸；

d_{Mmax}——成品加工件的最大尺寸；
A_{RMA}——要求加工余量；
t_{FCT}——铸造形状公差；
t_{DCT}——铸造尺寸公差；
t_{FMT}——加工形状公差。

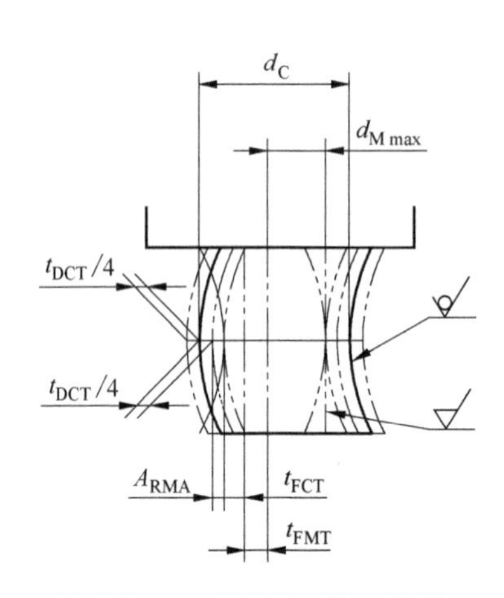

图 8-18 加工要求，独立原则

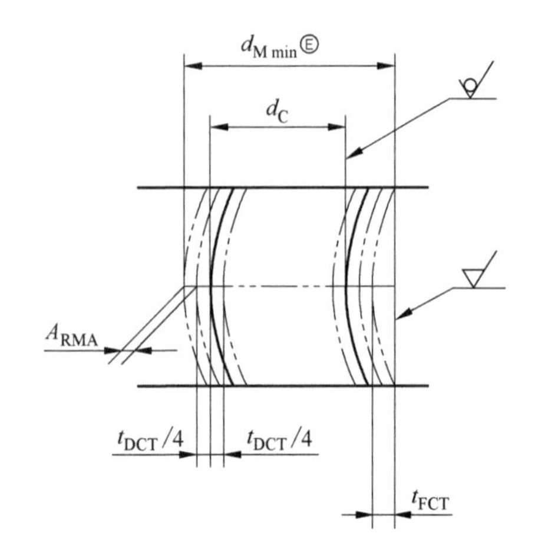

图 8-19 加工要求，包容原则

③ 计算 RMA 的公式分为内部特征，包容原则Ⓔ（图 8-19）：

$$d_{\mathrm{C}}=d_{\mathrm{Mmin}}-2A_{\mathrm{RMA}}-t_{\mathrm{FCT}}-\frac{t_{\mathrm{DCT}}}{2}$$

式中 d_{C}——成品铸件的名义尺寸；
d_{Mmin}——成品加工件的最小尺寸；
A_{RMA}——要求加工余量；
t_{FCT}——铸造形状公差；
t_{DCT}——铸造尺寸公差。

计算案例：灰铸铁材料零件（砂铸，机加工），最大毛坯外形尺寸为 900mm，查表 d_{M} 的 RMAG 统一采用 F 级别精度（ISO 8062-3：2007，表 B1），$A_{\mathrm{RMA}}=3.5\mathrm{mm}$（ISO 8062-3：2007，表 7）。如果也统一采用 DCTG 级别 10 精度（ISO 8062-3：2007，表 A.1）和 GCTG 级别精度 6（ISO 8062-3：2007，表 A.3），那么继续假设 $t_{\mathrm{DCT}}=3.2\mathrm{mm}$（ISO 8062-3：2007，表 2），$t_{\mathrm{FCT}}=1.4\mathrm{mm}$（ISO 8062-3：2007，表 4）。

相距 94mm 的加工外部特征两个平行面的铸造名义尺寸的计算：

$d_{\mathrm{C}}=94\mathrm{mm}-2\times3.5\mathrm{mm}-1.4\mathrm{mm}-1/2\times3.2\mathrm{mm}=84.0\mathrm{mm}$

$d_{\mathrm{C}}=84.0\ \mathrm{mm}$ 没有改变 ISO 8062-3：2007 表 2、表 4 中的范围，可以作为合适结果。

相距 110.5mm 的加工外部特征两个平行面的铸造名义尺寸的计算：

ISO 8062-3：2007 表 2、表 4 中的范围，$t_{DCT}=3.6mm$，$t_{FCT}=2.0mm$；

$d_C=94mm-2\times3.5mm-2.0mm+1/2\times3.6mm=99.7mm$

这个结果改变了 ISO 8062-3：2007 表 2、表 4 中的精度范围，$t_{DCT}=3.2mm$，$t_{FCT}=1.4mm$，所以：

$d_C=110.5mm-2\times3.5mm+1.4mm-1/2\times3.2mm=100.5mm$

④ 计算 RMA 的公式分为内部特征，独立原则（图 8-20）：

$$d_C=d_{Mmin}-2A_{RMA}-t_{FCT}-\frac{t_{DCT}}{2}-t_{FMT}$$

式中　d_C——成品铸件的名义尺寸；

d_{Mmin}——成品加工件的最小尺寸；

A_{RMA}——要求加工余量；

t_{FCT}——铸造形状公差；

t_{DCT}——铸造尺寸公差。

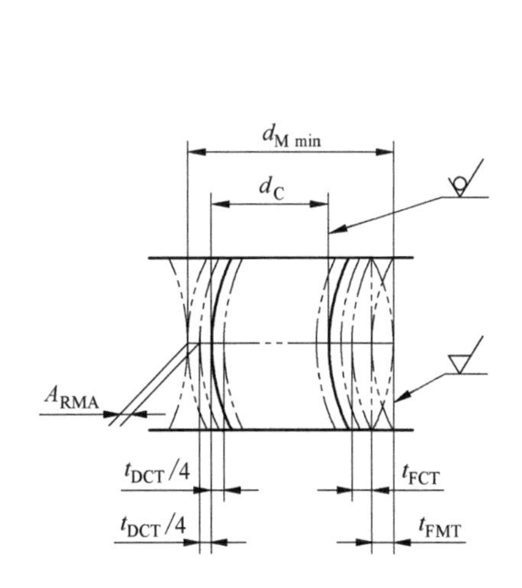

图 8-20　加工要求，独立原则

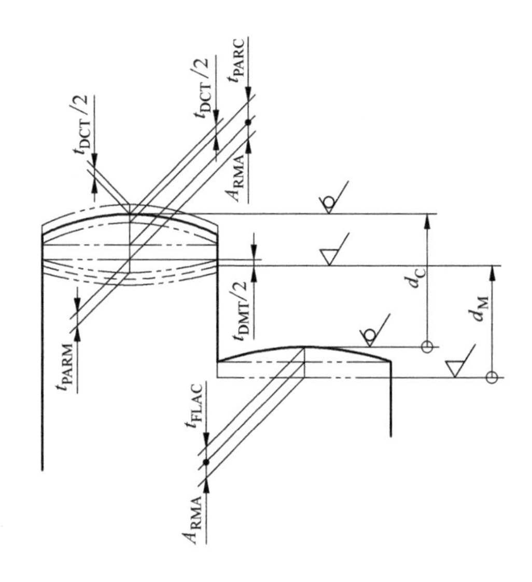

图 8-21　阶梯尺寸要求

⑤ 对于阶梯尺寸（图 8-21）：

$$d_C=d_{Mmin}-t_{FLAC}+\frac{t_{DMT}}{2}+t_{PARC}+\frac{t_{DCT}}{2}$$

式中　d_C——成品铸件的名义尺寸；

d_{Mmin}——成品加工件的最小尺寸；

t_{FLAC}——铸造平面度；

A_{RMA}——要求加工余量；

t_{PARC}——铸造平行度公差；

t_{DMT}——加工尺寸公差；
t_{DCT}——铸造尺寸公差。

8.4 不同生产阶段的公差设计

毛坯件的尺寸要求基于加工成品零件的功能要求和加工工艺。通常将不同生产阶段（毛坯铸造、半成品加工、机加工成品）的公差要求组合在一张图纸中显示。

计算分析一：

图8-22是孔到基准平面的毛坯尺寸设计，分为三个工艺阶段：（c）为毛坯尺寸，（b）为半成品尺寸，（a）为机加工成品。

机加工成品的功能要求：

① $\phi(30.3\pm0.1)$mm；

② | ⌖ | Ø0Ⓜ | A |；

③ 位置度控制的公差特征孔应用MMR原则，相距A基准60mm；

④ 孔的直径要求为 $\phi(30.3\pm0.1)$mm；

⑤ 基准A的平面度要求为0.1mm。

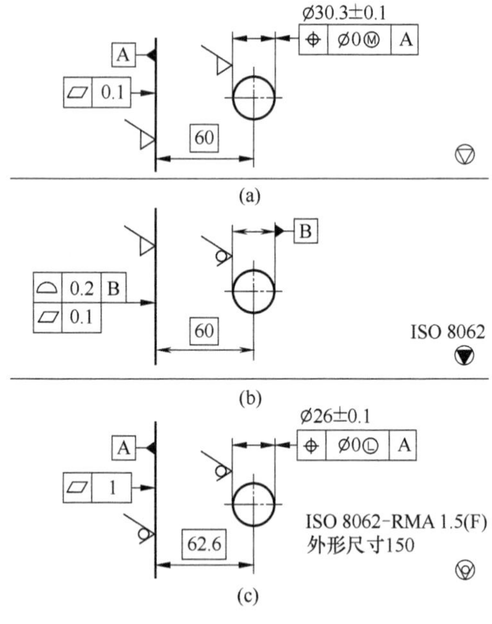

图8-22 孔到平面基准的三个加工阶段

假设按照工艺计划增加A基准面的加工半成品工序，考虑成品的公差要求，基准面A相对于毛坯孔（设计为基准B）的面轮廓度为0.2mm［图8-22（b）］。

考虑铸造工艺能力设置 A_{RMA} = 1.5mm，基准孔 B 的直径为 ±1mm，基准面 A 的平面度为 1mm。据此可以生成图 8-23 所示的组合图纸，这个设计是根据确定的半成品和成品加工工艺，先 A 基准面加工，后 B 基准孔加工，可见工艺方案的选择非常重要。

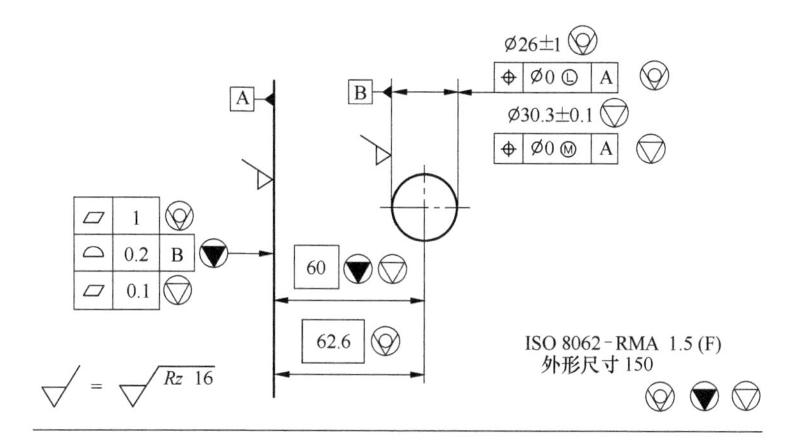

(a) 孔面条件的不同生产阶段组合图

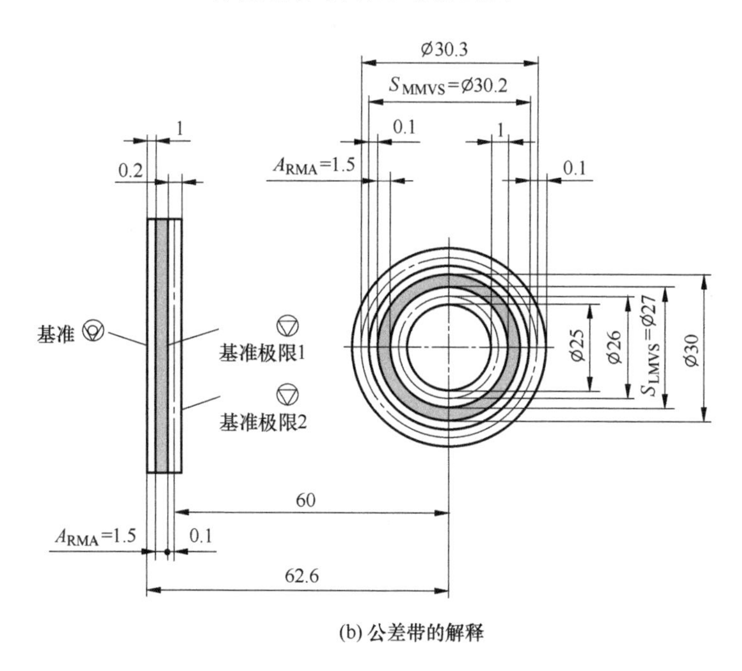

(b) 公差带的解释

图 8-23　孔面特征的铸件尺寸计算条件

如下为图 8-23 所示的尺寸设计步骤：

① 设计目标是保证距离 A 基准面 60mm 孔的最大实体材料理想边界 MMVS

尺寸 ϕ30.2mm。

② 对于半成品，定义了对于基准 A 的面轮廓度为 0.2mm（TED=60mm）。A 基准面为成品表面，不在成品工序加工，所以 0.1mm 的平面度需要在半成品工序中满足。

③ 成品的孔的位置到 A 基准面 TED=60mm，考虑到基准面 A 在半成品的面轮廓度为 0.2mm，所以孔在铸造毛坯件上的位置为：60+0.2/2=60.1mm。因为最小加工余量的要求，假设 $A_{RMA}=1.5$mm，铸造状态的孔的位置应该至少为 61.6mm。假设铸件 A 基准面的平面度 $t_{FLAG}=1$mm，铸件孔的计算位置为 62.6mm。

④ 对于成品孔的直径要求 ϕ(30.3±0.1) mm，孔的铸造毛坯直径不能大于最大实体尺寸 ϕ30.2mm。考虑到在半成品中，孔的位置相对于基准面 A 的偏差 0.2mm，孔的直径应为 ϕ30mm。因为基准面 A 的平面度（0.1mm）已经包含在轮廓度公差内，所以不需要考虑。加上两倍的加工余量 A_{RMA}，2×1.5mm=3mm，孔的直径理论最大值为 ϕ27mm。因为铸造存在偏差（假设±1mm），孔的最终直径要求为 ϕ(26±1)mm。

⑤ 为了保证成品图纸要求，半成品的加工材料切削深度 c 为：

最小切削深度：$c=A_{RAM}+t_F=1.5+1=2.5$mm；

最大切削深度：$c=A_{RAM}+t_F+t_{PROF}=1.5+1+0.2=2.7$mm。

如果有拔模斜度，也要包含在内。

⑥ 根据图纸加工成品零件的 A 基准孔的切削深度计算：

最小切削深度：$c=A_{RAM}+t_{PROF}/2=1.5+0.1=1.6$mm；

最大切削深度：$c=A_{RAM}+t_{PROF}/2+t_{DCT}=1.5+0.1+1=2.6$mm。

如果有拔模斜度，也要包含在内。

计算分析二：

图 8-24 是孔到孔基准的毛坯尺寸设计，分为三个工艺阶段：（c）为毛坯尺寸，（b）为半成品尺寸，（a）为机加工成品。

机加工成品的功能要求：

① |⌖|Ø0Ⓜ|AⓂ|，基准孔 B 使用 MMR 修正，两个孔理论距离 95mm；

② 基准孔 B 直径要求 ϕ(30.3±0.1)mm；

③ 基准孔 A 直径要求 ϕ(40.2±0.2)mm。

假设按照工艺计划，增加半成品加工工序，首先基准孔 A 先加工。为实现这个半成品的工序，需要使用基准孔 B 作为基准，如图 8-24（b）所示。

① 基准孔 B 相对于毛坯孔 A（基准 A）的位置度为 ϕ0.2mm。

② 基于铸造工艺精度，$A_{RMA}=1.5$mm。

③ 基于铸造工艺精度，B 基准孔的铸造精度，$t_D=\pm1$mm。

④ 基于铸造工艺精度，A 基准孔的铸造精度，$t_D=\pm1$mm。

据此可以生成图 8-25 所示的组合图纸。这个设计是根据确定的半成品和成品

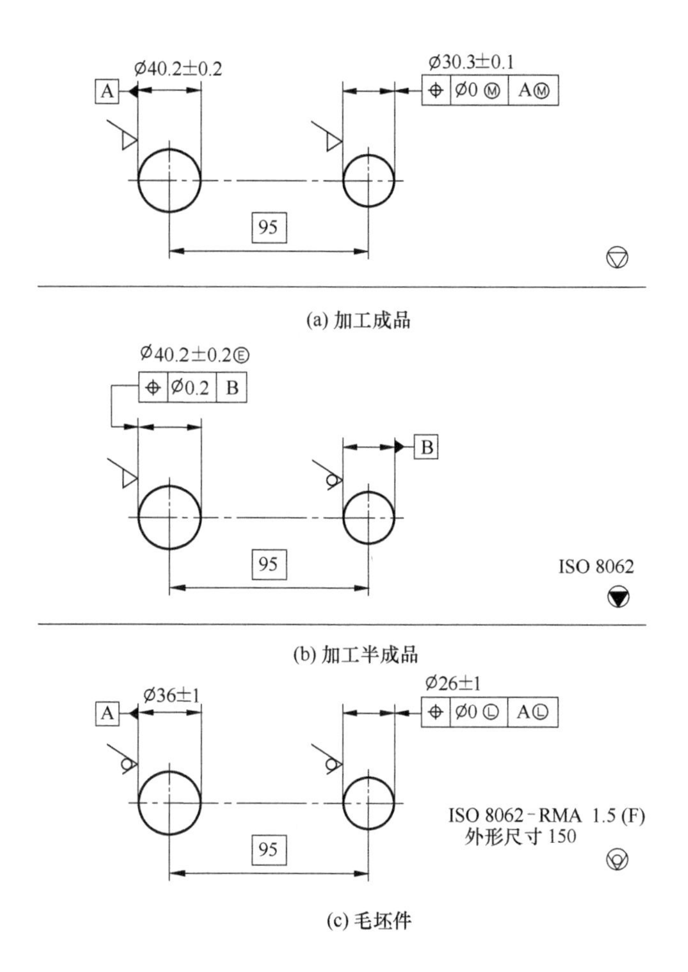

图 8-24　孔-孔定位的三个加工阶段

加工工艺，先加工基准孔 A，后加工基准孔 B，可见工艺方案的选择非常重要。

如下为图 8-25 所示的尺寸设计步骤：

① 设计目标是保证两个相距 95mm 孔的最大实体材料理想边界 MMVS 尺寸 ϕ30.2mm 和最大实体材料理想边界 MMVS 尺寸 ϕ40mm。

② 对于半成品，两个孔的中心距 TED 在三个加工阶段保持不变，而且半成品阶段只有基准孔 A 被加工，所以只有孔的表面有定义要求。

③ 基准孔 A 的成品直径要求 ϕ(40.2±0.2)mm，半成品的直径要以 A 基准孔的成品 MMS 最小尺寸为起始点，并且符合包容原则。A 基准孔相对于 B 基准孔的位置度是根据半成品加工工艺能力给出的。

a. 基准孔 A 的毛坯尺寸以半成品名义尺寸为起点（40.2mm），假设半成品制造尺寸公差±0.2mm，得到毛坯名义直径 ϕ40mm。

b. 扣除 2 倍的 A_{RMA}=1.5mm，得到孔的直径 ϕ37mm。

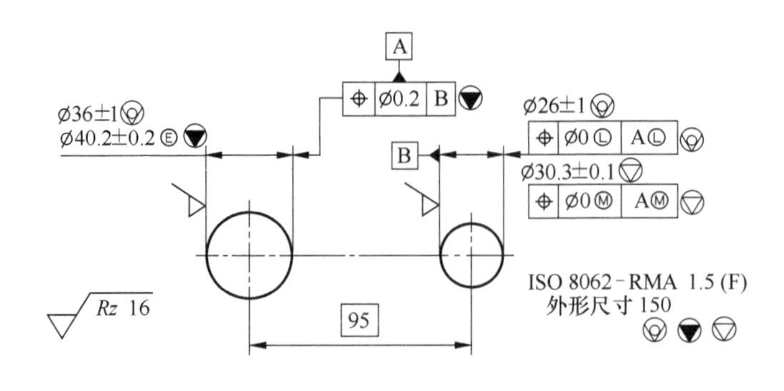

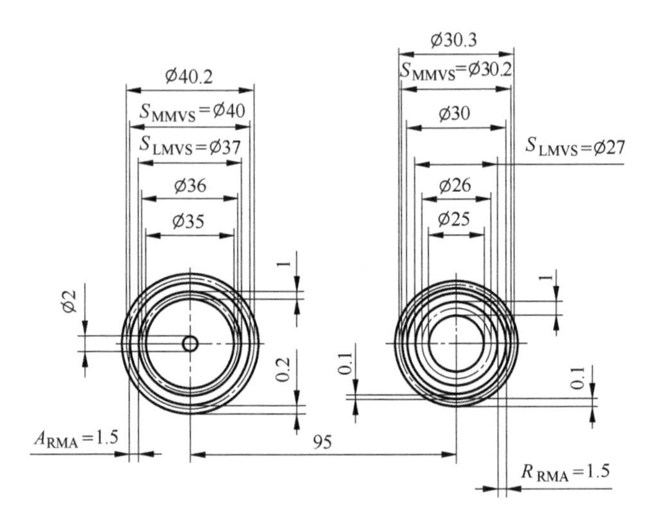

图 8-25 孔-孔定位的尺寸组合图

c. 综合铸造工艺精度±1mm，最终毛坯上 A 基准孔的直径为 ϕ36mm。

④ 基准孔 B 的成品直径要求 ϕ(30.3±0.1)mm，半成品的直径要以 B 基准孔的名义尺寸为起始点。

a. 基准孔 B 的成品加工精度为±0.1mm，考虑最大实体尺寸值为 ϕ30.2mm。

b. 假设半成品 B 基准孔相对于 A 基准的位置度为 ϕ0.2mm，名义尺寸修正到 ϕ30mm。

c. 扣除 2 倍的 A_{RMA}=1.5mm，得到继续修正的 B 基准孔名义直径 ϕ27mm。

d. 综合铸造工艺精度±1mm，最终毛坯上 B 基准孔的直径为 ϕ26mm。

⑤ 为了保证成品图纸要求，半成品的加工材料切削深度 c 为：

最小切削深度：$c=A_{RAM}=1.5=1.5$mm；

最大切削深度：$c=A_{RAM}+t_{DCT}/2+t_{DMT}/2=1.5+1+0.2=2.7$mm。

如果有拔模斜度，也要包含在内。

⑥ 根据图纸加工成品零件的 B 基准孔的切削深度计算：

最小切削深度：$c = A_{RAM} + t_{POSI}/2 = 1.5 + 0.1 = 1.6$mm；

最大切削深度：$c = A_{RAM} + t_{POSI}/2 + t_{DCT}/2 + t_{DMT}/2 = 1.5 + 0.1 + 1 + 0.1 = 2.7$mm。

如果有拔模斜度，也要包含在内。

计算分析三：

图 8-26 是阶梯条件毛坯尺寸设计，制造上同样分为三个工艺阶段：（c）为毛坯尺寸，（b）为半成品尺寸，（a）为机加工成品。

机加工成品的功能要求：

① [▱ | 0.1]，基准特征 B 平面度要求 0.1mm；

② [⌓ | 0.1 | B]，相距 B 基准平面 60.25mm 位置建立平面 A，轮廓度 0.1mm。

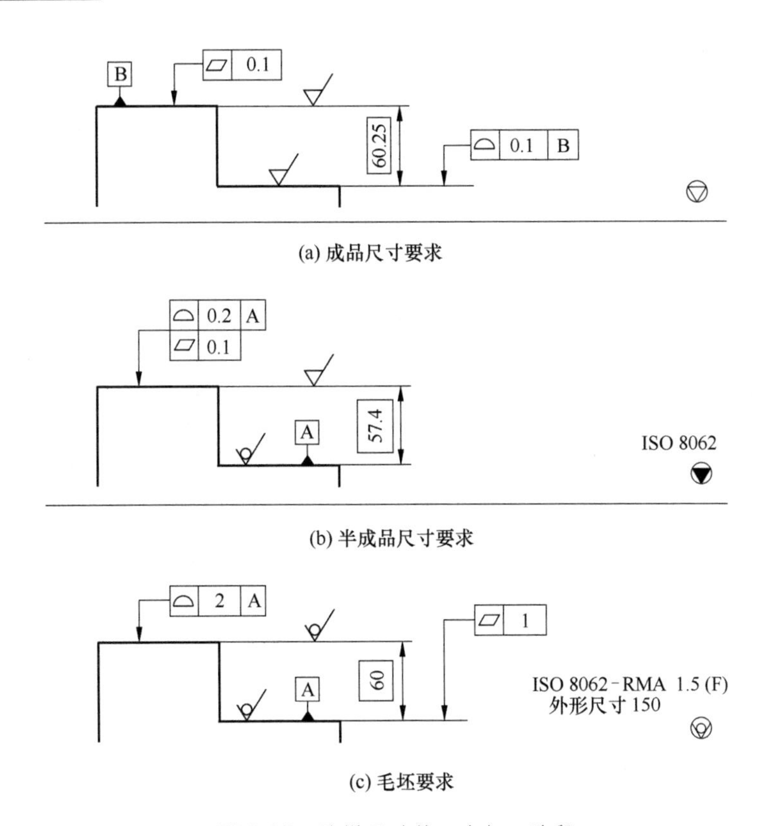

图 8-26　阶梯尺寸的三个加工阶段

假设按照工艺计划，增加半成品加工工序，首先基准面 B 先加工。为实现这个半成品的工序，需要使用基准面 A 作为基准，如图 8-26（b）所示。

① [⌓ | 0.2 | A]，根据铸造的工艺精度，相对于 A 基准面定义 B 基准面的位置，使用轮廓度（0.2mm）定义。

② 基于铸造工艺精度，$A_{RMA} = 1.5$mm。

③ 基于铸造工艺精度，B 基准面的轮廓度 2mm。

④ 基于铸造工艺精度，A 基准面的平面度 1mm。

据此可以生成图 8-27 所示的组合图纸。这个设计是根据确定的半成品和成品加工工艺，先加工基准面 B，后加工基准面 A，可见工艺方案的选择非常重要。

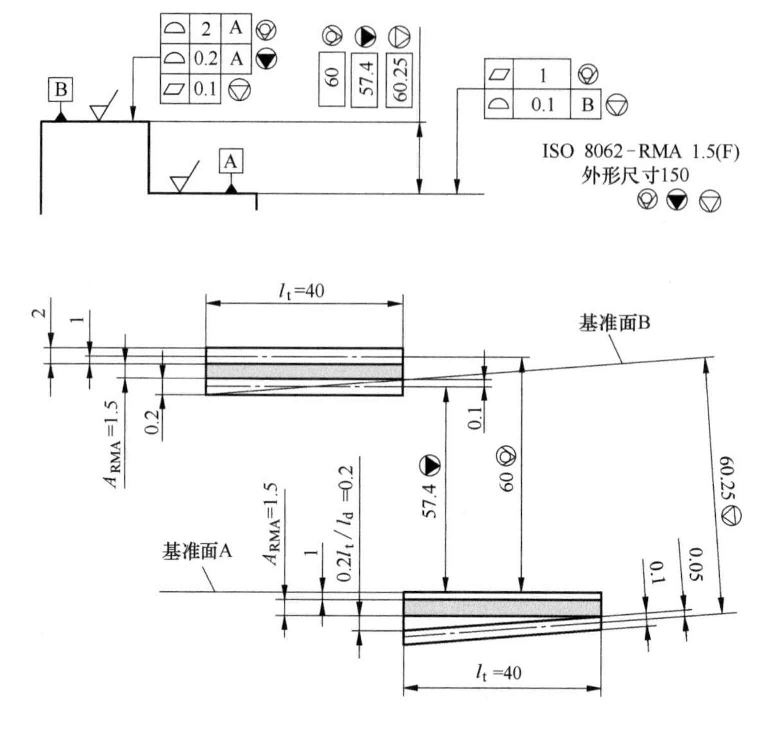

图 8-27 阶梯尺寸的三个加工阶段组合图

如下为图 8-27 所示的尺寸设计步骤：

① 设计目标是保证两个平面（基准面 A 和基准面 B）之间的间距 60.25mm。

② 对于成品，起始于 A 基准面的 B 基准面的 TED 理论高度为 60.25mm。

a. 考虑到定位于基准面 A 的位置，要求面轮廓度为 0.1mm，B 基准面的最大实体材料边界修正为 60.25－0.1/2＝60.20mm。

b. 考虑到基准面 A 的加工余量 RMA，扣除 A_{RMA}＝1.5mm，继续得到 B 基准面理论值为 ϕ58.7mm。

c. 考虑到基准面 A 的铸造成型平面度误差，如 1mm，那么 TED 在半成品尺寸要求修正为 57.7mm。

d. 考虑到基准面 B 可能的倾斜误差，0.2×40/40＝0.2mm（极限情况），B 基准面在半成品图中的 TED 尺寸为 57.5mm。

e. 考虑到 B 基准面相对于 A 基准面在加工成品中的轮廓度误差 0.2mm，B 基准面在半成品图中的 TED 尺寸继续修正为 57.4mm。

f. 不必考虑B基准面在加工成品中0.1mm的平面度要求对于B基准面在铸造毛坯中的影响，因为轮廓度已经包含在内，只是在加工中需要满足这个平面度要求。

g. 综合铸造工艺精度±1mm，最终毛坯上A基准孔的直径为ϕ36mm。

③ 对于半成品，起始于A基准面的B基准面的TED理论高度为57.4mm。

a. 考虑到B基准面在半成品中的轮廓度误差0.2mm，毛坯件的B基准面TED距离为57.5mm。

b. 考虑到B基准面的A_{RMA}=1.5mm，得到继续修正的毛坯件B基准面TED名义值59mm。

c. 综合铸造工艺精度面轮廓度2mm，最终毛坯上B基准孔的直径为ϕ60mm。

④ 为了保证成品图纸要求，半成品的加工材料切削深度c为：

最小切削深度：$c=A_{RAM}=1.5=1.5mm$；

最大切削深度：$c=A_{RAM}+t_{PROFC}+t_{PROFI}=1.5+2+0.2=3.7mm$。

如果有拔模斜度，也要包含在内。

⑤ 根据图纸加工成品零件的A基准面的切削深度计算：

最小切削深度：$c=A_{RAM}+t_{FLAC}+c_{inlin}=1.5+1+0.2=2.7mm$；

最大切削深度：$c=A_{RAM}+t_{FLAC}+t_{PROFM}+c_{inlin}=1.5+1+0.1+0.2=2.8mm$。

如果有拔模斜度，也要包含在内。

8.5 铸件GPS设计案例

图8-28所示要求产品线性尺寸公差和几何公差根据ISO 8062-3-DCTG11-GCTG 6公差等级、独立原则要求定义，不建议这种会产生歧义的标注形式。

ISO 8062-3 DS|A|B|C|，表示铸件一般公差的几何公差的基准框架组成为零件底平面A、内腔柱面轴线B和侧壁孔轴线C。

ISO 8062-3规定了16个一般尺寸公差DCTG等级，和7个一般几何公差GCTG等级，所以图中零件的ISO 8062-3-DCTG 11-GCTG 6表示一般尺寸公差等级为11级，一般几何公差等级为6级。

图8-29所示是铸件成品的要求，一般公差根据ISO 8062-3，相比图8-28的定义，铸件需要独立标注的尺寸中以几何公差为主，所以要求更加明确。

ISO 8062-3 DS|D|A|C|，表示铸件一般公差的几何公差的基准框架组成为零件底平面D、内腔柱面轴线A和侧壁孔轴线C。ISO 8062-3规定了16个一般尺寸公差DCTG等级，和7个一般几何公差GCTG等级，所以图中零件的ISO 8062-3-DCTG 11-GCTG 6表示一般尺寸公差等级为11级，一般几何公差等级为6级。

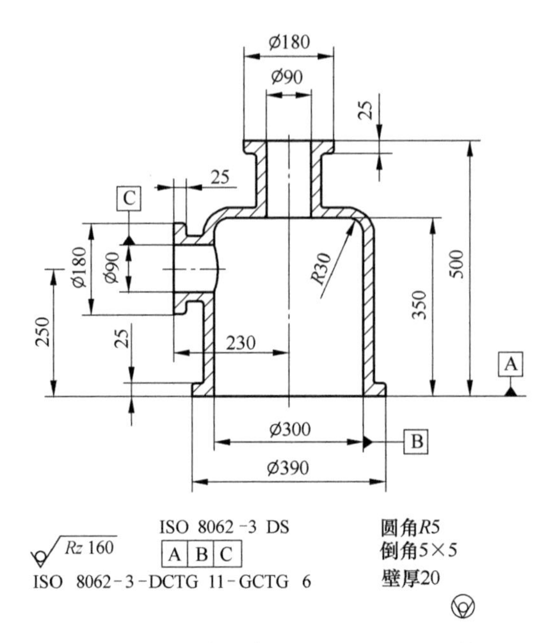

图 8-28 铸件成品尺寸要求，± 公差

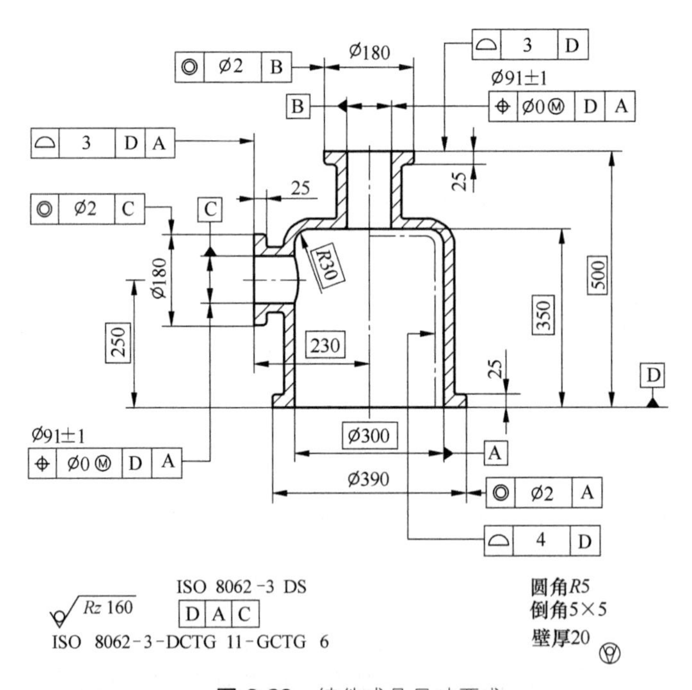

图 8-29 铸件成品尺寸要求

图 8-30 所示的铸件尺寸使用了轮廓度来进行特殊的一般公差定义，[⌓ 3 D A]。加上本身独立标注的尺寸都是几何公差要求，整个零件相对比图 8-29，图 8-30 的

零件不论是独立的几何特征，还是一般要求的几何特征都更明确，所以推荐使用这种标注方法设计铸件成品。

一般公差的轮廓度 3mm 只用于有名义尺寸定义的几何特征，如不影响 ϕ91mm 的直径，因为这个直径特征无名义尺寸。

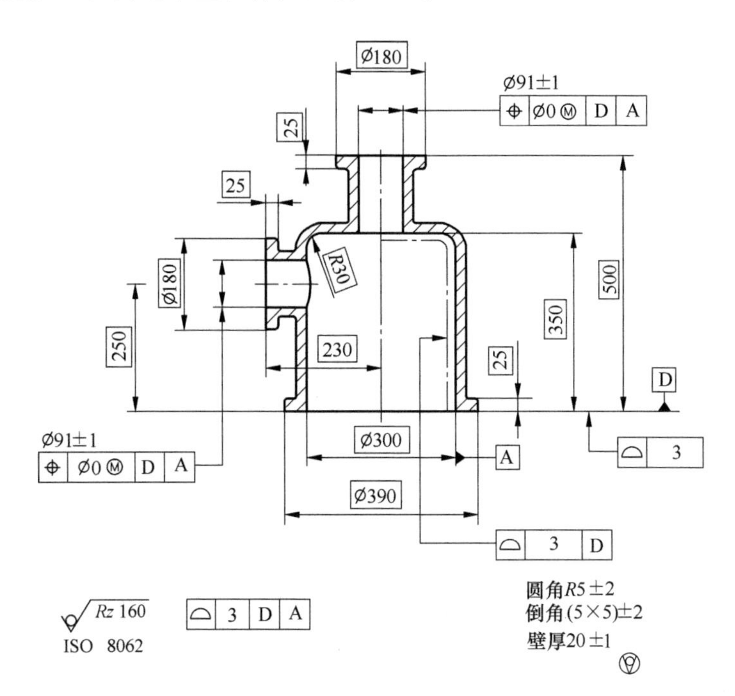

图 8-30　成品铸件尺寸要求

图 8-31 中，ISO 8062-3 DS[A|B|C]，表示铸件一般公差的几何公差的基准框架组成为零件底平面 A、内腔柱面轴线 B 和侧壁孔轴线 C。

ISO 8062-3 规定了 16 个一般尺寸公差 DCTG 等级，和 7 个一般几何公差 GCTG 等级，所以图中零件的 ISO 8062-3-DCTG 11-GCTG 6 表示一般尺寸公差等级为 11 级，一般几何公差等级为 6 级。

对于半成品，一般几何公差的要求为[⌓|0.4|A|B|C]，供应商负责毛坯和半成品制造。

根据 A 基准面轮廓度 0.2mm 要求，如果基准面 A 移除材料 0.2mm，轮廓度公差带定义的最小材料理想边界为：ϕ300.2mm、R30.2mm、ϕ90.4mm、ϕ90.4mm、499.6mm。

尺寸 ϕ390mm、ϕ180mm 和厚度 25mm 根据 ISO 8062-3-DCTG 11 确定精度。要注意尺寸公差没有几何公差明确。

图 8-32 中，供应商负责毛坯和半成品加工，毛坯的几何特征和一般公差要求使用了更加规范的几何公差要求，使设计更加明确，可制造性更高。

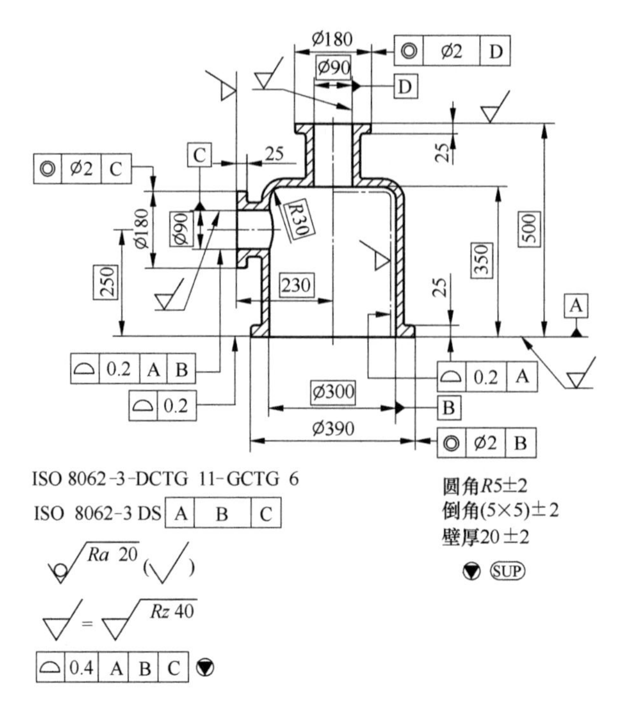

图 8-31 半成品尺寸要求，半成品供应商负责制造 SUP

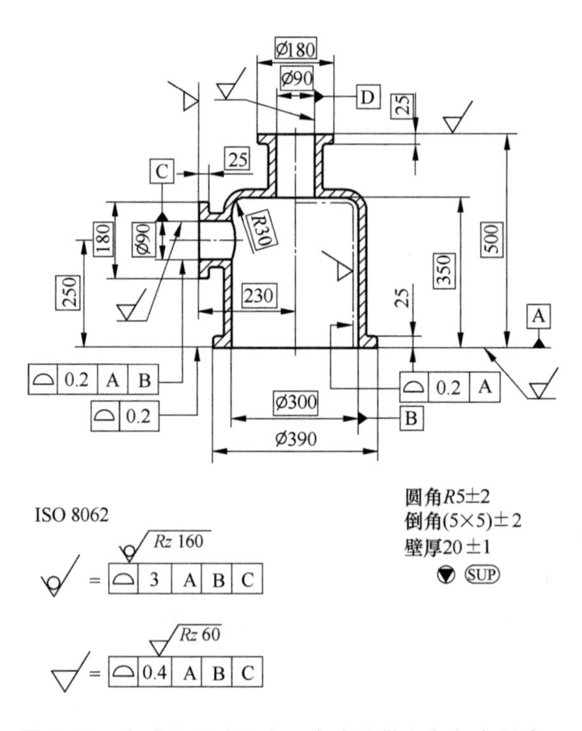

图 8-32 半成品尺寸要求，半成品供应商负责制造 SUP

如图 8-33 所示是合成的毛坯和成品的图纸要求，为了保证成品的加工余量，要求毛坯预留足够的厚度。图纸中因为设计者要求同心度 ϕ2mm，比 ISO 8062-3 中的一般公差精度要求严，所以需要独立标注。

ISO 8062-3 规定了 16 个一般尺寸公差 DCTG 等级，和 7 个一般几何公差 GCTG 等级，所以图中零件的 ISO 8062-3-DCTG 11-GCTG 6 表示一般尺寸公差等级为 11 级，一般几何公差等级为 6 级。

ISO 8062-3 中对于加工余量级别定义了从 RMAG A 到 RMAG K 共 10 个级别，按照毛坯件的最大外观尺寸进行选择。

-RMA 4（RMAG G）表示允许的 RMAG 加工余量级别为 G 级，4mm。

ISO 8062-3 DS|D|A|C|，表示铸件一般公差的几何公差的基准框架组成为零件底平面 D、内腔柱面轴线 A 和侧壁孔轴线 C。

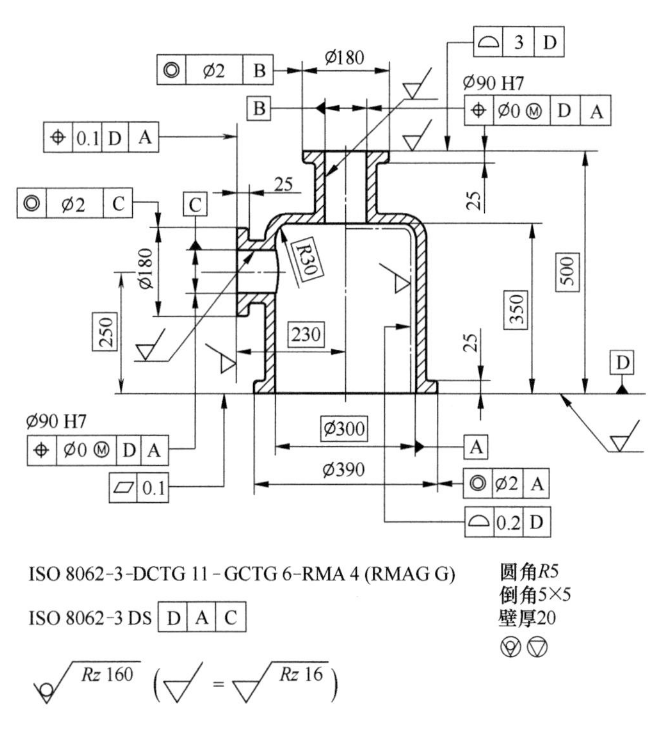

图 8-33　合成的毛坯尺寸要求和加工成品要求

图 8-34 采用了多种公差方式定义毛坯尺寸和加工成品尺寸。位置度虽然与一般公差有相同的基准框架，但是比一般公差轮廓度定义要求严格，因此独立进行标注。作为一般公差轮廓度要求，此例中只影响受到名义尺寸定义的特征。

此零件按照设计，不存在半成品工序，直接指定了 ISO 8062 RMA 2，加工余量为 2mm。毛坯的一般几何公差要求为|⌓|2|F|G|，成品的一般几何公差要求为|⌓|0.2|F|G|。

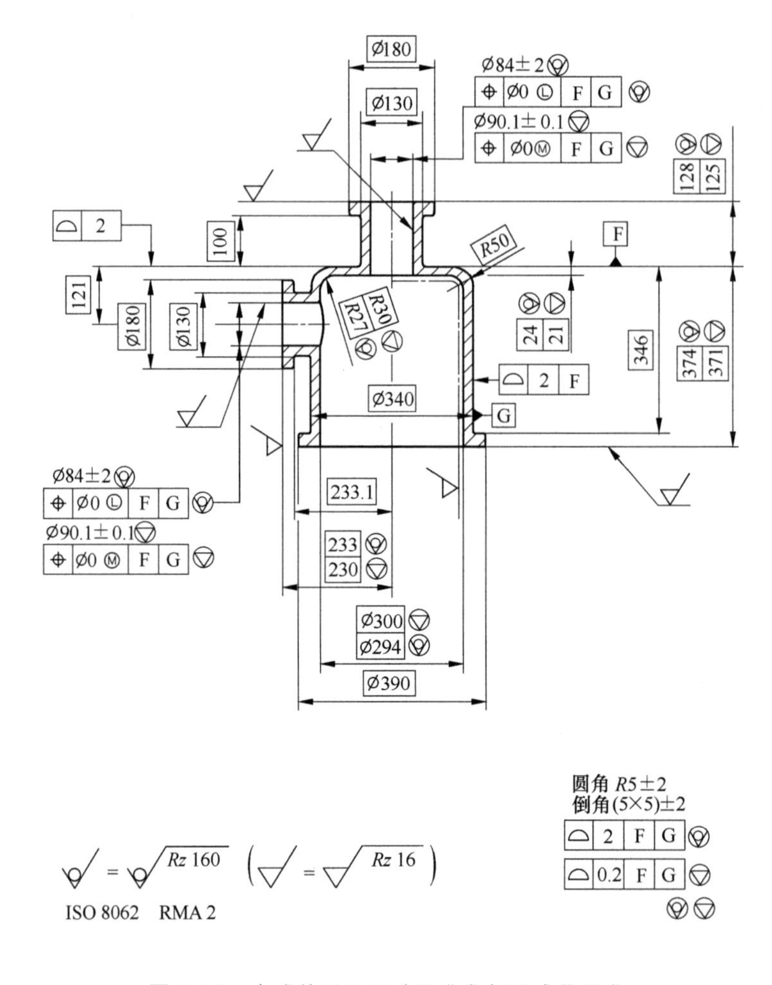

图 8-34 合成的毛坯尺寸要求和加工成品要求

图 8-35 使用基准目标的方式定义铸件公差要求，除了基准表面，所有的表面通过一般公差进行轮廓度定义⌓ 2 A B C，这些目标基准建立在明确的 TED 尺寸上。

图 8-36 使用基准目标的方式定义铸件公差要求，基准目标通过理论坐标值建立。一般公差的轮廓度⌓ 2 A B C，应用于除基准特征外的所有表面。

图 8-37 使用了可移动基准建立铸件公差要求，A 基准是由两个相距 20mm 的平面建立，基准 B 和基准 C 建立了零件的中心面。固定基准 B 通过 CF 接触基准修正，同零件的基准特征（柱面特征）不同，B 基准为相互垂直的两个平面，通过 90°V 形块进行模拟接触定位。C 基准为可移动基准目标，定位上向 B 基准进行滑动夹紧零件，以适应零件在长度上的制造偏差。两个 C 基准点在 BC 基准连线的水平方向上以 45°角压紧零件。ABC 基准都通过充分、明确的 TED 建立。

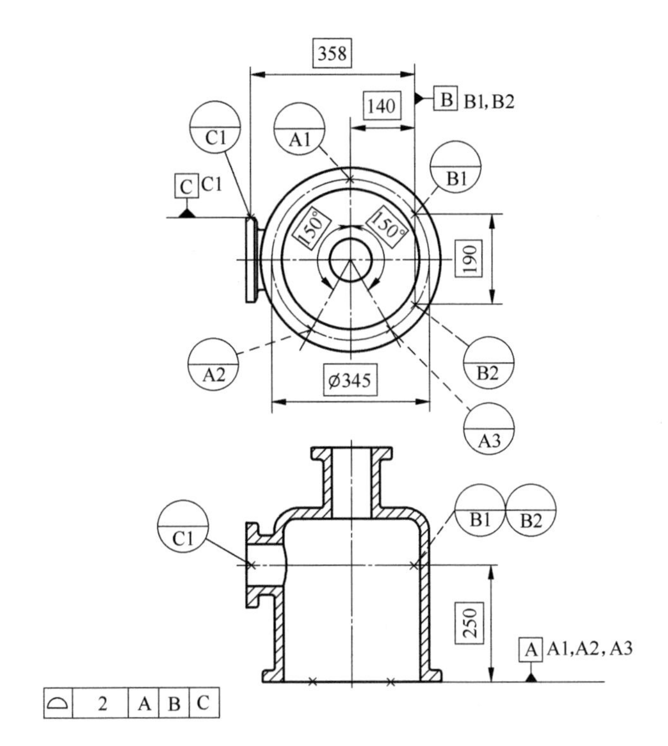

图 8-35　根据 ISO 5459 建立的基准系统

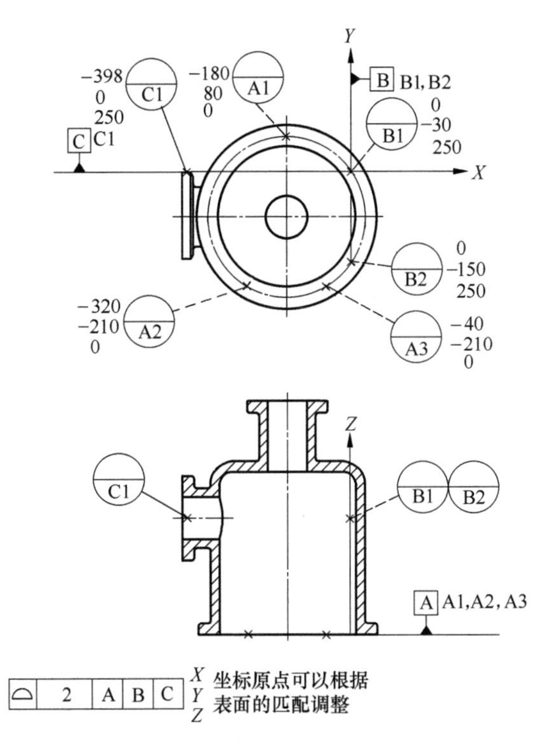

图 8-36　使用 ISO 5459 法则建立的基准目标

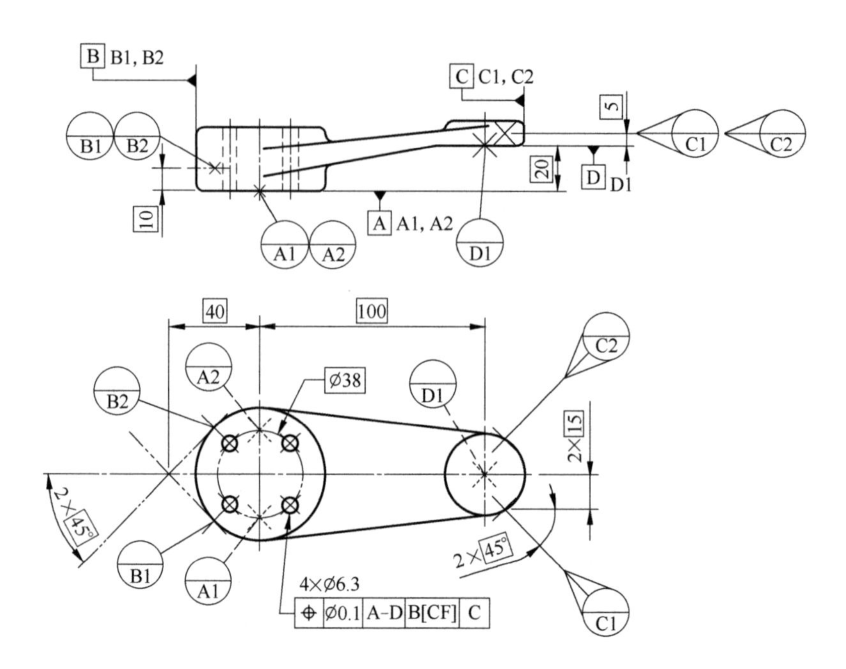

图 8-37 基准目标建立的基准系统

第9章

零件边缘要求——ISO 13715

9.1 零件边缘要求介绍

机加工零件对于毛刺和边缘的符号和规则要求在ISO 13715中表述，这些边缘发生在零件特征间的过渡区域，如两个面的相交线，边缘特征在理论数模中一般不显示。本章内容讨论的边缘要求不同于如图9-1所示的倒角（如2×45°）要求类型（这部分内容请参考ISO 129-1）。

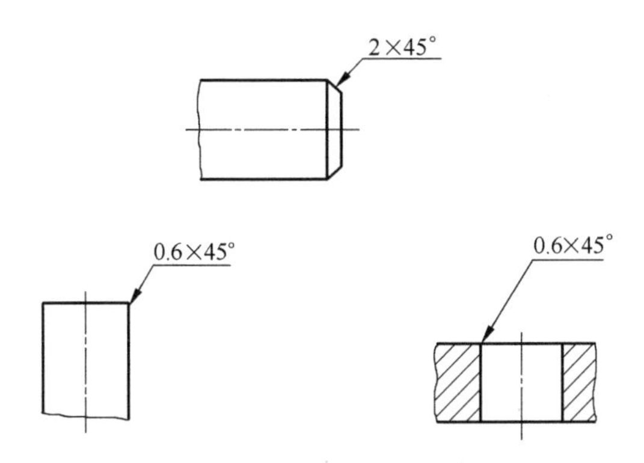

图9-1 倒角类型标注 ISO 129-1

ISO 13715的主要术语（图9-2）：

① 边缘（edge）：两个面的连接处，可以是内部或外部边缘；

② 毛刺（burr）：外侧边缘材料多出理论表面；

③ 根切（undercut）：边缘向理论表面内侧有偏差；

④ 过渡（passing）：内边缘同理想形状的偏差。

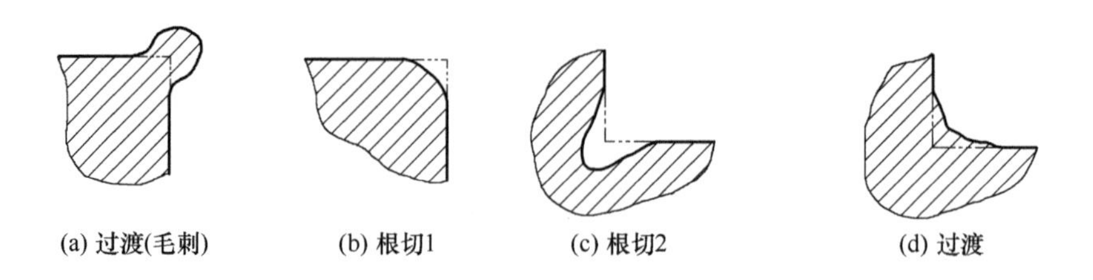

图 9-2 ISO 13715 毛刺和边缘的术语图解
图中虚线为理想边界，相交于边缘

9.2 边缘要求在 GPS 图纸上的定义

如图 9-3 所示是零件边缘的一般要求基本符号，如果零件的边缘在图纸零件中没有特殊独立定义，那么就需要在图纸的技术要求部分使用这种一般边缘要求符号。

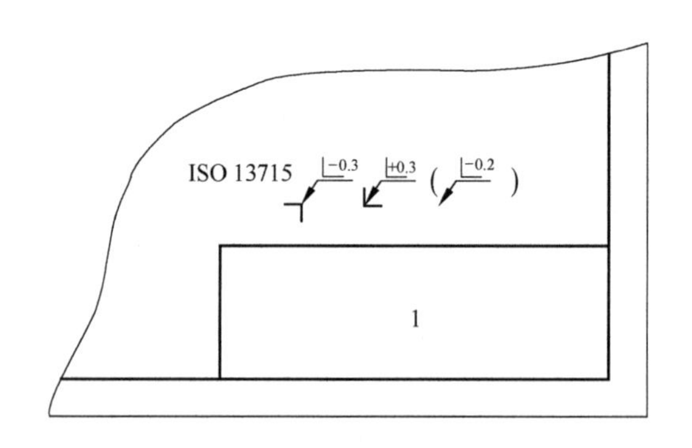

图 9-3 图纸的一般边缘要求

边缘符号的解释、边缘要求的标识和意义分别见表 9-1、表 9-2。

表 9-1 边缘符号的解释

符号	解释			
	外部边缘		内部边缘	
	过渡	根切	过渡	根切
+	允许	不允许	允许	不允许
−	不允许	允许	不允许	允许

续表

符号	解释			
	外部边缘		内部边缘	
	过渡	根切	过渡	根切
± 需要给出允许值	允许	允许	允许	允许

表 9-2　边缘要求的标识和意义

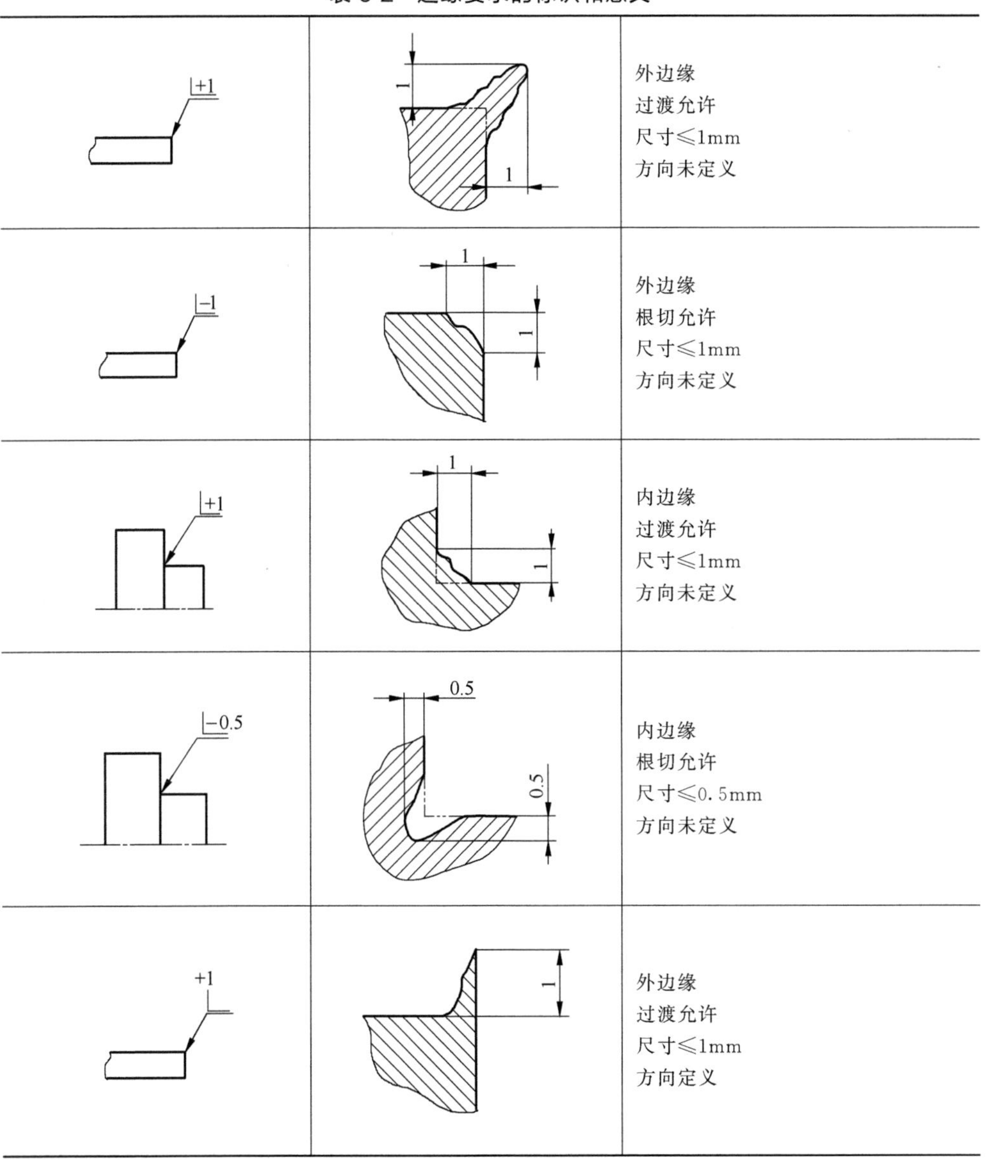

标识	图示	意义
+1	1；1	外边缘 过渡允许 尺寸≤1mm 方向未定义
−1	1；1	外边缘 根切允许 尺寸≤1mm 方向未定义
+1	1；1	内边缘 过渡允许 尺寸≤1mm 方向未定义
−0.5	0.5；0.5	内边缘 根切允许 尺寸≤0.5mm 方向未定义
+1	1	外边缘 过渡允许 尺寸≤1mm 方向定义

续表

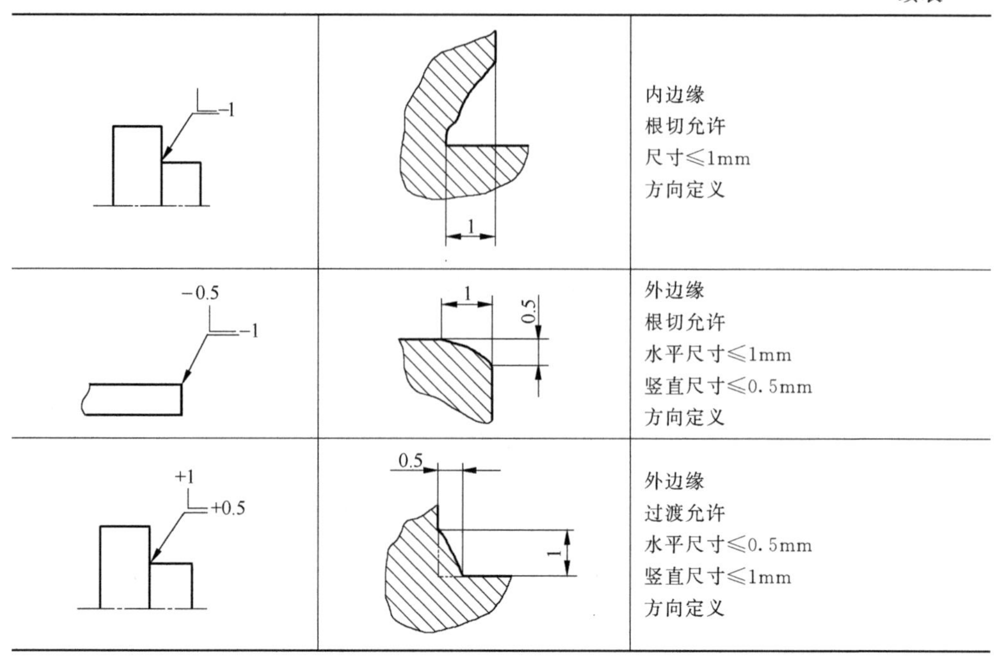

-1	1	内边缘 根切允许 尺寸≤1mm 方向定义
-0.5 -1	1 0.5	外边缘 根切允许 水平尺寸≤1mm 竖直尺寸≤0.5mm 方向定义
+1 +0.5	0.5 1	外边缘 过渡允许 水平尺寸≤0.5mm 竖直尺寸≤1mm 方向定义

第10章

非刚性件的GPS定义

ISO 8015默认零件是无限刚性的，所有的GPS标注要求应用在自由状态下测量，即在任何外部作用力下不会变形。如果有特殊情况，比如非刚性件，应在图纸上标注引用ISO 10579非刚性件的定义符号和原则。

非刚性件，代表的有冲压件和塑料件，在自由状态下会产生变形，导致线性尺寸或几何公差超差。如果非刚性件在不超过设计装配力下，能够恢复变形保证装配要求，那么这个零件应该在工程上判定为合格零件。

非刚性件在重力作用下的刚性与零件的位置和方向有关，一般在重力方向上的投影面积越大，刚性越差。所以非刚性件在测量时一般按照零件装配的位置和方向进行。

10.1 非刚性件的GPS图纸标注方法

对于非刚性件控制，图纸上要声明：ISO 10579-NR。图纸上所有无自由状态Ⓕ符号修正的尺寸都需要在约束力下进行测量。

图10-1所示是非刚性件的图纸表示方法，这个零件的三个几何公差控制框都分为自由状态（公差较宽松）和非自由状态（公差较严）的测量要求。在图纸技术要求中定义了零件的测量方向1和约束条件。

所有不带Ⓕ修正的几何公差：

▱ 0.025，○ 0.05，○ 0.1三个几何公差按照技术要求的第二条进行测量。

所有带Ⓕ修正的几何公差：

▱ 0.3Ⓕ，○ 0.5Ⓕ，○ 1Ⓕ三个几何公差按照自由状态进行测量。

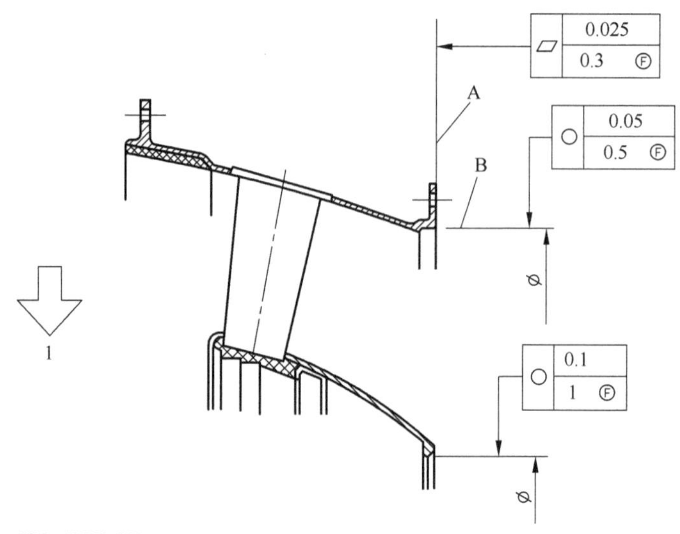

ISO 10579-NR

技术要求:
① 方向1为重力方向;
② 约束条件:标识为A的面夹紧后测量,夹紧条件设置为120个M20螺栓以18～20N·m力矩拧紧,且标识为B的面以匹配件的尺寸进行装配约束。

图 10-1 非刚性件图纸技术要求

10.2 对于模制件的公差要求

对比刚性件（金属材料），塑料制品的尺寸、形状和位置有较大的 3σ 制造偏差，这是由塑料件的性质决定的（易变形和低刚性）。DIN 16742 是关于塑料模制件的公差和验收要求，是重要的柔性件的公差定义参考标准。确定模制件需要成型件的开发者、成型件的生产方、成型件的模具制造方相互合作。

① 模制件设计者确定应用条件下的满足功能、装配要求的公差。

② 模制件的制造方确认功能公差≥加工能力满足的公差，成型件的公差范围基于经济允许的条件，不能使用不经济的夸张精度的公差带。

③ 模制件的材料由设计者根据订单要求选择，由此确定成型件的收缩率。订单签署完成后，模制件的收缩率应该由生产方和模具制造方或模具设计方达成一致，因此需要外部的经验输入（如复合材料的制造商）。

复合材料的技术规范、模制件的设计、模具的布置、加工工艺等对于模制件的尺寸稳定性有显著的影响。注塑工艺是复杂的热动力-流体技术，这项技术仍在探索和优化中，优化目前仍然主要依靠技工的技术和经验积累。

决定塑料模制件尺寸的相关属性包括：不同类型的刚度或硬度以及收缩率。不均匀和不稳定的模具温度和注塑温度，结合微观结构取向和流动系统设计引起的额外公差导致各向异性，进而导致或大或小的变形（翘曲、变形、扭曲）。此外壁厚差异或质量集中、材料集中也能导致变形。形状、定位和定向偏差的影响因素非常复杂，因此使其标准化比金属材料困难得多。

工艺导致的偏差可以通过设计和生产工艺的优化来降低：

① 通过设计技术降低偏差（加强肋、材料加厚、预变形等）。

② 通过模具的保留、材料的调整降低偏差。

③ 保留偏差并记录为生产偏差。

DIN 16742 建议在定义模制件的公差时应该注意以下要求：

① CAD 代表名义几何结构，公差带应该对称于数模几何特征，不等边的公差带应该转变为对称公差。如 100.0/－0.6－＞99.7±0.3。

② 检测程序需要独立定义，对于注塑件尺寸不稳定性质，测量的方法特别重要，这包含面向功能的测量、参考系统的建立、多种测量方式反复确定、重力影响的考虑、夹紧力约束要求等。

③ 一般公差虽然不符合要求，但如果不影响功能，不必拒收为不合格零件。

④ 对于不同注塑材料的装配零件，可以针对不同刚性定义不同的一般公差，如较硬的零件公差级别为 TG4，较软的零件为 TG7。

⑤ 如果把温度 23℃±2℃和湿度 50%±10%作为塑料产品在 DIN EN ISO 291 中的标准要求，应该注明“ISO 8015-DIN EN ISO 291：2008-08”。

DIN 16742 建议的在定义模制件时的非直接公差的方法：

- 一般公差按照 DIN 16742-TG6 定义。
- 几何公差的一般公差使用轮廓度定义，并且指定参考系统。
- 一般公差的定义应该考虑到计量技术的可行性。

DIN 16742 建议的在定义模制件时的直接公差的方法：

- 接收尺寸清单全部是直接公差，所有一般公差不考虑在检测范围内。
- 位置度不作为一般公差，如果有功能要求，应该在图纸上明确标注。
- 直接公差应该尽量减少，以降低成本。

使用尺寸公差直接标注注塑件几何特征，应该注意这些几何特征的参考边界线和边界点。因为拔模斜度的影响，功能尺寸的测量点应该定义在要求的位置，这样两点尺寸才能确认。半径测量要求最小 90°的范围，半径也建议选择使用轮廓度进行定义。自由变形表面可以使用形状轮廓度（不带基准的轮廓度）控制。

模制件的 GD&T 要求见图 10-2。

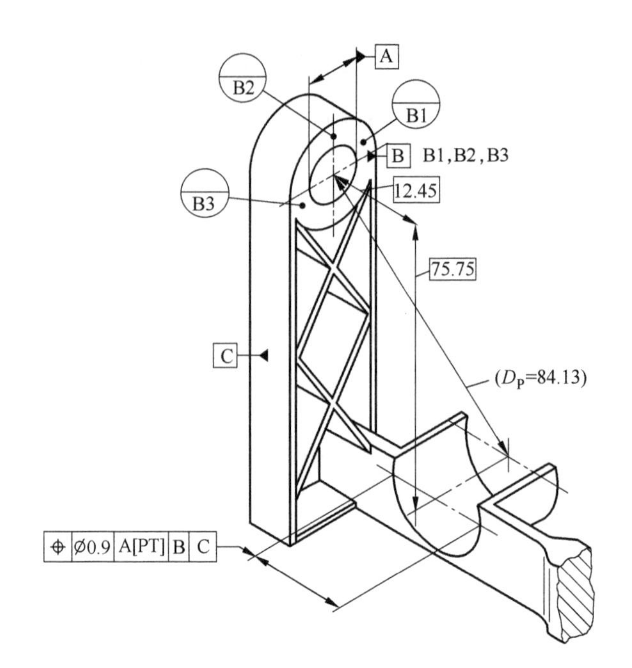

图10-2 模制件的GD&T要求

第11章 测量不确定度管理

工艺制造存在误差，测量也存在误差，判定零件的合格与否，要考虑测量的误差存在因素，避免更多的误判和漏判。测量误差导致当测量值接近定义上下极限的时候不可能准确决策产品合格与否。测量不确定性导致理论值虽然在合格区间，但是判定为不合格，而理论值在合格区域之外，却判定合格的可能性存在。所以测量误差导致的测量不确定性的研究成为设计、工艺和质量活动中不可或缺的重要环节。

正因为如此，供应商和客户之间应该预先对于测量不确定性导致的合格判定原则进行协商并达成一致。本章节讨论解决这个问题的不确定度数量化 PUMA 方法。

11.1 产品合格与不合格的判定

图 11-1（c）可以看作（a）和（b）的合并，LSL 和 USL 是设计要求的公差下极限和上极限，LSL 和 USL 之间的区域 1＃为设计公差带（图纸要求），因为测量总是存在误差，导致测量值 Y 在 USL 和 LSL 的邻近区域会产生不确定结果（无法判定合格与否）。5＃是下极限保护域 g_{LA}，6＃是上极限保护域 g_{UA}。4＃区域为拒收域（包含因为无法确定合格与不合格而增加的 5＃、6＃不确定域），3＃域为确定接收域。大多数情况下，测量值的概率密度函数 PDF（probability density function）是对称分布的，所以通常认为 g_{LA}、g_{UA} 宽度相等。

图 11-2（c）可以看作（a）和（b）的合并，LSL 和 USL 是设计要求的公差下极限和上极限，LSL 和 USL 之间的区域 1＃为设计公差带（图纸要求），因为测量总是存在误差，测量值 Y 在 USL 和 LSL 的附近区域会产生不确定结果（无法判定

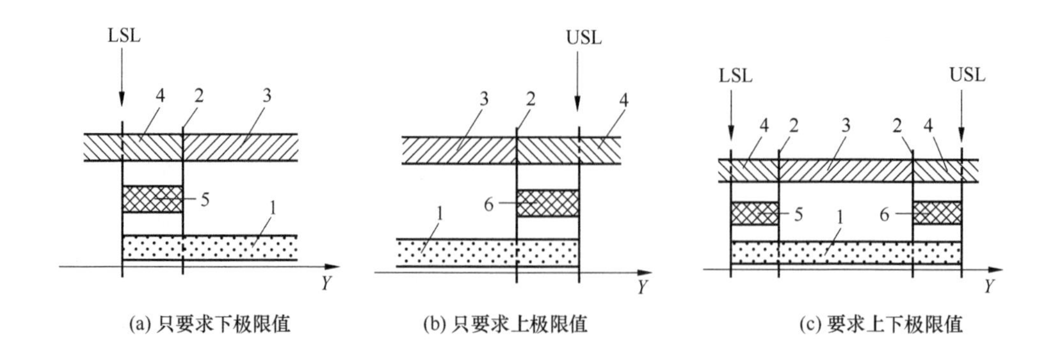

图11-1 接收域和拒收域（一）

1—公差带；2—接收上偏差；3—接收域；4—拒收域；5—下极限保护域 g_{LA}；6—上极限保护域 g_{UA}；
Y—测量值；LSL—公差下极限；USL—公差上极限

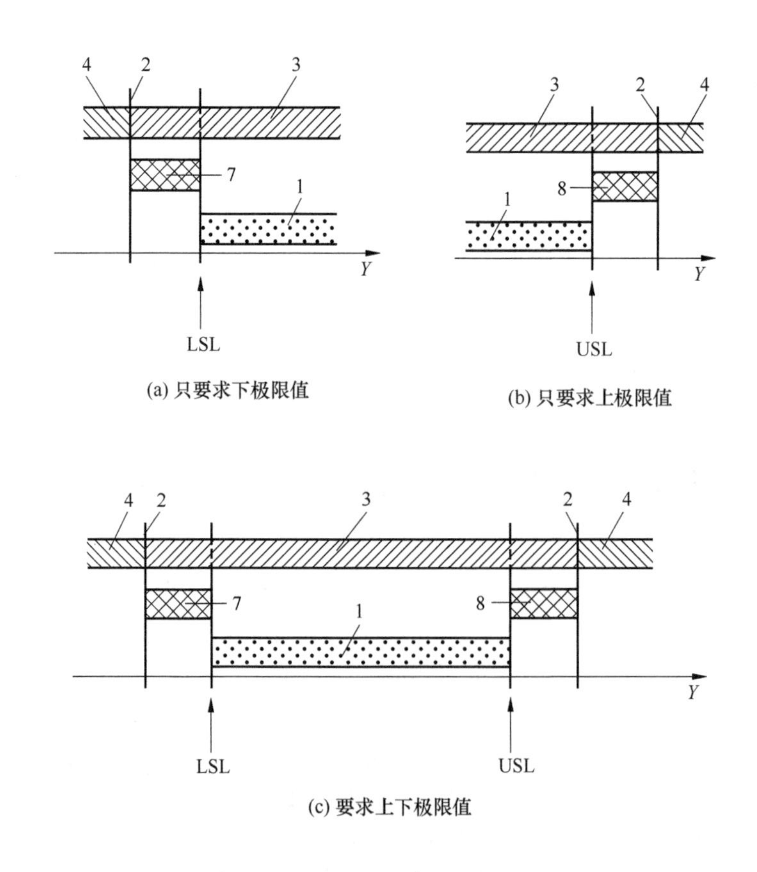

图11-2 接收域和拒收域（二）

1—公差带；2—接收上偏差；3—接收域；4—拒收域；7—下极限保护域 g_{LR}；8—上极限保护域 g_{UR}；
Y—测量值；LSL—公差下极限；USL—公差上极限

合格与否）。7＃是下极限保护域 g_{LR}，8＃是上极限保护域 g_{UR}。4＃区域为确定拒收域，3＃区域为接收域（包含因为无法确定合格与不合格而增加的 7＃、8＃不确定域）。大多数情况下，测量值的概率密度函数 PDF（probability density function）是对称分布的，所以通常认为 g_{LA}、g_{UA} 宽度相等。

图 11-3（c）可以看作（a）和（b）的合并和图 11-1 和图 11-2 的内容合并。LSL 和 USL 是设计要求的公差下极限和上极限（图纸要求），LSL 和 USL 之间的区域 1＃为设计公差带，因为测量总是存在误差，测量值 Y 在 USL 和 LSL 的附近区域会产生不确定结果（无法判定合格与否）。5＃、7＃是下极限保护域 g_{LA}、g_{LR}。6＃、8＃是上极限保护域 g_{UA}、g_{UR}。2A 为确定合格接收极限，2R 为确定不合格拒收极限。9＃区域为合并的不确定域（2R 到 2A 之间区域）。大多数情况下，测量值的概率密度函数 PDF（probability density function）是对称分布的，所以通

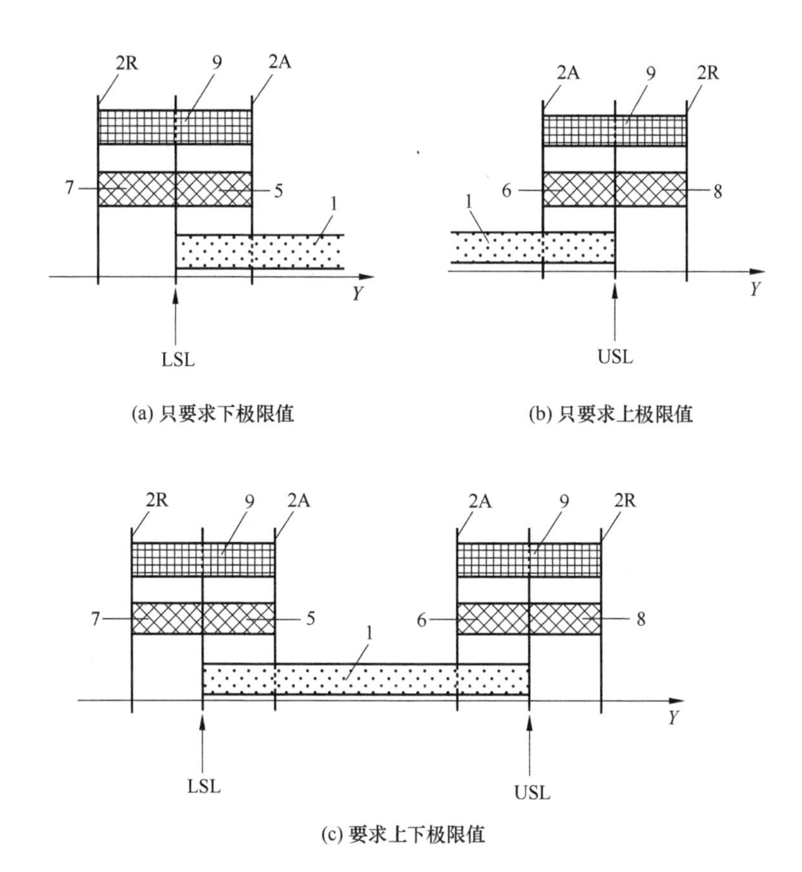

图 11-3 不确定性区域划分

1—公差带；2A—接收合格极限；2R—拒收不合格极限；5—下极限合格保护域 g_{LA}；6—上极限合格保护域 g_{UA}；7—下极限不合格保护域 g_{LR}；8—上极限不合格保护域 g_{UR}；9—不确定域；Y—测量值；LSL—公差下极限；USL—公差上极限

常认为 g_{LA}、g_{LR} 和 g_{UA}、g_{UR} 宽度相等。

根据以上的分析，自然界所有存在的测量结果都会受到测量不确定度的影响。这是因为产品的真实值不可能被准确测量出来，测量只是确认了真实值的可能范围，这个范围越小测量精度越高。测量不确定度研究的就是对于处于这个范围的测量值使用统计推断的方法进行似然估计。ISO GPS 对于不确定度提出 PUMA 法进行估计管理，避免供方和需方的可能技术分歧风险。

测量不确定度的研究应用了统计学中的置信区间估计方法和假设检验方法。统计学的假设检验认为没有100%的确定事件，所以划分了如置信区间95%的概率为大概率发生事件，认为判断正确的失误可能性很小，相当于确定合格；置信区间5%的概率为大概率不可能发生事件，认为判定否的失误可能性很小，相当于确定不合格。这就相当于为了避免被淋雨，我们看当天的天气预报，如果是有70%的降水概率，很可能下雨，我们出门就会选择带伞；而如果降水概率为10%，下雨的可能性很小，就会选择不带伞出门，而因为判断失误，被雨淋湿的可能性只有10%。

如图11-4所示，测量数据的PDF通常假设符合高斯分布（Gaussian，正态分布），如果不确定区域内的测量值的合格判定的假设正确的概率为95%，那么这个测量值必须处于分位数为 $z=\pm1.96$ 的宽度范围内。高斯分布的PDF特点是曲线单峰且对称于中值分布，正是这个原因通常假设测量不确定区域为对称的。但是要注意的是，如果测量数据符合其他分布（如指数分布、极值分布等），测量值区域可能是不对称的。

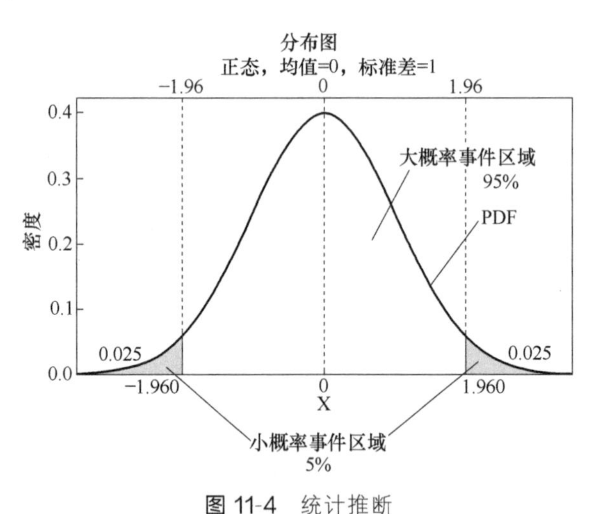

图 11-4 统计推断

一个有误差的测量观测值的决策（合格与否）必然有风险，拒收会产生生产方的风险，接收可能产生客户的风险。不确定性的研究就是建立一个降低风险的决策法则，通常将误判的风险限制在5%的概率内，准确的概率限制在95%以上。

图11-3（c）中，2A之间区域的测量值为确定合格，误判风险很低。设置9＃区域的目的是保护可能误判的风险。

测量不确定度导致合格或不合格区域减少见图 11-5。

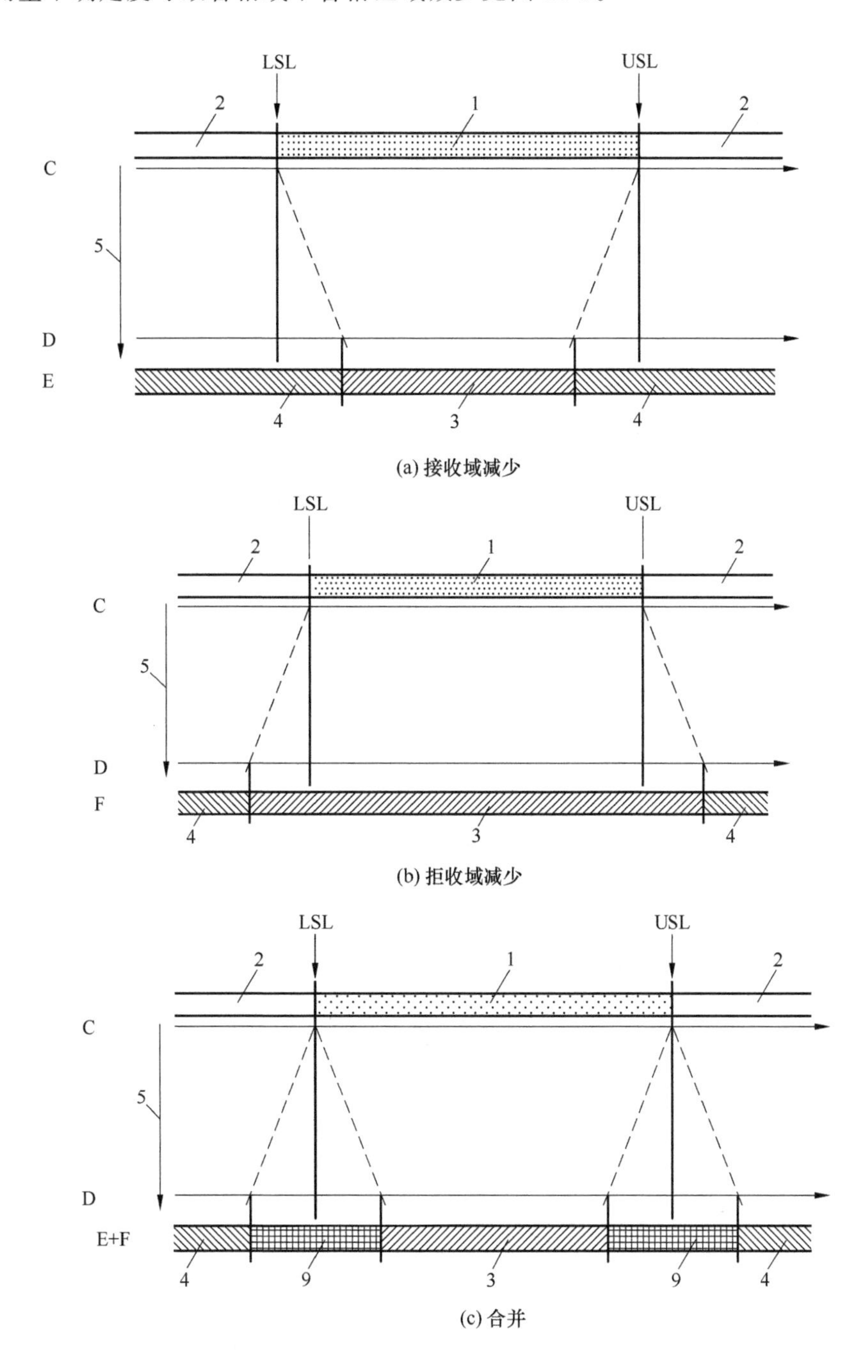

图 11-5 测量不确定度导致合格或不合格区域减少

C—设计阶段（定义要求）；D—验证阶段（具有不确定性的测量过程）；E—确定接收域；F—确定拒收域；

1—公差带；2—公差带外侧区域；3—接收域；4—拒收域；5—测量不确定度导致接收域减少；

LSL—公差下极限；USL—公差上极限

合格的判定是当测量值落在接收域，接收域会因为保护域宽度减少。如果测量值的 PDF 是正态分布，并且标准差（standard deviation）显著小于公差带，默认的合格概率 95%对于保护域覆盖系数是 1.65，即保护域宽度 5# 为 1.65 倍的不确定度的标准差，如图 11-6 所示。

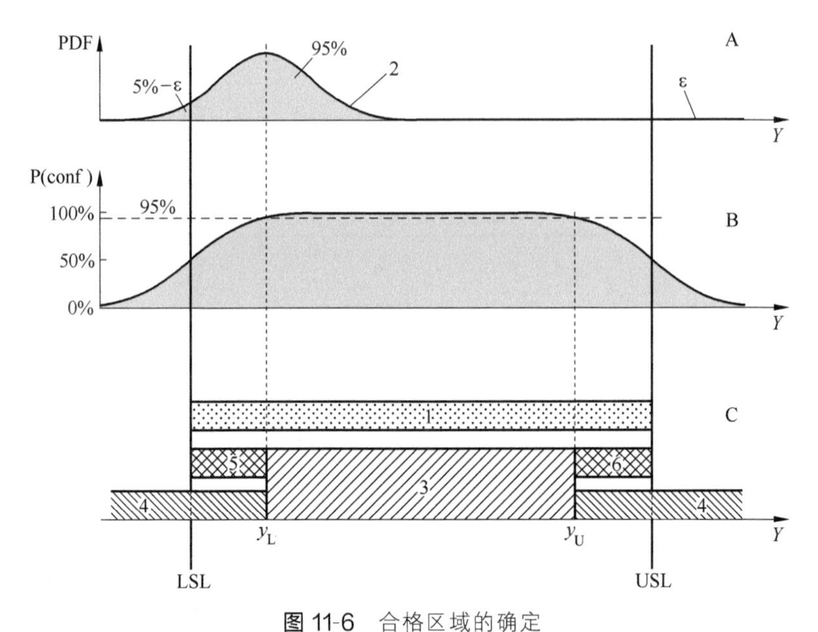

图 11-6 合格区域的确定

A—PDF 测量值 y_L=LSL+g_{LA}；B—合格概率；C—确定接收域；
1—公差带；2—测量值在 LSL+g_{LA} 的概率密度函数曲线 PDF；3—默认接收域；
4—默认拒收域；5—下极限合格保护域 g_{LA}；6—上极限合格保护域 g_{UA}；
y_L—确认合格域的最小测量值；y_U—确认合格域的最大测量值；Y—测量值；
LSL—公差下极限；USL—公差上极限；ε—无穷小

不合格的判定是当测量值落在拒收域，拒收域会因为保护域宽度增大。如果测量值的 PDF 是正态分布，并且标准差（standard deviation）显著小于公差带，默认的不合格概率 95%对于保护域覆盖系数是 1.65，即保护域宽度 7# 为 1.65 倍的不确定度的标准差，如图 11-7 所示。

不确定域见图 11-8。

对于生产方来说，通常提供符合图 11-6 的原则确定合格接收域，而客户端通常按照图 11-7 的原则确定不合格拒收域。

假设测量值符合正态分布，当覆盖系数 $k=1.96$ 时，测量值的 PDF 覆盖区间为 95%。测量值在公差带中心时，有 2.5%的概率真实值是超过 USL，有 2.5%的概率真实值是低于 LSL，因此合格的概率为 95%，这就是测量区间合格概率 95%区间的划定（$3.92\times u_C$），如图 11-9（a）所示。图（b）显示仍然保证 95%的合格概率原则，覆盖系数 $k_1\neq k_2$（不对称分布的情况），即实际公差带不是对称与理论值的情况。

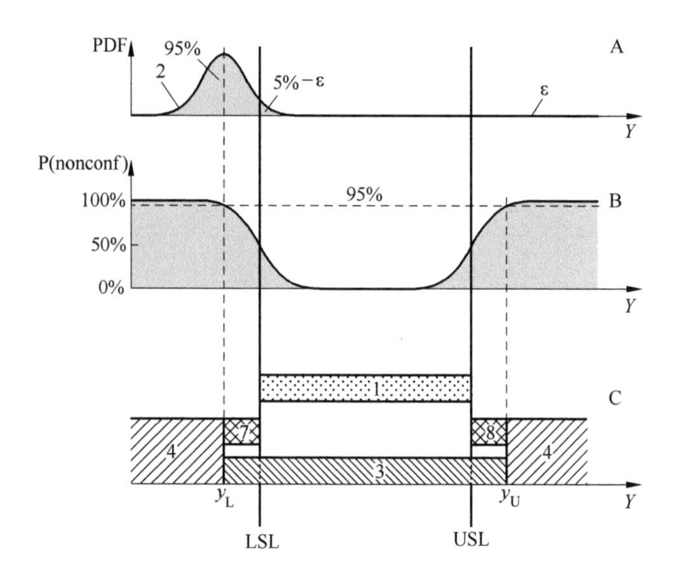

图 11-7　不合格区域的确定

A—PDF 测量值 y_L = LSL − g_{LR}；B—不合格概率；C—确定接收域；

1—公差带；2—测量值在 LSL − g_{LR} 的概率密度函数曲线 PDF；3—默认接收域；

4—默认拒收域；7—下极限不合格保护域 g_{LR}；8—上极限不合格保护域 g_{UR}；

y_L—确认不合格域的最小测量值；y_U—确认不合格域的最大测量值；

Y—测量值；LSL—公差下极限；USL—公差上极限；ε—无穷小

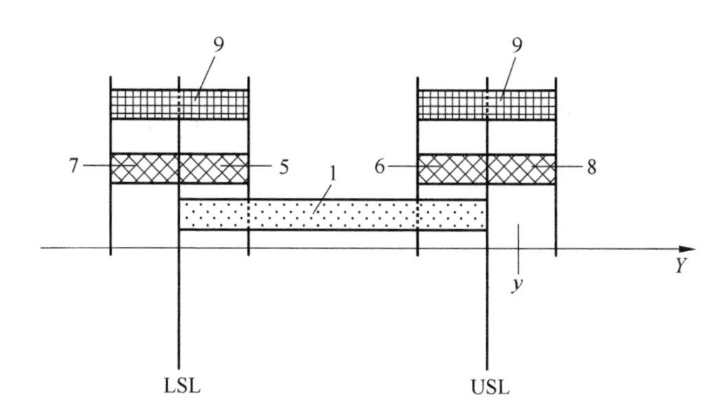

图 11-8　不确定域

1—公差带；5—下极限合格保护域 g_{LA}；6—上极限合格保护域 g_{UA}；

7—下极限不合格保护域 g_{LR}；

8—上极限不合格保护域 g_{UR}；9—不确定域；y—测量值；

LSL—公差下极限；USL—公差上极限

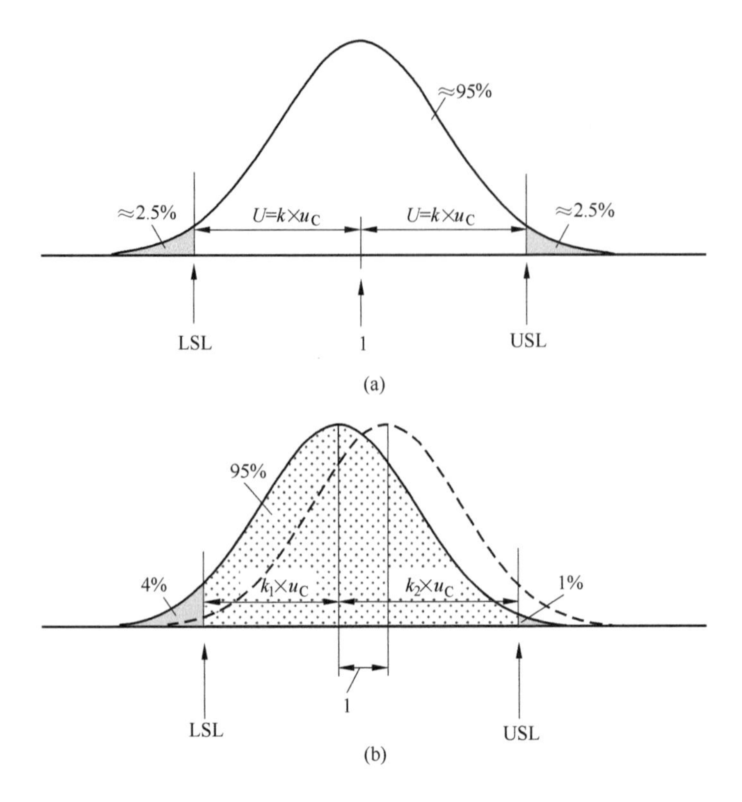

图 11-9　95%的合格区间

1—接收区间；LSL—公差下极限；USL—公差上极限

11.2　GPS 测量、测量设备的校准和产品验证的不确定度估计方法

测量不确定度表达指南（PUMA，procedure for uncertainty management）是 ISO 14253 推荐的不确定方法，用来计算 u_C（常规实际测量不确定度）、u_E（估计测量不确定度，进行上边界的最差估计，以保证估计结果在安全区域。PUMA 的方法背景如下：

① 所有的不确定组成因素是可调查确认的。

② 对于这些不确定度的导致原因使用哪种纠正措施也是明确的。

③ 计量每种不确定组成因素的评估参数：不确定度标准差 u_{xx}（uncertainty component）。

④ 用迭代方法优化显著的 u_{xx}。

⑤ u_{xx} 的评估可以使用 Type A（直接试验结果）或 Type B（统计推断）方式。

⑥ 推荐 Type B 方式，最好在首次迭代计算时先粗略估计不确定度，以节省评估成本。

⑦ 综合全部不确定度因素的标准差 u_C（combined standard uncertainty），计算公式为：

$$u_C=\sqrt{u_{x1}^2+u_{x2}^2+u_{x3}^2+\cdots+u_{xn}^2}$$

⑧ 上式仅作为不确定性第一次迭代计算，粗略评估结果，并且所有 u_{xx} 不相关。

⑨ 为了简化运算，相关性系数取 $\rho=1$、-1、0。按照 8# 的不相关要求，$\rho=0$。

⑩ 最后计算不确定度的宽度 U（expended uncertainty），对比目标不确定度的宽度 U_T，计算公式：

$$U=k\times u_C$$

11.3　不确定度案例分析（PUMA）——环规校准

(1) 定义

使用 PUMA 方法，测量任务是对测量流程和测量条件导致的测量不确定度进行评估。

(2) 任务和目标的不确定度

① 测量任务。

测量任务包括 ϕ100mm×15mm 环规、对称平面上的定义方向上的两点尺寸，对称平面上的圆度为 0.2μm。

② 目标不确定度 U_T。

目标不确定度选择 1.5μm。

(3) 原则、方法、流程和条件

① 测量原则。

机械接触——同已知长度比较（参考环规）。

② 测量方法。

差异和比较——ϕ100mm 参考标准和未知的 ϕ100mm 环规。

③ 初始测量流程。

a. 环规通过水平测量设备测量。

b. 使用参考环规（ϕ100mm）。

c. 水平测量设备作为比较器。

④ 初始测量条件。

a. 水平测量设备在制造商的规范内。

b. 显示精度为 0.1μm。

c. 实验室的温度为 20℃±1℃。

d. 测量设备随时间温度变化记录是 0.25℃。

e. 参考规和环规之间的温度差小于 1℃。

f. 测量设备和环规的材料是钢材。

g. 测量者经过培训，熟悉测量设备的使用。

(4) 测量设置的图解

见图 11-10。

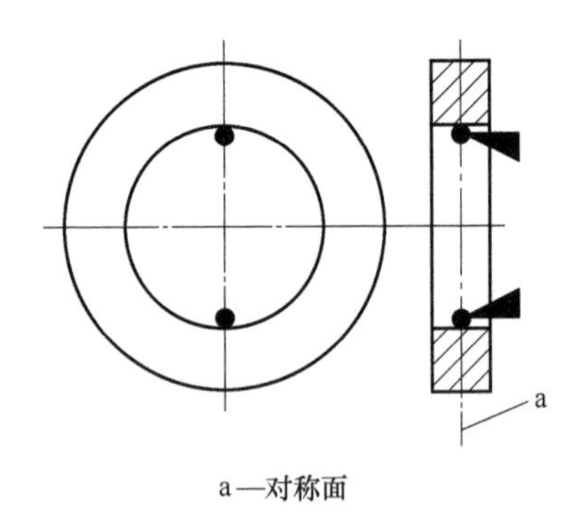

a—对称面

图 11-10 测量设置

(5) 不确定度组成

见表 11-1。

表 11-1 不确定度组成

低精度	高精度	不确定度组成	备注
u_{RS}		标准校准环规	ϕ100mm 环规的校准证明文件显示的不确定度为 $U=0.8\mu m$
u_{EC}		测量设备的显示误差	测量设备已经校准，且在要求范围内(MPE 值)，线性误差(scale error)小于 0.6μm+4.5μm/m(浮动零点法)
u_{PA}		测量平台的对齐	既然参考标准环规和待测环规采取同样的接触方法(它们的直径偏差很小)，平行度问题这里可以忽略

续表

低精度	高精度	不确定度组成	备注
u_{RR}	u_{RA}	精度	$u_{RA}=\frac{d}{2\times\sqrt{3}}=\frac{0.1\mu m}{2\times\sqrt{3}}\approx 0.029\mu m$
	u_{RE}	重复性	进行可重复性试验，偏差在 0.7μm 以内（0.5μm 的待测环规的测量，和 0.5μm 标准校准环规测量的平方和根）
u_{TD}		两个环规之间的温度差	两个环规之间的温度差符合 U 形曲线分布，即两个环规的温度在设备温度保持不变时保持一致
u_{TA}		不同的温度膨胀率	两个环规之间的温度差符合 U 形曲线分布，即两个环规的温度在设备温度保持不变时保持一致
u_{RO}		待测环规圆度	测量圆度值为 0.02μm，环规有椭圆误差

(6) 第一次迭代计算

① 第一次迭代，记录和计算不确定度的组成。

u_{RS}——标准环规（通过校准证书）。

根据校准证书（证书号：XPQ-23315-97），标准环规的校准直径不确定度的宽度为 0.8μm（分位系数 $k=2$）。

$$u_{RS}=\frac{U}{k}=\frac{0.8\mu m}{2}=0.8\mu m\times 0.5=0.4\mu m$$

u_{EC}——水平测量设备的读数误差（Type B 方法）。

最大允许误差（MPE）读数的线性误差值（基于浮动零点法）是 0.6μm＋4.5μm/m。两个环规的测量直径非常小（≪1mm），因此：

$$a_{EC}=0.6\mu m$$

考虑安全因素，选择均匀分布（$b=0.6$），产生不确定度为：

$$u_{EC}=0.6\mu m\times 0.6=0.36\mu m$$

u_{PA}——测量平台的对齐（Type B 方法）。

既然参考标准环规和待测环规采取同样的接触方法（只要它们的直径偏差在一定范围内），平行度问题可以忽略。

$$u_{PA}\approx 0\mu m$$

u_{RR}——可重复性/精度（Type A 方法）。

进行可重复性试验，偏差在 0.7μm 以内（0.5μm 的标准环规的测量，和 0.5μm 待测环规的平方和根）。

假设偏差符合 6 标准差宽度，则不确定度为：

$$u_{RR}=0.7\mu m/6\approx 0.12\mu m$$

$u_{RA}<u_{RR}$，选择 $u_{RR}=0.12\mu m$。

u_{TD}——两个环规的温度差（Type B 方法）。

两个环规之间的温度差小于 1℃，两个环规的温度膨胀系数为 $\alpha=1.1\mu m/$

（100mm·℃），可得：

$$a_{TD}=1.1\mu m/(100mm\cdot ℃)\times 1℃\times 100mm=1.1\mu m$$

假设符合U形曲线分布，因此：

$$b=0.7$$

$$u_{TD}=1.1\mu m\times 0.7=0.77\mu m$$

u_{RO}——校准环规的圆度（Type B方法）。

形状误差圆度为0.2μm，因为直径是在规定测量方向上两点测量，圆度误差没有显著的不确定度影响。

$$u_{RO}\approx 0\mu m$$

② 第一次迭代——各种不确定度之间的相关性。

假设无相关性条件要求，相关系数$\rho=0$。

③ 第一次迭代——综合和扩展不确定度。

$$u_C=\sqrt{u_{RS}^2+u_{EC}^2+u_{PA}^2+u_{RR}^2+u_{TD}^2+u_{TA}^2+u_{RO}^2}$$

根据表11-2参数计算综合不确定度标准差u_C：

$$u_C=\sqrt{(0.40^2+0.36^2+0^2+0.12^2+0.77^2+0.08^2+0^2)\mu m^2}$$

$$u_C=0.95\mu m$$

计算扩展不确定度：

$$U=u_C\times k=0.95\mu m\times k=1.90\mu m$$

④ 不确定度汇总——第一次迭代，见表11-2。

表11-2 不确定度汇总——第一次迭代

不确定度分类	评估方法	分布类型	测量数量	偏差宽度 a^*	相关系数	分布系数 b	备注不确定度 u_{xx}/μm
u_{RS} 参考标准环规	证书				0	0.5	0.4
u_{EC} 测量设备的显示误差	B	均匀		0.6μm	0	0.6	0.36
u_{PA} 测量平台的对齐	B	均匀		0μm	0	0.6	0
u_{RR} 重复性/精度	A		6		0		0.12
u_{TD} 两个环规之间的温度差	B	U		1℃	0	0.7	0.77
u_{TA} 不同的温度膨胀率	B	U		1℃	0	0.7	0.08
u_{RO} 标准环规圆度	B			0μm	0		0
综合不确定度 u_C							0.95
不确定度宽度($k=2$)U							1.90

⑤ 不确定度预测——第一次迭代。

$u_{E1}<U_T$ 没有满足，主要贡献率为 u_{TD}，由于 1℃ 的温度影响，无法采取降低 u_{TD} 的方法。去除温度累积效应，应该在操作者进行测量时进行温度保护。

(7) 第二次迭代

温度变化条件从 1℃ 到 0.5℃，重新计算 u_{TD} 和 u_{TA}。

(8) 第二次迭代结论

根据 0.5℃，按照表 11-3 计算，不确定度可以满足：

$$u_{E2}=1.35\mu m \leqslant U_T=1.5\mu m$$

通过第二次迭代，测量条件满足要求。

(9) 总结

通过 PUMA 流程，验证了测量系统，满足了不确定度目标，见表 11-3。

$$u_{EN} \leqslant U_T$$

通过第一次迭代，目标不确定度没有满足，但是解决方法比较明确，主要的不确定度贡献率是温度条件导致的不确定性。这个案例也解释了每个独立的不确定度如何影响综合不确定度标准差，继而影响不确定度的宽度。通过分析不同的不确定度，进而可以制定降低不确定度的策略。

表 11-3　总结

不确定度分类	评估方法	分布类型	测量数量	变差宽度 a^*	相关系数	分布系数 b	备注不确定度 u_{xx} /μm
u_{RS} 参考标准环规	证书				0	0.5	0.4
u_{EC} 测量设备的显示误差	B	均匀		0.6μm	0	0.6	0.36
u_{PA} 测量平台的对齐	B	均匀		0μm	0	0.6	0
u_{RR} 重复性/精度	A		6		0		0.12
u_{TD} 两个环规之间的温度差	B	U		0.5℃	0	0.7	0.39
u_{TA} 不同的温度膨胀率	B	U		0.5℃	0	0.7	0.04
u_{RO} 标准环规圆度	B			0μm	0		0
综合不确定度 u_C							0.67
不确定度宽度($k=2$)U							1.35

11.4 不确定度案例分析——层级校准

(1) 定义描述

使用PUMA方法优化和计划计量校准任务，包含内容：

① 使用千分表测量局部直径尺寸；

② 校准外径千分表；

③ 确定外径千分表校准能否符合测量要求；

④ 设计校准检查表。

另外，本章节内容也包含对于测量不确定度的估计（PUMA方法）和三个基本校准层级水平的评估，分别为：

Ⅲ柱面两点直径测量使用外径千分表，测量过程通过PUMA评估，并设置目标不确定度U_T。

Ⅱ计量特性（影响下级样件测量不确定度）和外径千分表校准。

Ⅰ外径千分表校准标准的计量参数的校准要求（MPE值）。

在基本校准层级水平Ⅲ，两点直径的测量不确定度被评估，外径千分表的计量特性最大允许误差MPEs（the maximum permissible errors）、包含MPE_{ML}（error of indication）、MPE_{MF}（测量支撑面的平面度）和MPE_{MP}（测量支撑面的平行度），被作为未知变量处理。

不确定度宽度的目标值应该为：$U_T \geqslant U_{WP} = f$（MPE_{ML}，MPE_{MF}，MPE_{MP}，其他不确定因素）。

为了确定U_{WP}，外径千分表的计量特性MPE_{ML}、MPE_{MF}、MPE_{MP}三个最大允许误差值可以通过不同方式获得。本例在基本校准层级水平Ⅱ中，这三个值假设未知，通过估计得到。在水平Ⅰ，这三个MPE计量特性可以从千分表计量报告得到。

得到的不确定度的预测值在三个基本校准水平的结果可以做到：

① MPE对于外径千分表可以优化，可以直接改善来自车间的测量不确定度；

② 千分表的校准所使用的测量参考（如检具块、光栅等）的MPE值可以得到优化，可以使测量参考仪器的MPE值达到校准认证的最低要求；

③ 使用检测标准清单来补充，以改善测量不确定度。

(2) 测量两点直径

① 任务和目标的不确定度。

a. 测量任务。

测量任务包括：两点直径，测量的名义尺寸为 ϕ25mm×150mm。

b. 目标不确定度。

目标不确定度设置为 8μm。

② 原则、方法和条件。

a. 测量原则。

测量长度——比较一个已知参考标准长度。

b. 测量方法。

测量使用外径千分表，测量端面为 ϕ6mm，测量范围从 0～25mm，精度为 1μm。

c. 初始测量流程。

应用以下流程：

（a）测量直径时，轴仍然夹紧在加工设备的卡盘中；

（b）轴在测量前经过布的清洁；

（c）千分表机械原理为使用摩擦或棘轮驱动。

d. 初始测量条件。

（a）轴和测量千分表的温度随时间变化，标准温度为 20℃，最大偏离温度为 15℃。

（b）轴和千分表之间的最大温差为 10℃。

（c）工作现场有三个不同的操作者加工同一规格的轴，并使用千分表测量。

（d）轴的圆柱度小于 1.5μm，但柱面的大部分圆度超差。

③ 测量的设置图解，见图 11-11。

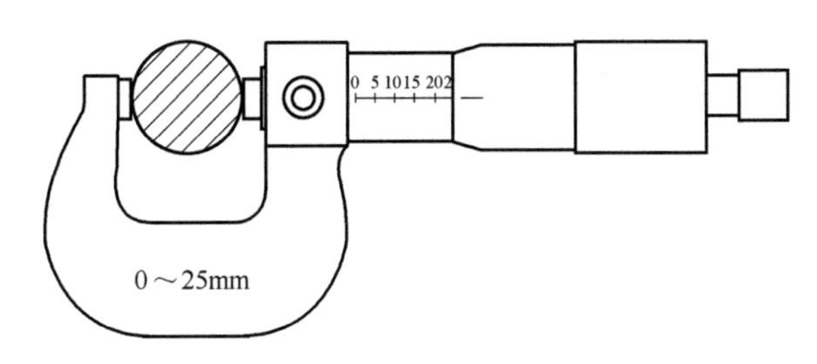

图 11-11　测量设置

④ 不确定度的组成，见表 11-4。

表 11-4　不确定度的列表

低精度	高精度	不确定度组成	备注
u_{ML}		千分表——读数误差	MPE_{ML} 的读数误差是未知变量，初始设置为 6μm，校准后使用零点浮动法，画出相对点直径读数误差曲线
u_{MF}		千分表——测量端面的平面度	两个端面平面度要求 M_{PEMF} 是未知变量，初始设置为 1μm

续表

低精度	高精度	不确定度组成	备注	
u_{MP}		千分表——测量端面的平行度	两个端面平行度要求 M_{PEMP}是未知变量，初始设置为 2μm	
u_{MX}		千分表主轴夹紧和操作时间的影响效果	不考虑此项的影响，没有要求主轴夹紧，定向和操作时间在 0～25mm 以内的测量行程没有影响	
u_{RR}	u_{RA}	精度	$u_{RA}=\frac{d}{2\times\sqrt{3}}=\frac{1\mu m}{2\times\sqrt{3}}\approx 0.29\mu m$	取值为两个中最大的：u_{RR}
	u_{RE}	重复性	三个操作者有相同的可重复性。试验中每个操作者测量"理想"的 ϕ25mm 的塞规至少 15 个值	
u_{NP}		三个操作者之间的 0 点偏差	三个操作者操作千分表方法不同，导致 0 点与设置状态不同。需要进行试验完成这个误差的计算（三个操作者，每人测量 15 次 ϕ25mm 的塞规）	
u_{TD}		温度的差异	测量期间轴和千分表之间的最大温差为 10℃	
u_{TA}		不同的温度膨胀率	最大偏离标准温度（20℃）是 15℃	
u_{WE}		工件的形状误差	圆柱度测量是 1.5μm，圆柱大部分超出圆度值，影响测量直径是 2 倍圆柱度，2μm	

⑤ 第一次迭代。

a. 第一次迭代——记录和计算不确定度。

u_{ML}——千分表——显示误差（Type B 方式评估）。

外径千分表的显示计量特性 MPE_{ML} 通常取值为显示曲线最大区间误差，这个参数同 0 点读数误差无关。0 点读数误差曲线是其他计量特性。

在这个案例中，假设经过了千分表校准流程，读数误差曲线已经获得。

MPE_{ML} 仍然没有确定，但作为不确定预测的重要任务之一，需要初始设置这个参数（假设为 6μm），所以：

$$a_{ML}=6\mu m/2=3\mu m$$

假设为平均分布（进行最差估计，因为此时不能证明测量值符合高斯分布），$b=0.6$，则：

$$u_{ML}=3\mu m\times 0.6=1.8\mu m$$

u_{MF}——千分表——测量端面的平面度。

当读数误差曲线校准一个有平行面的检具块时，平面度偏差在测量轴的直径时是有影响的。

MPE_{MF} 因为不确定，所以设置初始值为 1μm。MPE_{MF} 有两个，其中一个是千分表的两个测量端面，假设为高斯分布（$b=0.5$）。

$$u_{MF}=1\mu m\times 0.5=0.5\mu m$$

u_{RR}——精度可重复性（Type A 估计）。

通过试验，使用 $\phi 25mm$ 的塞规作为工件，三个操作者有同样的可重复性。因此实际工件的形状误差没有包含在可重复性研究中。每个操作者测量 15 个结果，标准差计算为：

$$u_{RR}=1.2\mu m$$

精度不确定度因素 u_{RA} 包含在 u_{RR} 中，这个案例中 $u_{RA}<u_{RE}$。

u_{NP}——三个操作者的 0 点差异。

通过试验测试，三个操作者的 0 点设置差异同标准校准者的比较：

$$u_{NP}=1\mu m$$

u_{TD}——温度差异（Type B 评估）。

工件和千分表的温度差异最大为 10℃，但没有关于它们哪个温度更高的信息。因此假设±10℃，千分表和工件的假设热胀系数 $\alpha=1.1\mu m/(100mm\cdot ℃)$。

$$a_{TD}=\Delta T\times\alpha\times D=10℃\times 1.1\mu m/(100mm\cdot ℃)\times 25mm=2.8\mu m$$

假设为 U 形分布，$b=0.7$，则：

$$u_{TD}=2.8\mu m\times 0.7=1.96\mu m$$

u_{TA}——温度（Type B 评估）。

观测最大偏离标准 20℃温度的值为 15℃，因为没有高低的信息，所以假设为±15℃，假设两个材料的线胀系数（$\alpha_{千分表}$和 $\alpha_{工件}$）的差异为 10%，变化极限值为：

$$a_{TA}=0.1\times\Delta T_{20}\times\alpha\times D=0.1\times 15℃\times 1.1\mu m/(100mm\cdot ℃)\times 25mm=0.4\mu m$$

假设为 U 形分布，$b=0.7$，则：

$$u_{TA}=0.4\mu m\times 0.7=0.28\mu m$$

u_{WE}——工件的形状误差（Type B 评估）。

取一个轴的样件，圆柱度经测量为 $1.5\mu m$，圆柱度代表半径变化量，所以直径偏差需要将圆柱度×2，但目前暂时不需要考虑圆度变小的纠正措施，可得偏差为：

$$a_{WE}=3\mu m$$

根据均匀分布，$b=0.6$，所以：

$$u_{WE}=1.8\mu m$$

b. 第一次迭代——各个不确定因素之间的相关性。

假设各因素之间无相关性，所以为 0。

c. 第一次迭代——不确定度的宽度和综合。

因为假设不确定度之间无相关性，所以按照综合公式：

$$u_C=\sqrt{u_{ML}^2+u_{MF}^2+u_{MF}^2+u_{MP}^2+u_{RR}^2+u_{NP}^2+u_{TD}^2+u_{TA}^2+u_{WE}^2}$$

代入数值：

$u_C=\sqrt{(1.8^2+0.5^2+0.5^2+1.0^2+1.2^2+1.0^2+1.96^2+0.28^2+1.8^2)\mu m^2}$

$u_C=3.79\mu m$

$U=u_C\times k=3.79\mu m\times 2=7.58\mu m$

d. 第一次迭代汇总，见表 11-5。

表 11-5 第一次迭代汇总

不确定度分类	评估方法	分布类型	测量数量	偏差宽度 a^*	相关系数	分布系数 b	备注不确定度 u_{xx}/μm
u_{ML} 千分表——读数误差	B	均匀		3.0μm	0	0.6	1.80(1)
u_{MF} 千分表——测量端面的平面度	B	正态		1.0μm	0	0.5	0.5(3)
u_{MP} 千分表——测量端面的平行度	B	正态		1.0μm	0	0.5	0.5(3)
u_{MX} 主轴夹紧的效果，千分表的定向，操作时间	B	正态		2.0μm	0	0.5	1.0(2)
u_{RR} 重复性/精度	A		15		0		1.20(2)
u_{NP} 三个操作者之间的 0 点偏差	A		15		0		1.0(2)
u_{TD} 温度的差异	B	U		10℃	0	0.7	1.96(1)
u_{TA} 不同的温度膨胀率	B	U		15℃ $\alpha_1/\alpha_2=1.1$	0	0.7	0.28(3)
u_{WE} 工件的形状误差	B	均匀		3.0μm	0	0.6	1.80(1)
综合不确定度标准差 u_C							3.79
不确定度宽度($k=2$)U							7.58

注：表 11-5 中，不确定度因素可以分为 3 个数值较大的值［标记为（1）］、三个中间值［标记为（2）］和 3 个较小的值［标记为（3）］。

e. 第一次迭代——不确定度预测分析，见表 11-6。

$u_{第一次迭代}=7.6\mu m$，小于目标 $U_T=8\mu m$。

从表 11-6 可以看出：

(a) 如果外径千分表无任何误差，U 可以从 7.6μm 降到 6.2μm；

(b) 如果操作者、环境和工件是“完美”的，U 可以从 7.6μm 降到 4.4μm。

表 11-6　第一次迭代——不确定度预测分析

不确定度分类	不确定度因素 u_{xx}/μm	方差 u_{xx}^2	百分比 u_C^2/%	百分比 u_C^2/%	不确定度来源
u_{ML} 千分表——读数误差	1.80	3.24	23	33	测量设备
u_{MF} 千分表——测量端面的平面度	0.50	0.25	2		
u_{ML} 千分表——测量端面的平面度	0.50	0.25	2		
u_{MP} 千分表——测量端面的平行度	1.00	1.00	7		
u_{RR} 重复性/精度	1.20	1.44	10	17	操作者
u_{NP} 三个操作者之间的 0 点偏差	1.00	1.00	7		
u_{TD} 温度的差异	1.96	3.84	27	27	环境
u_{TA} 不同的温度膨胀率	0.28	0.08	0		
u_{WE} 工件的形状误差	1.80	3.24	23	23	工件
综合不确定度 u_C	3.79	14.34	100	100	综合

很明显主导此案例不确定度的显著因素不是测量设备本身，而是测量流程导致的。不确定度宽度的结果 $U=7.6\mu m$，应用 ISO 14253-1 的原则以及对称分布的规律，工件的直径公差带将减少到 $2\times7.6\mu m=15.2\mu m$。按照 $\phi25mm$ 的规格，$15.2\mu m$ 的减少量相当于 IT6 精度公差带（$13\mu m$）。

假设 U 是 10%的工件公差，相当于工件的设计公差应该为 IT10（$84\mu m$）。对于公差等级 IT8（$33\mu m$），U 相当于 45%的公差带，意味着只剩下 10%的公差带供轴的生产精度控制。

如果不确定度的目标 U_T 设置为 $6\mu m$（不是初始的 $8\mu m$），那么初始迭代的结果 $u_{E1}=7.6\mu m$ 就超过目标期望了。需要减少 $1.6\mu m$，这等于降低了 38%的 U^2。

那么从占主要作用的不确定度分析，首先是工件和测量设备间的温度差，可以减少 27%的（占 U^2）不确定度，而不需要改变流程和生产过程的测量温度。

加强三个操作者的训练，会降低可重复性的不确定度 u_{RR} 和 0 点设置不确定度 u_{NP}，可以达到 15%的改善。

工件的形状误差不确定度不可能通过一次测量过程就实现减少，如果测量数量增加，这个误差会减少。但增加测量次数也要考虑会增加测量的时间成本。

不确定度的减少可以有很多方式，这个选择通常是基于成本的考虑。对于这个案例，不可能实现对于测量设备进行降低不确定度，除非是更换更小 MPE 设备来实现。如果测量直径时，测量设备变化没有影响操作者，但是测量时间减少，那么在成本上是可以考虑的。通过这种方法理论上可以降低不确定度，从 $U=7.6\mu m$ 降低到 $2.6\mu m$。

f. 第一次迭代的结论。

根据以上的结论，初始设置的 3 个设备 MPE 值足够满足不确定度目标和实际测量任务。千分表的要求可以是：

(a) 误差曲线（max. －min.）：$MPE_{ML}=6\mu m$（等边要求）；

(b) 测量端面的平面度：$MPE_{MF}=1\mu m$（不等边要求）；

(c) 测量端面的平行度：$MPE_{MP}=2\mu m$（不等边要求）。

千分表应该符合以上的要求。

⑥ 第二次迭代。

设备和流程上只可以进行较小的 U 值减少调整，不能很大程度减少不确定度的原因是测量设备和测量流程不能产生较大变化。

(3) 外径千分表的读数误差校准

① 要求。

测量标准（检具块）的 MPEs 要求还没有建立，接下来的任务是明确这些不确定度的值。

② 任务和目标的不确定度。

a. 任务要求。

任务目的是确定测量显示线性误差的范围。显示误差试验中，有 11 个基本测量，从 0～25mm 划分为 11 个阶梯测量。为了避免复杂的不确定度的计算，直接比较 11 个不确定度（25mm）中最大的和最小的。

b. 基本测量任务。

任务目标是测量 11 个千分表的测量行程的读数误差，测量行程范围设置为 0～25mm：0mm、2.5mm、5mm、……、22.5mm、25mm。

c. 基本测量的目标不确定度。

选择千分表的精度 $1\mu m$ 作为目标不确定度。

③ 原则、方法、流程和条件。

a. 测量原则。

长度测量，比较已知长度。

b. 测量方法。

校准使用 10 个特殊检具块，长度以 2.5mm 递增，$L=2.5mm$、5mm、……、22.5mm、25mm。

c. 初始测量流程。

(a) 外径千分表的读数同检具块的标准长度比较。

(b) 测试显示误差。

$$显示误差=千分表读数-检具块长度$$

d. 初始测量条件。

(a) 校准者是符合条件的。

(b) 室温是受控的。

(c) 室温在一年的变化范围：20℃±8℃。

(d) 每小时的室温变化小于 0.5℃。

④ 测量设置图示，见图 11-12。

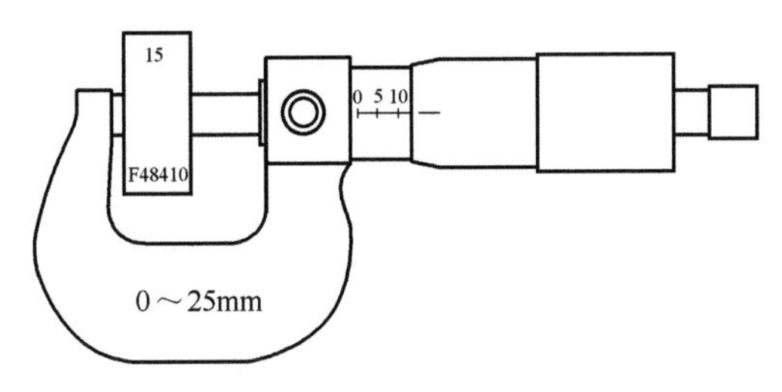

图 11-12　测量设置

⑤ 不确定度的分析，见表 11-7。

表 11-7　千分表在 25mm 测量点校准读数误差

<table>
<tr><th>低精度</th><th>高精度</th><th>不确定度组成</th><th colspan="2">备注</th></tr>
<tr><td>u_{SL}</td><td></td><td>检具块长度——MPE_{SL}</td><td colspan="2">MPE_{SL} 是未知量，根据 ISO 3650 选择初始精度等级 2</td></tr>
<tr><td>u_{RR}</td><td>u_{RA}</td><td>精度</td><td>$u_{RA}=\frac{d}{2\times\sqrt{3}}=\frac{1\mu m}{2\times\sqrt{3}}\approx 0.29\mu m$</td><td rowspan="2">选择较大一项</td></tr>
<tr><td></td><td>u_{RE}</td><td>重复性</td><td>同一个 25mm 检具块上至少测量 15 次</td></tr>
<tr><td>u_{TD}</td><td></td><td>温度差</td><td colspan="2">检具块之间的观察温度差为 1℃</td></tr>
<tr><td>u_{TA}</td><td></td><td>不同的温度膨胀率</td><td colspan="2">偏离 20℃标准温度差是 8℃</td></tr>
</table>

⑥ 第一次迭代。

a. 第一次迭代——记录和计算。

u_{SL}——检具块长度（Type B 方式）。

MPE_{SL} 值仍然没有确定，作为不确定度的一个因素，25mm 的检具块的初始精度级别从 ISO 3650 中选择为 Grade 2：

$$a_{SL}=0.6mm$$

基于检具块的校准试验经验，选择的分布是均匀分布，$b=0.6$，则：

$$u_{SL}=0.6\times0.6\mu m=0.36\mu m$$

u_{RR}——可重复性/精度（Type B 方式）。

重复性试验通过使用一个千分表对一个 25mm 的检具块进行 15 次测量，试验结果的标准差为 $u_{RE}=0.19\mu m$。因此精度不确定度 u_{RR} 选择为 u_{RA}（$u_{RA}>u_{RE}$）：

$$u_{RR}=0.29\mu m$$

u_{TD}——温度差异（Type B 方式）。

千分表和检具块之间的温度差异最大为 1℃，因为不清楚哪个温度偏高，所以假设±1℃，假设千分表和检具块的线胀系数 $\alpha=1.1\mu m/(100mm\cdot ℃)$，则：

$$a_{TD}=\Delta T\times\alpha\times D=1℃\times\frac{1.1\mu m}{100mm\cdot ℃}\times25mm=0.28\mu m$$

假设为 U 形分布，$b=0.7$，则：

$$u_{TD}=0.28\mu m\times0.7\approx0.20\mu m$$

u_{TA}——温度（Type B 方式）。

标准温度为 20℃，记录的变化最大的温度为 8℃，但不知道温度变高 8℃还是变低 8℃，因此假设±8℃。假设 10%的线胀系数和热胀系数差异（$\alpha_{千分表}$和$\alpha_{检具块}$）：

$$a_{TA}=0.1\times\Delta T_{20}\times\alpha\times D=0.1\times8℃\times\frac{1.1\mu m}{100mm\cdot ℃}\times25mm=0.2\mu m$$

假设为 U 形分布，$b=0.7$，则：

$$u_{TA}=0.2\mu m\times0.7=0.14\mu m$$

b. 第一次迭代——不确定因素间的相关性。

假设各因素之间无相关性，因此相关系数为 0。

c. 第一次迭代——不确定度的综合和宽度。

综合公式为：

$$u_C=\sqrt{u_{SL}^2+u_{RR}^2+u_{TD}^2+u_{TA}^2}$$

$$u_C=\sqrt{(0.36^2+0.29^2+0.20^2+0.14^2)\mu m^2}=0.5\mu m$$

25mm 的不确定度宽度为 $k=2$，则：

$$U_{25mm}=0.5\mu m\times2=1.0\mu m$$

0 测量点的不确定度宽度为：

$$U_{0mm}=0.4\mu m\times2=0.8\mu m$$

d. 第一次迭代——不确定度的总结，见表 11-8。

表 11-8 第一次迭代——不确定度的总结

不确定度组成	评估类型	分布类型	测量数量	变量极限 a^*	相关系数	分布系数 b	不确定度 u_{xx}/μm
u_{SL} 检具块长度——MPE_{SL}	B	均匀		0.6μm	0	0.6	0.36

续表

不确定度组成	评估类型	分布类型	测量数量	变量极限 a^*	相关系数	分布系数 b	不确定度 u_{xx}/μm
u_{RR} 精度	B	均匀		0.5μm	0	0.6	0.29
u_{TD} 温度差	B	U		1℃	0	0.7	0.20
u_{TA} 不同的温度膨胀率	B	U		8℃	0	0.7	0.14
综合不确定度 u_C							0.50
不确定度宽度($k=2$)U							1.00

e. 第一次迭代——不确定度分析。

不确定度的主要因素来源于检具块和千分表精度，第二次迭代没有减少测量不确定度因素 u_C 和 U 的可控因子。

无法使不确定度 $U<1\mu m$，因为精度就是 1μm。校准期间观测的温度是 20℃±8℃，这个温度范围没有显著不确定性影响（因为测量行程很短）。

$$MPE_{ML}-2U=6\mu m-2\times1.0\mu m=4\mu m$$

f. 第一次迭代的结论。

经初始假设和设置后，目标不确定度满足期望。可以检验作为参考标准的精度 2 级的检具块，并检验 20℃±8℃的温度条件。

⑦ 第二次迭代。

不需要进行第二次迭代改善。

(4) 测量端面的平面度校准

① 任务和目标不确定度。

a. 测量任务。

外径千分表的两个 ϕ6mm 端面的平面度测量。

b. 目标不确定度。

设置目标不确定度为 0.15μm。

② 原则、方法、流程和条件。

a. 测量原则。

光干涉法——平面度比较（参考一个平面）。

b. 测量方法。

一个光学玻璃放置在测量端面上，平行于待测端面，评估干涉条纹的数量。

c. 测量流程。

(a) 光学平面紧贴待测表面。

(b) 使干涉条纹处于一个几乎对称的图像中。

(c) 平面度的计算使用干涉条纹的数量乘以单色光波长的一半。

d. 测量条件。

(a) 正常温度条件。

(b) 测量前，光学玻璃必须适应温度至少1h。

③ 图示测量设置，见图11-13。

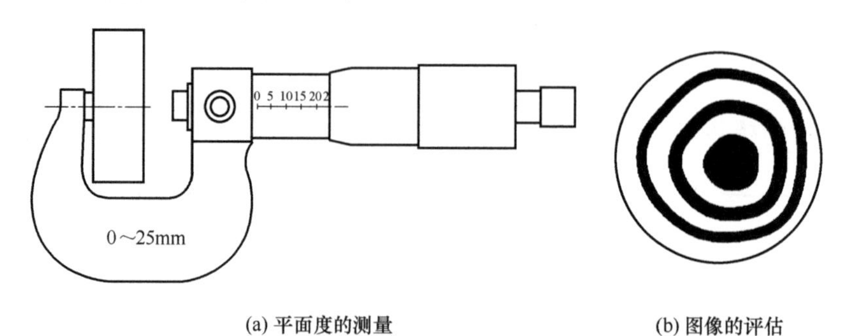

(a) 平面度的测量　　(b) 图像的评估

图11-13　测量设置

④ 不确定度的分析。

千分表测量端面的平面度校准只有两个显著影响因素，即光学玻璃的平面度和干涉条纹图像的读取精度，见表11-9。

表11-9　不确定度的分析

低精度	高精度	不确定度组成	备注
u_{SF}		平面度-MPE_{SF}	光学玻璃是 ϕ31mm,平面度要求覆盖整个表面。实际使用面积从 ϕ6mm 到 ϕ8mm
u_{RR}		精度	精度估计是:0.5×线距(d=0.15μm)

⑤ 第一次迭代。

a. 第一次迭代——记录和计算。

u_{SF}——光学玻璃的平面度（Type B 评估）。

MPE_{SF} 值未知，作为一个不确定因素，初始设置为在 ϕ8mm 面积内为0.05μm，所以：

$$a_{SF}=0.05\mu m$$

假设为均匀分布，$b=0.6$，则：

$$u_{SF}=0.05\mu m\times 0.6=0.03\mu m$$

u_{RR}——精度

光的波长假设为0.6μm，线之间的高度差是半个波长，即0.3μm。假定分辨率为：

$$d=0.5\times 线距=0.15\mu m$$

$$u_{RR}=d/2\times 0.6=0.15\mu m/2\times 0.6=0.05\mu m$$

b. 第一次迭代——不确定因素的相关系数。

假设为0。

c. 第一次迭代——不确定度的标准差和宽度。

$u_C=\sqrt{u_{SF}^2+u_{RR}^2}$

$u_C=\sqrt{(0.03^2+0.05^2)\mu m^2}=0.06\mu m$

$U=0.06\mu m\times 2=0.12\mu m$

d. 第一次迭代——总结，见表 11-10。

表 11-10　第一次迭代——总结

不确定度组成	评估类型	分布类型	测量数量	变量极限 a^*	相关系数	分布系数 b	不确定度 u_{xx}/μm
u_{SF}	B	均匀		0.05μm	0	0.6	0.03
u_{RR}	B	均匀		0.075	0	0.6	0.05
u_C							0.06
$U(k=2)$							0.12

e. 第一次迭代——不确定度预测。

主要不确定度的来源为干涉条纹的显示精度，而光学玻璃的平面度影响比较小。U 应该为千分表的测量端面平面度的 12%，所以最大允许误差 $MPE_{MF}=1\mu m$。

f. 第一次迭代——结论。

目标不确定度满足要求：

$$MPE_{MF}-U=1.00\mu m-0.12\mu m=0.88\mu m$$

g. 第二次迭代。

满足要求，不需要进行第二次迭代。

(5) 测量端面的平行度校准

① 任务和不确定度目标。

a. 测量任务。

千分表的两个 ϕ6mm 端面的平行度测量。

b. 目标不确定度。

设置目标不确定度为 0.30μm。

② 原则、方法、流程和条件。

a. 测量原则。

光干涉法——两个面的平行度比较。

b. 测量方法。

一个两面平行光学玻璃放置在测量端面上，调整平行于其中一个待测端面，另一个端面干涉条纹的数量代表平行度偏差。

c. 测量流程。

(a) 光学平面紧贴一个待测表面，并调整平行（干涉条纹对称分布）。

(b) 千分表另一端接触光学玻璃。

(c) 计数另一端的干涉条纹数量。

(d) 平行度的计算使用干涉条纹的数量乘以单色光波长的一半。

d. 测量条件。

(a) 正常温度条件。

(b) 测量前，光学玻璃必须适应温度至少1h。

③ 图示测量设置，见图11-14。

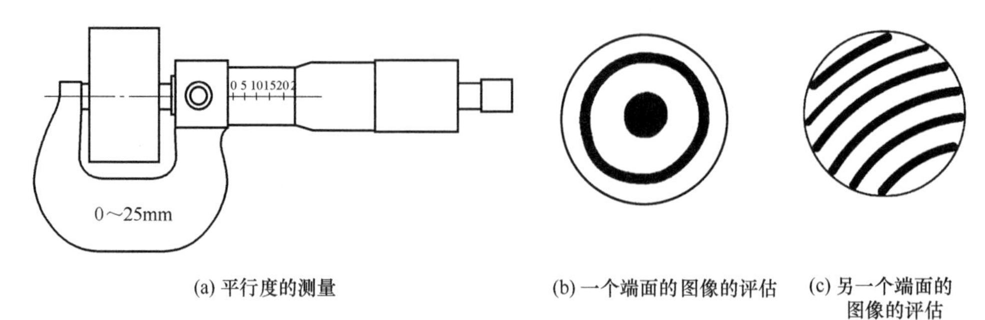

(a) 平行度的测量　(b) 一个端面的图像的评估　(c) 另一个端面的图像的评估

图11-14 测量设置

④ 不确定度的分析。

千分表测量端面的平行度校准有3个显著影响因素：

(a) 光学玻璃的平行度；

(b) 光学玻璃同第一个端面的对齐偏差；

(c) 第二个端面的干涉条纹显示精度。

不确定度的分析见表11-11。

表11-11 不确定度的分析

低精度	高精度	不确定度组成	备注
u_{SP}		光学玻璃平行度——MPE_{SP}	光学玻璃是ϕ31mm，平行度要求覆盖整个表面。实际使用面积从ϕ6mm到ϕ8mm
u_{OP}		对齐第一个端面	最大对齐误差为0.5条干涉线
u_{RR}		精度	估计精度1条干涉线

⑤ 第一次迭代。

a. 第一次迭代——记录和计算。

u_{SP}——光学玻璃的平行度（Type B评估）。

MPE_{SP}值未知，作为一个不确定因素，初始设置为在ϕ8mm面积内为0.05μm，所以：

$$a_{SP}=0.1\mu m$$

假设为均匀分布，$b=0.6$，则：

$$u_{SP}=0.1\mu m\times 0.6=0.06\mu m$$

u_{OP}——对齐第一个端面。

假设光波长为 0.6μm，最大对齐误差 0.5 条线是 0.15μm，则：

$$a_{OP}=0.15\mu m$$

假设为均匀分布，$b=0.6$，则：

$$u_{OP}=0.15\mu m\times 0.6=0.09\mu m$$

u_{RR}——精度。

光的波长假设为 0.6μm，精度假设为一条线=0.3μm，则：

$$u_{RR}=d/2\times 0.6=0.3\mu m/2\times 0.6=0.09\mu m$$

b. 第一次迭代——不确定因素的相关系数。

相关系数假设为 0。

c. 第一次迭代——不确定度的标准差和宽度。

$$u_C=\sqrt{{u_{SP}}^2+{u_{OP}}^2+{u_{RR}}^2}$$

$$u_C=\sqrt{(0.06^2+0.09^2+0.09^2)\mu m^2}=0.14\mu m$$

不确定宽度 $U(k=2)$ 为：

$$U=0.14\mu m\times 2=0.28\mu m$$

d. 第一次迭代——总结，见表 11-12。

表 11-12　第一次迭代——总结

不确定度组成	评估类型	分布类型	测量数量	变量极限 a *	相关系数	分布系数 b	不确定度 u_{xx}/μm
u_{SF}	B	均匀		0.1μm	0	0.6	0.06
u_{OP}	B	均匀		0.15μm	0	0.6	0.09
u_{RR}	B	均匀		0.15μm	0	0.6	0.09
u_C							0.14
$U(k=2)$							0.28

e. 第一次迭代——不确定度预测。

主要不确定度的来源为两个端面的干涉条纹的显示精度，而光学玻璃的平行度影响比较小。

f. 第一次迭代——结论。

目标不确定度满足要求：

$$MPE_{MP}-U=2.00\mu m-0.30\mu m=1.7\mu m$$

⑥ 第二次迭代。

满足要求，不需要进行第二次迭代。

(6) 校准标准要求

通过前面（3）（4）（5）的不确定度分析校准要求。

① 校准块［(3)］。

以上的不确定度的结果是基于校准块的精度级别 Grade 2（ISO 3650）来进行的。校准块的材料为钢（或陶瓷），线胀系数为 $\alpha=1.1\mu m/100mm/℃$。为了避免多种校准块之间的误差，所有的校准块测量都是同一个。

如果将校准块的精度级别从 2 提高到 1，U_{25} 的值会从 1.0μm 降低到 0.8μm，将 MPE_{ML} 从 2.0μm 降低到 1.6μm。但是如果千分表的测量精度是 1μm，MPE_{ML} 的 0.4μm 的改善无法实现。所以在实际测量活动中，这个改善太小，精度无法匹配。

表 11-13 比较了同等条件下的两个精度级别的校准块。在 4 个测量范围中，可以看到精度级别 1 的校准块影响不是很显著。可以得到这样的结论：当前的校准要求下，精度级别为 2 的校准块是足够的。

表 11-13 比较同等条件下的两个精度级别的校准块

测量范围/mm		ISO 3650 校准块精度级别	不确定度/μm				不确定度/μm			
从	到		u_{SL}	u_{RR}	u_{TD}	u_{TA}	u_C	U	MPE_{ML} 的减少 $2U$	精度 1 和 2 的差异
0	25	2	0.34	0.29	0.20	0.14	0.50	1.00	2.00	0.4
		1	0.17				0.40	0.80	1.60	
25	50	2	0.46	0.40	0.40	0.28	0.78	1.56	3.12	0.4
		1	0.23				0.67	1.34	2.68	
50	75	2	0.57	0.50	0.60	0.42	1.05	2.10	4.20	0.5
		1	0.28				0.93	1.86	3.72	
75	100	2	0.69	0.60	0.80	0.56	1.34	2.64	5.28	2.4
		1	0.35				1.20	1.40	2.80	

② 光学玻璃［(4)］。

直径 ϕ31mm 光学玻璃的中心 ϕ8mm 区域的平面度要求为 0.05μm，对于组合不确定度的影响非常小。如果是理想的光学玻璃表面，不确定度会从 $U=0.12\mu m$ 降低为 $U=0.10\mu m$。如果光学玻璃的平面度的最大允许误差 MPE 值增大 50%，那么不确定度会从 $U=0.12\mu m$ 增加到 $U=0.13\mu m$。

假设光学表面通过机械研磨制造，产生了球形表面误差，光学玻璃表面 ϕ8mm 区域的平面度要求为 0.05μm，那么扩展到整体 ϕ31mm 表面上为 1.25μm。1.25μm 是一般企业的测量精度范围，不需要第三方校准实验室完成。

对于光学玻璃的分析结论：

a. 直径 ϕ31mm 光学玻璃表面 ϕ8mm 区域的校准在一般企业是可行的；

b. 直径 ϕ31mm 光学玻璃平行度通常精度在 0.1μm 以内，假设是球形形状误差，意味着是高于假设 5～10 倍精度。

③ 平行度光学玻璃 [(5)]。

千分表的两个端面平行度校准时，直径 ϕ31mm 光学玻璃只有中心 ϕ8mm 区域范围起作用，这个区域的平行度要求为 0.10μm，对于组合不确定度的影响非常小。如果是理想的光学玻璃表面，不确定度会从 $U=0.28\mu m$ 降低为 $U=0.25\mu m$。如果光学玻璃的平面度的最大允许误差 MPE 值增大 50%，那么不确定度会从 $U=0.30\mu m$ 增加到 $U=0.34\mu m$。

假设光学表面通过机械研磨制造，产生了球形表面误差，光学玻璃表面 ϕ8mm 区域的平行度要求为 0.1μm，那么扩展到整体 ϕ31mm 表面上为 0.4μm。0.4μm 是一般企业的测量精度范围，不需要第三方校准实验室完成。

对于光学玻璃的分析结论：

a. 市场上的光学玻璃的平行度非常小，即使将平行度精度从 50% 增加到 100%，影响千分表的不确定度也很小；

b. 直径 ϕ31mm 光学玻璃表面 ϕ8mm 区域的平行度 MPE 精度校准在一般企业是可行的。

(7) 使用补充校准检查清单

在生产区域使用检查清单，规范加工人员的测量设备的设置方法，长期稳定测量设备的精度是非常重要的管理方法。

表 11-14 说明了千分表的不确定度的检查标准，演示了千分表的检查表中如何移除、更改和增加不确定度因素。通过新的检查表和旧的检查表对比，可以知道是否改善了测量活动。

这个案例中使用了 25mm 的校准块，数字显示千分表和一个待测轴（直径 d25mm）。轴的直径公差小于±0.2mm。

千分表的校准流程应该改善，25mm 的测量行程上误差降低。新的 $MPE_{ML\text{-}CH}$ 应该小于 3μm，这要求在短长度上的 1μm 的精度和 $a_{ML\text{-}CH}=1.5\mu m$。

如果在车间环境会导致测量中引入其他不确定因素，假设温度千分表的温度变化小于 3℃，那么这个因素导致的不确定度为 $u_{TI\text{-}CH}=0.6\mu m$。

从表 11-14 中可以看到，检查标准清单并没有显著改善不确定度，原来 $U=7.58\mu m$，改变后为 $U_{CH}=6.74\mu m$，产生 0.84μm 或 11% 的提高。

表 11-14　千分表的不确定度的检查标准

不确定度		评估方法	分布类型	测量数量	误差极限 a	相关系数	分布参数	不确定度 u_{xx}/μm
$u_{ML\text{-}CH}$	千分表显示误差	B	均匀		1.5μm	0	0.6	0.87
u_{MF}	千分表——平面度 1	B	高斯		1.0μm	0	0.5	0.50

续表

不确定度		评估方法	分布类型	测量数量	误差极限 a	相关系数	分布参数	不确定度 u_{xx}/μm
u_{MF}	千分表——平面度2	B	高斯		1.0μm	0	0.5	0.50
u_{MP}	千分表——平行度	B	高斯		2.0μm	0	0.5	1.00
u_{RR}	重复性	A		15		0		1.20
$u_{NP\text{-}CH}$	参考点(25mm)	A		15		0		0.40
$u_{TI\text{-}CH}$	温度差异	B	U		3℃	0	0.7	0.60
u_{TD}	温度差异	B	U		10℃	0	0.7	1.96
u_{TA}	温度	B	U		15℃ $\alpha_1/\alpha_2=1.1$	0	0.7	0.28
u_{WE}	工件形状误差	B	均匀		3.0μm	0	0.6	1.80
组合不确定度 u_C								3.37
扩展不确定度($k=2$)U								6.74

11.5 圆度测量的不确定度

(1) 任务目标

① 测量任务。

测量 ϕ50 mm×100 mm 轴的圆度，圆度误差 4μm。

② 不确定度目标。

设置为 0.2μm。

(2) 原则、方法、流程和条件

① 测量原则。

机械接触，比较圆度特征。

② 测量方法。

设备为圆度测量仪，算法 LSC（最小二乘法）。

③ 测量流程。

a. 工件放置在旋转平台上。

b. 工件中心对齐旋转中心。

c. 测量结果基于旋转平台和软件的计算。

④ 测量条件。

a. 圆度测量仪经过校准，且性能满足测量要求。

b. 温度控制在适当范围，不会影响到不确定度。

c. 操作者的技能满足要求。

d. 工件中心对齐旋转轴，在工件最大高度上的偏差小于 20μm。

e. 工件对齐旋转轴线精度小于 10μm/100mm。

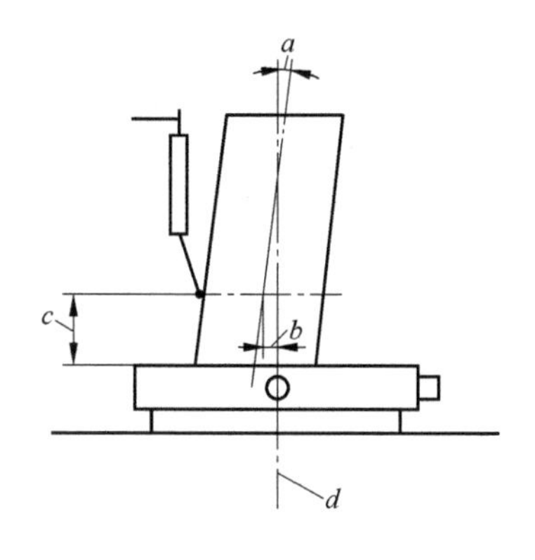

图 11-15　测量设置

a—不对齐；*b*—不对中；*c*—测量高度；*d*—旋转轴

(3) 设置图示

见图 11-15。

(4) 第一次迭代

① 第一次迭代——总结，见表 11-15。

表 11-15　第一次迭代——总结

低精度	高精度	不确定度组成	备注
u_{IN}		噪声	在校准流程中电子和机械噪声是测量常见不确定类型
u_{IC}		闭合误差	校准过程中闭合误差是常见误差
u_{IR}		可重复性	检测可重复性是测量中的必要活动
u_{IS}		主轴误差	主轴的半径误差使用一个标准球进行校准，设备的接收要求是主轴误差（圆度）小于：$MPE_{IS}=(0.1+0.001)\mu m/mm$
u_{IM}		放大率误差	放大率误差使用标定块，设备可以接收的要求是放大率误差小于 4%
u_{CE}		工件的对中	工件的中心线在测量高度上同旋转中心线的偏差为 20μm
u_{AL}		工件的对齐	工件的中心同轴线的对齐小于 10μm/100mm

② 第一次迭代——记录和计算。

u_{IN}——噪声（Type A）。

实验室内进行定期的电子或机械仪器的噪声水平测试。从主轴误差分离出的噪声分析，产生 0.05μm 的峰到峰的影响，假设这个误差同零件的误差相关，且遵循正态分布。为了保证不低估这个影响因素，峰到峰的估计为±2s。

因此产生的不确定度为：

$$u_{IN}=0.05\mu m/4\approx0.013\mu m$$

u_{IC}——闭合误差（Type B）。

试验显示闭合误差小于 $a_{IC}=0.05\mu m$，闭合误差同零件的误差之间的交互作用明显。因此旋转U形分布。

U形分布的参数 $b=0.7$，则：

$$u_{IC}=0.05\mu m\times0.7=0.035\mu m$$

u_{IR}——重复性误差（Type A）。

可重复性的研究已经完成，6σ 的可重复性为 0.1μm，假设为正态分布，所以：

$$u_{IR}=0.1\mu m/6\approx0.017\mu m$$

u_{IS}——主轴误差（Type B）。

根据设备验证书，主轴误差（圆度）应该小于：

$$MPE_{IS}=0.1\mu m+0.001\mu m/mm$$

在测量平台上25mm高度上的最大误差为 $a_{IS}=0.125mm$。

通常假设这个误差为95%（2σ）宽度，这个误差使用相对较低的过滤设置（1～15个波动），通常认为这个误差同零件误差有交互，且符合正态分布（$b=0.5$）：

$$u_{IS}=0.125\mu m\times0.5\approx0.063\mu m$$

u_{IM}——放大率误差（Type B）。

放大率误差要求使用标定块校准在 $MPE_{IM}=\pm4\%$ 之内，被测零件的圆度大约在4μm，极限误差为：

$$a_{IM}=4\mu m\times0.04=0.16\mu m$$

假设均匀分布，$b=0.6$，则：

$$u_{IM}=0.16\times0.6=0.096\mu m$$

u_{CE}——工件的对中（Type B）。

工件的中心对中与旋转中心，在测量高度上小于20μm，产生的最大误差为：

$$a_{CE}<0.001\mu m$$

不确定度为：

$$u_{CE}\approx0$$

u_{AL}——工件的对齐（Type B）。

工件的中心同轴线的对齐小于10μm/100mm，产生的极限误差为：

$$a_{AL}<0.001\mu m$$

不确定度为：

$$u_{AL}\approx0$$

③ 第一次迭代——相关性。

相关性为0。

④ 第一次迭代——不确定度和宽度。

$$u_C=\sqrt{u_{IN}^2+u_{IC}^2+u_{IR}^2+u_{IS}^2+u_{IM}^2+u_{CE}^2+u_{AL}^2}$$

$u_C=\sqrt{(0.013^2+0.035^2+0.017^2+0.063^2+0.096^2+0^2+0^2)\mu m^2}=0.122\mu m$

$U=u_C\times k=0.122\mu m\times 2=0.244\mu m$

⑤ 不确定度的总结，见表 11-16。

表 11-16 不确定度的总结

不确定度名称	评估方法	分布类型	测量数量	误差极限 a^*	误差极限 a/μm	相关系数	分布参数 b	不确定度 u_{xx}/μm
u_{IN}	A		>10			0		0.013
u_{IC}	B	U		0.05μm	0.05	0	0.7	0.035
u_{IR}	A		>10			0		0.017
u_{IS}	B	高斯		0.125μm	0.125	0	0.5	0.063
u_{IM}	B	矩形		4%	0.160	0	0.6	0.096
u_{CE}	B	—		—	<0.001	0	—	0
u_{AL}	B	—		—	<0.001	0	—	0
组合不确定度 u_C								0.122
扩展不确定度($k=2$)U								0.244

⑥ 第一次迭代——不确定度的分析。

目标没有满足，最大的贡献因素为 u_{IM} 和 u_{IS}。

⑦ 第一次迭代——不确定度的分析结论。

u_{IS} 是设备属性，无法更改。而通过较好的校准方法，放大率误差可以缩小到 2%，进而满足不确定目标 $u_T=0.20\mu m$。

(5) 第二次迭代

放大率误差设置为 2%，重新计算满足目标，见表 11-17。

表 11-17 不确定度的迭代

不确定度名称	评估方法	分布类型	测量数量	误差极限 a^*	误差极限 a/μm	相关系数	分布参数 b	不确定度 u_{xx}/μm
u_{IN}	A		>10			0		0.013
u_{IC}	B	U		0.05μm	0.05	0	0.7	0.035
u_{IR}	A		>10			0		0.017
u_{IS}	B	高斯		0.125μm	0.125	0	0.5	0.063
u_{IM}	B	矩形		2%	0.080	0	0.6	0.048
u_{CE}	B	—		—	<0.001	0	—	0
u_{AL}	B	—		—	<0.001	0	—	0
组合不确定度 u_C								0.089
扩展不确定度($k=2$)U								0.178

11.6 关于不确定度的协议原则

本章内容是关于客户和供应商之间对于极可能产生争议的测量不确定性问题，根据ISO 14253-1达成协议的指导原则。

为了避免不必要的接收和拒绝判定争议导致时间上的成本，客户和供应商之间应该在正式协议签署前不但商定好技术要求，也要商定好测量不确定度导致的公差带的放大或缩小问题。当零件使用GPS符号定义后，相应的测量不确定度也要相应定义完成。

不确定度的特点是不同的人因为知识和经验的不同，产生不确定度的结果也不同。如果在合同早期阶段能够达成不确定度操作的一致，那么在生成和发运阶段就不会在争议的问题上浪费时间。解决这个问题可以采用两者中一方的不确定度流程，或者是通过第三方咨询的方式。

代表不确定度置信度的宽度系数k，默认情况下取值为2。如果不确定的主要贡献因子的分布类型是已知的，可以改变k值：

① 均匀分布，k值在1.7～1.8区间，置信度水平为100%；

② U形分布，k值在1.4～1.5区间，置信度水平为100%。

第12章 一般公差

如图 12-1 所示，(a）为零件在图纸上要显示的公差，(b）为进行完整标注的公差。虽然图纸有必要进行充分、完整的公差定义，但是如果将所有公差都进行独立的标注，如（b）图所示，对于设计师来说是个艰巨而且耗时的工作。图中对于所有相对于端面 B 基准的跳动控制，如果都是在 0.1mm 的公差范围内，可以进行统一的标注，也就是一般公差要求方法。一般公差要求降低了设计者的工作负荷，需要标注的公差数量大大减少，设计师可以将精力集中在急切需要解决的技术问题上，而不被这些繁琐的、不必要的公差标注束缚，所以建议图纸包含一般公差的技术要求来辅助公差设计。这也意味着，公差可能独立地标注在零件的特征上，也可能定义在图纸的技术要求或相关技术文档中，接收图纸信息的制造方和检测方需要注意这一点。

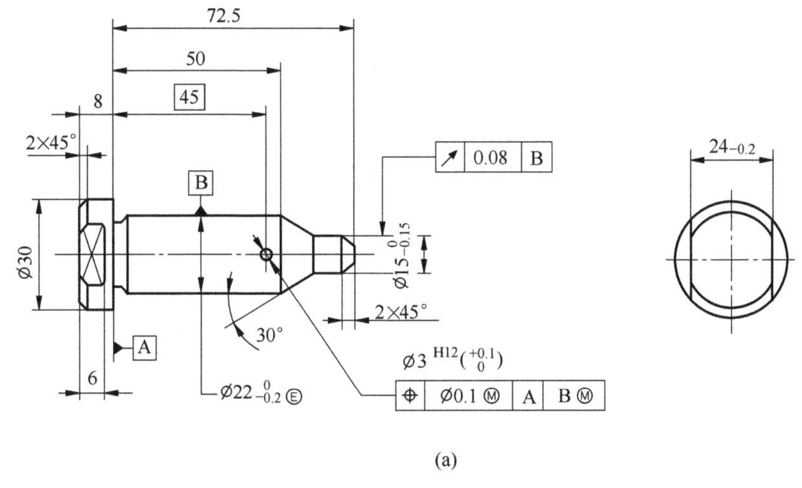

(a)

图 12-1

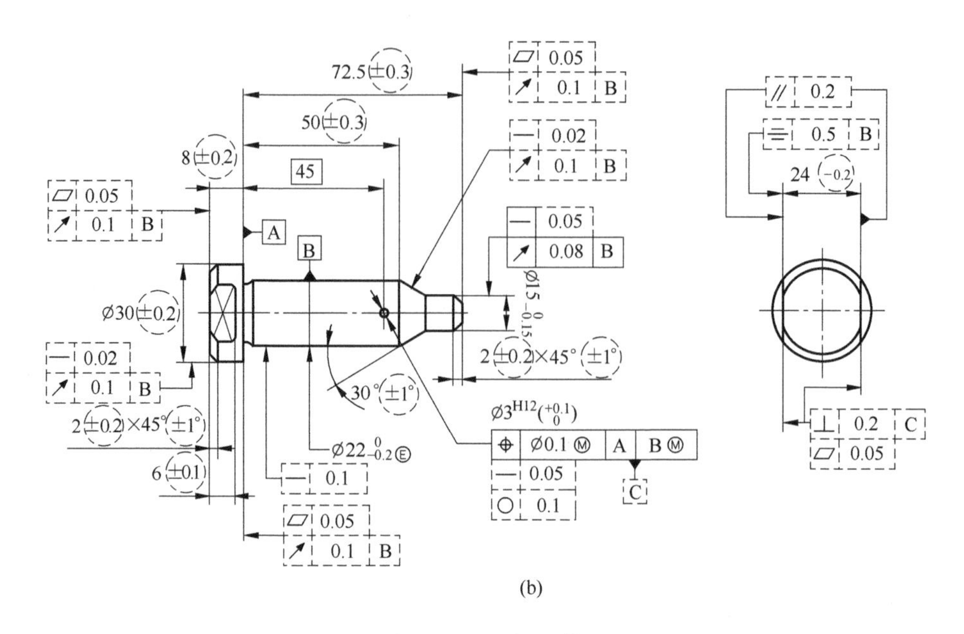

(b)

图 12-1 一般公差

如图 12-2 所示是对于一般公差 ISO 2768 标准在图纸中的引用，mK 表示一般公差对于线性尺寸和几何公差的控制精度级别。这是旧的 ISO 2768-1、ISO 2768-2 一般公差标准，这两个一般公差标准已经被废止。因为 ISO 2768 对线性尺寸使用±公差的定义，按照 ISO 14405 中的解释会产生歧义，导致测量的不确定性。另外 ISO 2768 对于一般几何公差没有明确参考的基准系统，也会导致定义不明确。

GENERAL TOLERANCE
ISO 2768 - mK

LINEAR DIMENSIONS

0.5<t≤3	±0.1
3<t≤6	±0.1
6<t≤30	±0.2
30<t≤120	±0.3
120<t≤400	±0.5
400<t≤1000	±0.8
1000<t≤2000	±1.2

ANGULAR DIMENSIONS

t≤10	±1°
10<t≤50	±30′
50<t≤120	±20′
120<t≤400	±10′
400<t	±5′

DOCUMENT TITLE:
DESIGNED BY: DATE:
CHECKED BY: TPE DATE: SIGNATURE:
FINISH: QUANTITY: 1 Off
DOCUMENT TYPE: Part Drawing PROJECT:
REVISION: DRAWING NUMBER: NEXT ASSY:
THIRD ANGLE PROJECTION SCALE: 1:5 SHEET: 1/1

图 12-2 一般公差标准 ISO 2768 的引用

ISO 22081 一般公差标准合并、更新了 ISO 2768 两个标准，标准发布的目的是避免以往 ISO 2768 在一般公差上解释的异议。作为图纸上必然出现的标准，制造型企业和工程师有必要关注这个新标准的内容。

表 12-1 是图纸技术要求的一般内容，其中为了完善公差定义，1♯、4♯和 5♯的内容必须显示在图纸的技术要求内。1♯表示几何公差遵循的标准体系，根据

ISO 8015 的规则，如果出现任何 ISO GPS 的标准号，那么整体的 ISO GPS 被引用。5# 表示一般公差的几何公差所参考的名义尺寸为数模尺寸，4# 使用 5# 的名义尺寸定义的轮廓度作为一般公差的要求。

表 12-1　图纸要求

项目	技术要求	目的	无相关技术要求时的默认条件
1	引用 ISO　GPS	ISO 8015	ISO GPS 系统整体引用
2	对于需要表面处理或有涂层的零件,图纸必须明确是否是表面处理之前或之后的尺寸	尺寸要求是表面处理之前或尺寸要求是表面处理之后	如果没有明确尺寸同涂层要求,图纸不完整
3	夹紧要求	例:基准特征 A 通过转矩为 10～14N·m 的 6 个 M6 螺栓扭紧后测量	如果没有夹紧要求,所有公差是在自由状态下测量
4	一般公差要求	一般公差要求：⌓ ×.× | A | B | C	如果无一般公差,零件所有特征都必须进行公差定义
5	名义尺寸	名义尺寸请参考数模	如果没有这个要求,所有名义尺寸必须标注

一般公差应用原则如下。

原则 A：图纸上只能在图框处，按照表 12-2 和表 12-3 的格式进行一般几何公差和一般线性尺寸、角度公差的定义。

表 12-2　一般几何公差

分类	图框处的一般公差要求
一般几何公差	⌓ 0.12 | A | B | C

表 12-3　一般线性尺寸、角度公差

分类	图框处的一般公差要求
尺寸、角度公差	尺寸公差：$+t_5/-t_6$ 或 $\pm t_5$ 或 JS_n/js_n[a,b]
	角度公差：$+t^\circ_7/-t^\circ_8$ 或 $\pm t^\circ_7$

a. n 代表根据 ISO 286-1 和 ISO 286-2 公差等级(例如 JS13/js13)。

b. “JS/js”是根据 ISO 286 配合公差给出的例子。

原则 B：一般公差在图纸上的要求方法如图 12-3。一般公差引用 ISO 22081 标准定义原则，图纸中未单独标注的、有名义尺寸定义的特征的一般几何公差使用 ⌓ 0.5 | A | B | C 统一定义。所有未注的线性尺寸的公差遵循 ISO 14405 包容原则 Ⓔ，默认公差为±0.25mm。所有未注的角度公差为±0.5°。

对于线性尺寸公差的一般公差，如果需要分段进行不同的精度定义，可以按照表 12-4 形式进行要求。

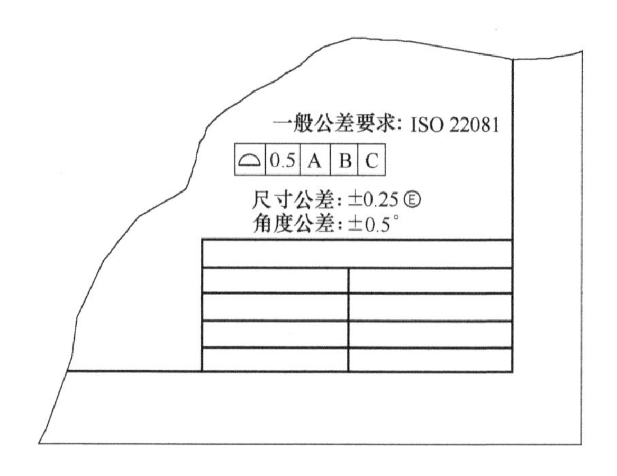

图 12-3 一般公差的图纸要求

表 12-4 一般公差的分段精度

名义尺寸系列	≤6	6＜S≤10	10＜S≤25	25＜S≤50	50＜S≤100	100＜S≤250	250＜S≤500
公差系列	±0.1	±0.2	±0.3	±0.4	±0.5	±0.75	±1

原则 C：一般几何公差使用表 12-2，使用面轮廓度定义，需要注意基准框架的选择。

原则 D：

① 一般公差不约束产品表面皮纹导致的尺寸偏差要求；

② 一般几何公差定义的各个特征之间遵循独立原则；

③ 一般公差不包括如螺纹、倒角、边缘这些 CAD 数模简化表示的特征。

原则 E：为了进行一般几何公差定义，必须建立一个基准框架。

原则 F：一般几何公差的参考基准框架必须约束全部公差带的自由度，但不必是全部 6 个自由度。这些组成基准框架的基准特征需要在图纸中明确独立定义，而不应该进行一般公差要求。但是一般几何公差可以应用于非一般公差使用基准框架以外的基准特征。

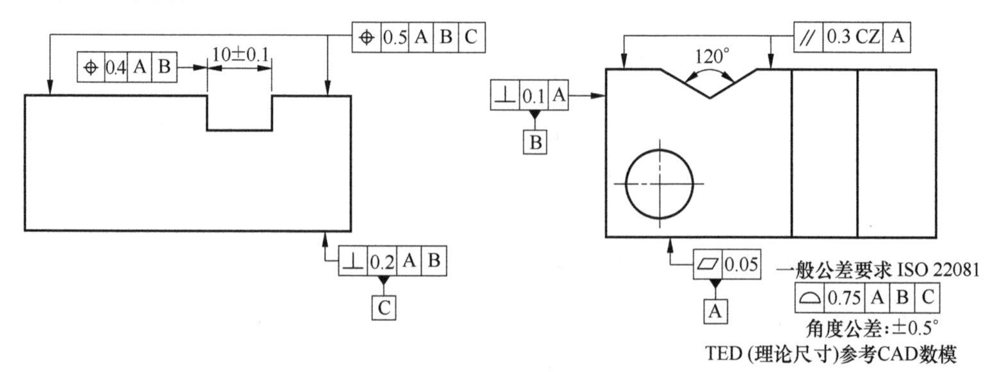

图 12-4 一般公差分析

原则 G：图纸中的一般线性公差和一般角度公差应用在那些有线性尺寸和角度标注的特征上。如图 12-4 中的 120°，以及图 12-5 中的 ϕ10 和 10 两个尺寸遵循一般公差要求。同时可以根据 ISO 14405 的要求修正这些一般线性公差和角度公差。

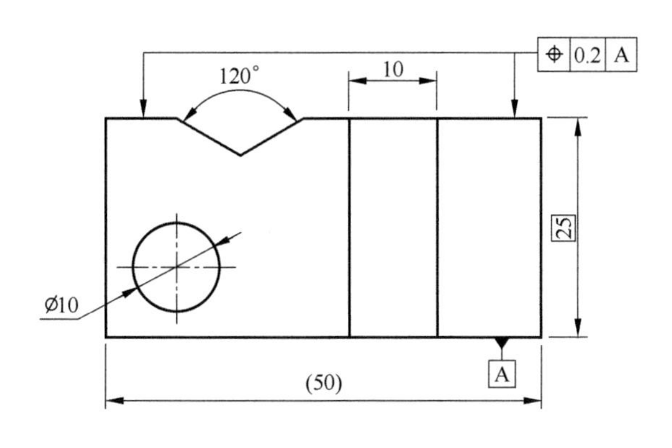

图 12-5　一般公差要求

原则 H：

一般尺寸公差的要求对于尺寸特征的应用范围包括：

① 标注为名义尺寸，且没有公差标注；

② 非 TED 尺寸，即有矩形框；

③ 非辅助参考尺寸。

如图 12-6 所示，图纸公差定义不充分，两个尺寸特征 10 没有公差要求，因为一般公差按照原则 H，不包含在一般公差定义的范围。

图 12-4 中的一般几何公差要注意不包含（如图 12-7 中的非阴影区域）：

① 不包含 120°定义两个平面，这个角度面应该遵循一般角度公差定义，也就是说这两个平面无位置定义，缺少必要的设计信息；

② 不包含两个相距 10mm 的平面，因为有独立的尺寸公差定义；

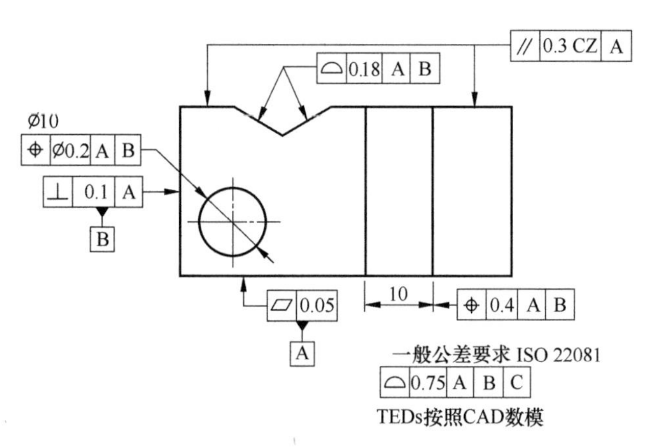

图 12-6　缺少一般尺寸公差要求案例

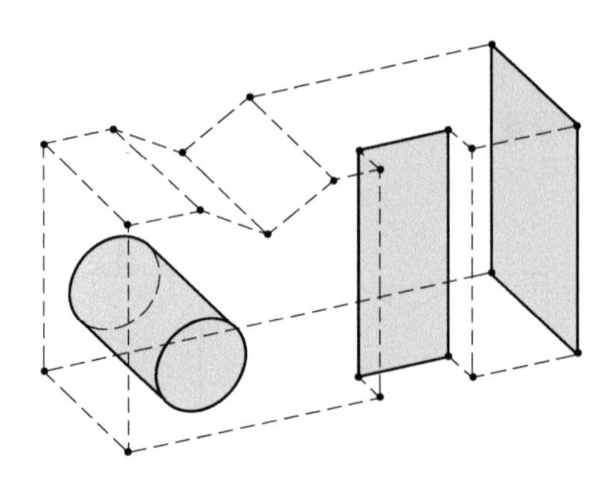

图 12-7 阴影为包含的一般公差特征

③ 不包含两个相距 10mm 平面的中心面，因为有独立的位置度定义；

④ 不包含基准 A，因为基准 A 有特殊平面度定义，且一般几何公差参考基准 A；

⑤ 不包含基准 B，已经有垂直度定义，且一般几何公差参考基准 B；

⑥ 不包含基准 C，已经有垂直度定义，且一般几何公差参考基准 C；

⑦ 不包含相对于基准 A 的两个平面，因为已经有独立的位置度定义。

图 12-5 中零件的一般公差不包含一般线性尺寸公差（如图 12-8 所示非阴影区域）：

① 两个相距 25mm 的平面，根据 H 原则，这两个面有 TED 理论尺寸 25mm 的定义，应遵循一般几何公差要求；

② 两个相距 50mm 的平面，根据 H 原则，这两个面有参考尺寸 50mm 的定义，应遵循一般几何公差要求。

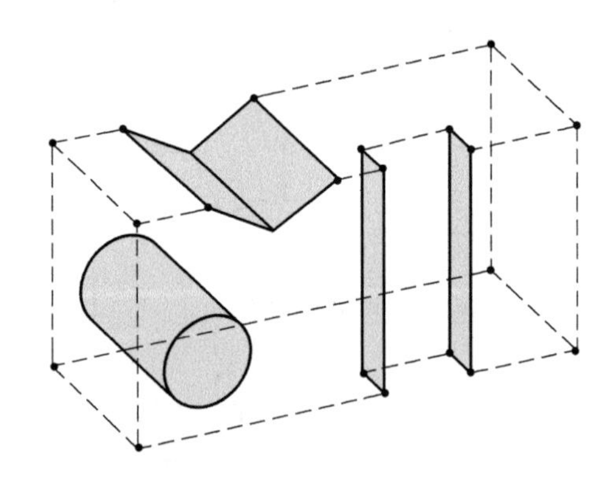

图 12-8 阴影为包含的一般公差特征

第2部分

ASME GD&T几何公差

第13章 ASME GD&T基础

13.1 什么是 ASME GD&T?

GD&T 同 GPS 概念相同，也是一种精确的数学工程语言，描述了零件特征的大小、形状、方向和位置要素。同样也强调设计者应该基于产品功能目的设计尺寸，基于功能的公差设计可以扩大可用的制造公差而降低产品的制造成本，而超出制造工艺精度范围的公差，则降低了产品的竞争力。

产品的设计图纸会从设计部门流转到制造部门和检测部门，不同公司或国家的这些部门间的沟通应该使用像 GD&T 这种国际化的共同语言，这个语言要求必须精确，没有逻辑上的歧义。能够充分解读 GD&T 的图纸，也就是根据 GD&T 图纸输出检测计划应该包含：

① 如何检测这个零件?

② 检测的频率是多少?

③ 需要使用到什么测量设备?

④ 如果使用三坐标 CMMs，需要在公差特征上取多少点?

⑤ 测量系统的 GR&R 是多少?

⑥ 如何克服零件测量中的偏斜问题?

完全符合 GD&T（geometrical dimensioning and tolerancing）要求的图纸可能过于复杂，如果没有充分的关于 GD&T 功能尺寸的知识，在应用自动化检测设备（如三坐标设备，CMMs）进行测量时，就无法辨识和解决问题。GD&T 标准体系内容对于测量假设的是传统的功能检具、止通规和环规等，而不是自动化测量设备。三坐标所代表的自动化测量设备采用的是数学和统计计算的结果（如最小二乘法、切比雪夫法等），这导致传统的功能检具和自动化检测设备之间的测量结果不一致。

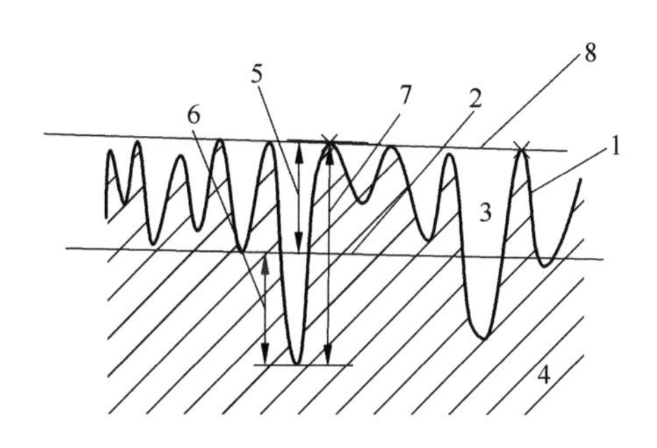

图 13-1　自动化检测和传统检具检测对比

1—公差特征；2—切比雪夫法（minimax）或最小二乘法（least squares，高斯法）拟合的平面；
3—材料外部；4—材料内部；5—P，峰值参数；6—V，最大谷深度参数；
7—T，公差带范围，$T=P+V$；8—传统检具通过峰值点相切线建立的拟合表面

如图 13-1 所示，b 是自动化检测设备创建的拟合表面，h 是传统检具通过峰值点相切线建立拟合表面，这两个表面存在显著的差异，进而导致以这两种算法创建的基准框架所定义的尺寸的结果不同。自动化检测设备的表面并不是 GD&T 标准描述中公差特征的表面，如果测量者不意识到这种差异，会产生误判或漏判，必然导致质量问题的产生，当公差标注趋于更加严格，这种差异就会更加明显。

13.2　GD&T 和 GPS 的区别

ASME Y14 包括 12 个 GD&T 的基本标准，包含了工程图纸的全部规范，如图纸尺寸和格式、符号、尺寸与公差、技术资格认证和数字化定义等。其中 Y14.5 建立了工程图纸中尺寸和公差要求的符号、定义、原则、默认要求和案例的集合。虽然 GD&T 是产生于美国本土，是由美国的军方、企业和社会组织联合创建的标准体系，但是因为其同 ISO GPS 一样被其他国家广泛采用，所以也被认为是国际标准。制定 GD&T 标准的专家代表分别来自航空、汽车、建筑机械、办公用品、半导体和尺寸分析软件行业。

GD&T 和 GPS 大部分符号和原则是相同的，对比各自的代表标准，ASME Y14.5 最新版本是 2018 版，大概是每隔 10 年更新一次，内容比较稳定；ISO 1101 最新版是 2017 版，大概 3 年更新一次，相关的 200 多个标准版本的更新不是同步的。ASME Y14.5 相当于 ISO 1101（几何公差部分）、ISO 5459（基准部分）、ISO 5458（阵列特征部分）、ISO 1660（轮廓度部分）综合一起的内容。ISO GPS 自述评价是迄今最为完善、精确的一门工程语言，但是因为过于庞大复杂的逻辑体系导致难以被掌握。据调查，即使是欧洲的中小型以下的企业也难以推广。但是毫无疑问的是，如果得到推广，制造产业的能力必然大幅提升，所以欧洲在全范围推

广ISO GPS上是不遗余力的。美国在制造业上对于GD&T同欧洲有相同的认识，美国军方一直积极发起并参与GD&T的制定和发行。除了对于GPS的借鉴，美国对于GD&T的标准也有独特的创新，经过多年发展，如今已经体系完善。

GD&T和GPS最大的区别是独立原则和包容原则的默认规则不同，GD&T默认包容原则，GPS默认独立原则。但对于包容原则的解释，GD&T和GPS是相同的，两个标准体系差异只在于标注的方式不同，图13-2分别是GD&T的包容原则图纸标识方法和GPS的包容原则图纸标识方法。包容原则是针对全局尺寸、间隙装配的目的使用的。图13-3分别是GD&T的独立原则图纸标识方法（a）和GPS的独立原则图纸标识方法（b）和（c）。独立原则是局部尺寸，即每个横截面上的两点尺寸，GPS对于独立原则有两种标注方式。

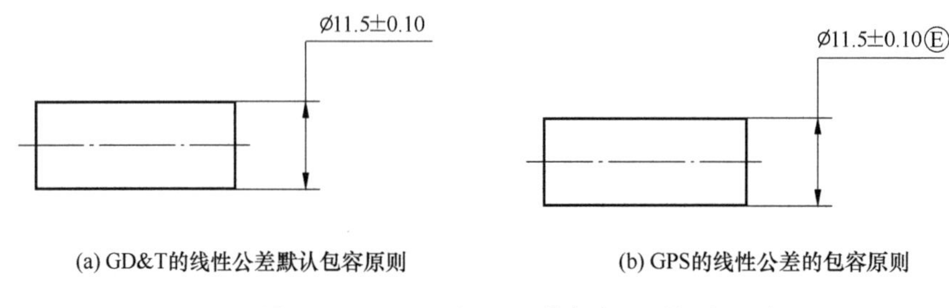

图13-2 GD&T和GPS的包容原则标注区别

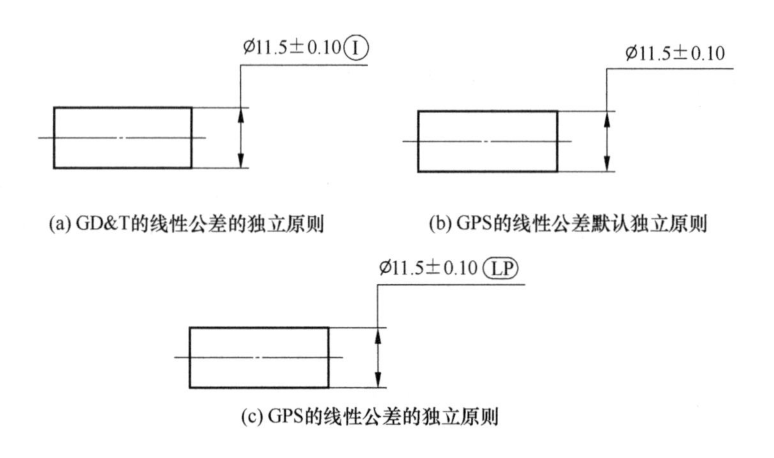

图13-3 GD&T和GPS的独立原则标注区别

13.3 GD&T的基本应用原则

尺寸和公差应遵循的基本设计原则如下。

① 零件的所有特征需要充分公差定义，公差分为线性尺寸和参考名义尺寸，将公差定义到公差控制框中的几何公差。公差可以独立标注于图纸的零件特征上，也可以以一般公差的方式标注于图纸中的技术要求或标题栏中。对于参考尺寸、原材料尺寸（如板材、棒料等）不需要公差定义。

② 除了零件尺寸和公差的充分定义，也应该避免逻辑歧义。

③ 参考尺寸的使用应该尽量减少。

④ 尺寸的定义应该基于功能的目的。

⑤ 虽然图纸中尺寸没有规定工艺制造方法，比如一个孔的直径标注，没有特指需要钻、研、镗或冲压等，但是按照确定的制造方法、质量控制或环境信息来定义图纸要求是必要的。

⑥ 可能存在一些非强制性的制造尺寸，如表面处理后的允许尺寸范围、收缩率允许尺寸范围等需要图纸中明确标记符号“NONMANDATORY（MFG DATA)”。

⑦ 尺寸标注应该布置合理，容易读取。

⑧ 正交视图中的尺寸应该是数模的真实值。

⑨ 线材、板材、棒料在图纸中应该标注线性公差和在括号中显示材料代码。

⑩ 正交视图中的90°角为默认角度，不必注明。

⑪ 同心控制的公差特征间的中心距离名义尺寸为0mm，不必注明。

⑫ 默认情况下，所有尺寸的环境温度为20℃（68°F)。

⑬ 默认情况下，所有尺寸是自由状态下尺寸（无限刚性的意思）。

⑭ 默认情况下，所有公差特征和基准特征定义区域包含全部长度、宽度和高度。

⑮ 尺寸和公差仅仅在受约束的图纸中有效，不做扩展。比如零部件的图纸尺寸和公差要求不代表在总成图纸中的要求。

⑯ 默认情况下，图纸中的坐标系为右手原则的直角坐标系，如图13-4所示。

⑰ 默认情况下，受控特征面的所有纹理和缺陷（如毛刺、划伤等）都应在规定的公差范围内。

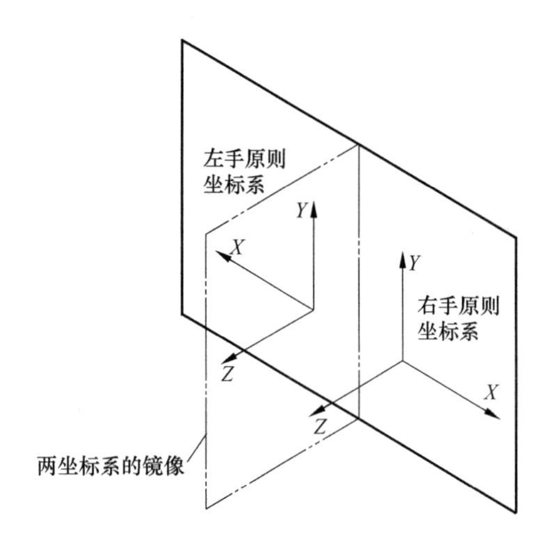

图13-4 左右手原则坐标系的建立

第14章 GD&T 符号集合

14.1 ASME Y14.5—2018 几何公差标准控制符号

ASME Y14.5—2018 版标准有 12 个公差控制符号（表 14-1），相对比 ISO 1101—2017 版标准和中国几何公差标准 GB/T 1182—2018 版标准少了同轴度（同心度）◎、对称度⌯两个控制符号（表 14-2），这反映了 Y14 委员会对于这两个控制方式不推荐使用的意愿。对于同轴度和对称度这种特殊的定位控制方法，Y14.5—2018 推荐使用位置度、轮廓度和跳动控制来解决。在 GD&T 的历史上，对称度控制是第二次从标准中取消。

表 14-1 GD&T 的 12 个公差控制符号

符号	名称	参考基准	分类
—	直线度	不参考基准	形状
⏥	平面度		
○	圆度		
⌭	圆柱度		
⌒	线轮廓度	可以参考基准或不参考基准	轮廓
⌓	面轮廓度		
//	平行度	必须参考基准	定向
⊥	垂直度		

续表

符号	名称	参考基准	分类
∠	倾斜度	必须参考基准	定向
⌖	位置度		定位
↗	圆跳动		跳动
⌰	全跳动		

表 14-2　Y14. 5—2018 取消的两个控制方式

◎	同轴度
⌯	对称度

如图 14-1 所示的 GD&T 标注图中（根据 ASME Y14. 41），当引线是指向一个线元素（图中的孔），引线的端点为箭头。当引线指向的为面，端点应该为圆点。当引线终止于零件的边缘，表示为零件的隐藏面。

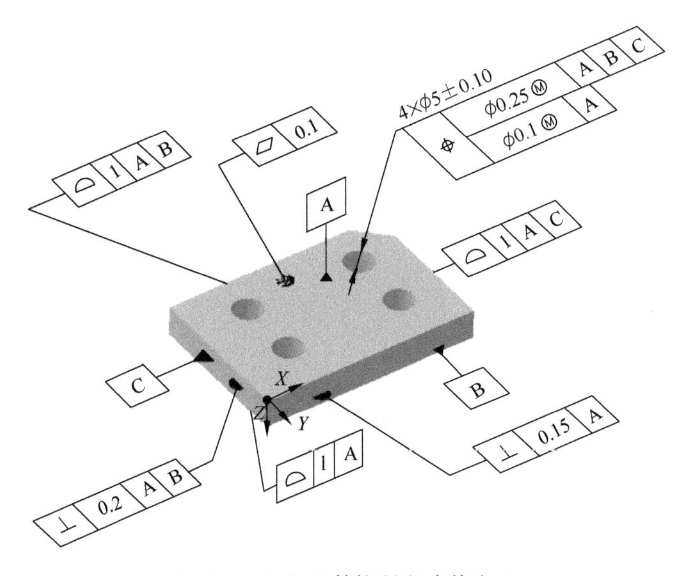

图 14-1　几何公差控制方式的应用

图 14-2 是对于图 14-1 的 GD&T 标注的解读。顺序性的设计流程中，首先使用平面度定义 A 基准［F1］，垂直于 A 基准面建立第二基准面 B［F2］，垂直于基准面 A 和 B 建立第三基准面 C［F3］，形成 *XYZ* 右手原则的坐标，坐标原点在零件的顶面左下角。平行于 A 基准面，使用轮廓度定义底面［F4］，对于底面，|B|C|基准的定位约束是多余的。对于侧面［F5］使用轮廓度定义，基准框架是

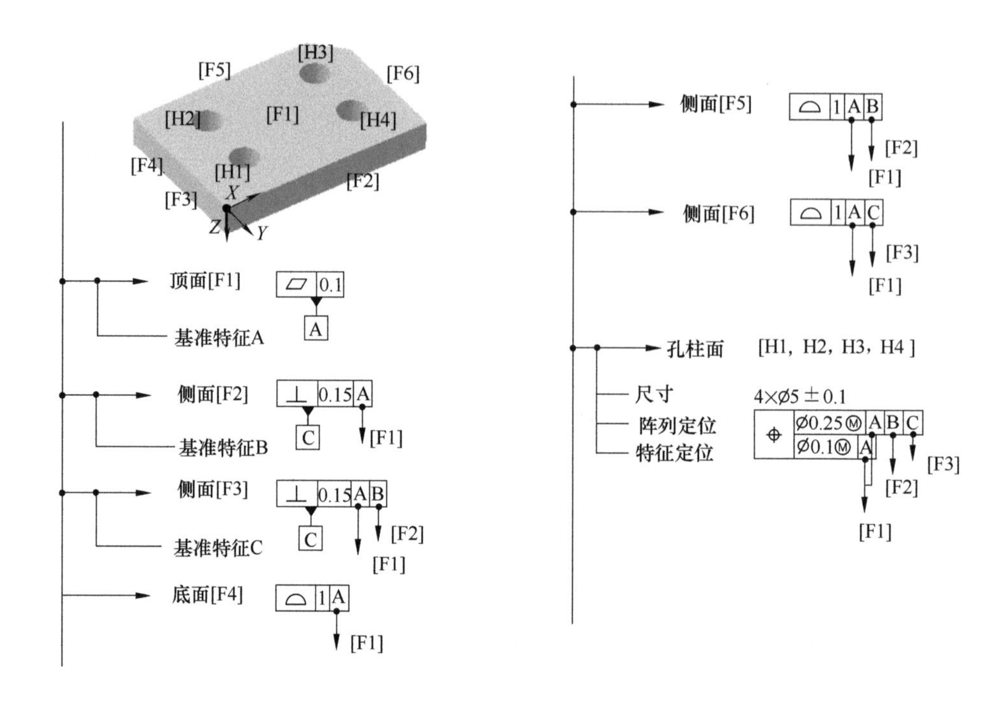

图14-2 GD&T控制符号与模型

A|B，垂直于A基准面，定位于B基准面建立。对于侧面［F6］使用轮廓度定义，基准框架是 A|C，垂直于A基准面，定位于C基准面建立。对于4个柱面孔［H1，H2，H3，H4］使用尺寸公差定义，阵列约束定位于基准框架 A|B|C，对于特征阵列（4个孔之间的相互定向和定位）定位于基准框架 A。

14.2 ASME Y14.5—2018几何公差标准修正符号

GD&T修正符号见表14-3。

表14-3 GD&T修正符号

修正符号	名称	修正符号	名称
Ⓜ	最大实体条件	Ⓕ	自由状态
Ⓛ	最小实体条件	Ⓣ	相切平面
Ⓟ	投影公差	Ⓤ	不等边公差带

续表

修正符号	名称	修正符号	名称
Ⓘ	独立原则	（　）	参考尺寸
		[15]	名义尺寸
⟨ST⟩	统计公差	←→	之间
		→	从……到……
⟨CF⟩	连续特征	□	正方形
		⌒	弧长
		⌀→	线性尺寸起点
ϕ	直径	(应用到一周符号)	应用到一周
Sϕ	球直径	(应用到全部符号)	应用到全部
SR	球半径	△	动态轮廓度

图 14-3～图 14-6 是线性尺寸的修正符号，包含沉孔和倒角的标注方法。

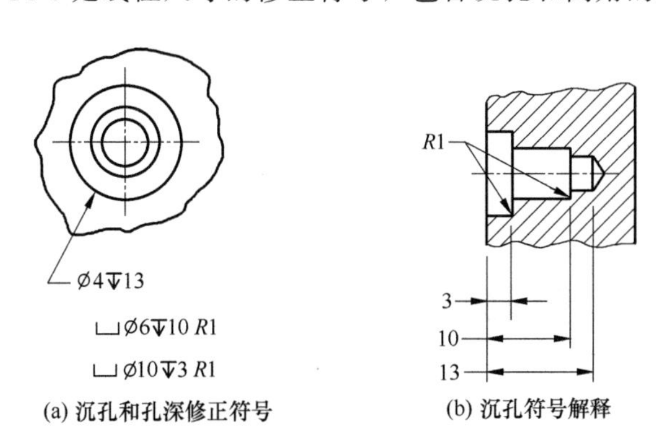

(a) 沉孔和孔深修正符号　　(b) 沉孔符号解释

图 14-3　沉孔和孔深符号标注及解释

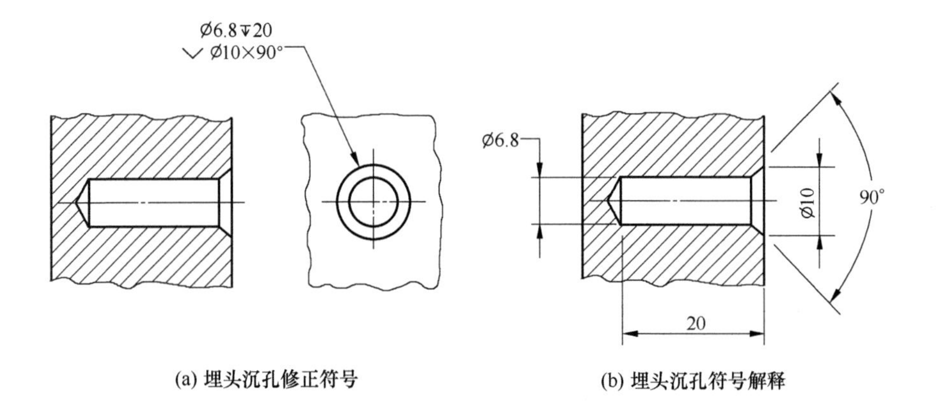

(a) 埋头沉孔修正符号　　(b) 埋头沉孔符号解释

图 14-4　埋头沉孔符号标注及解释

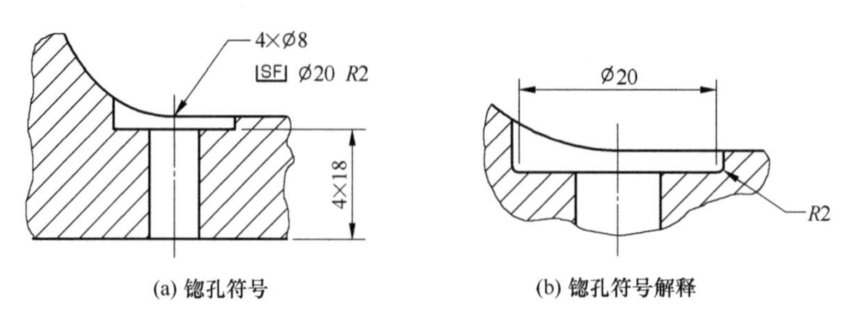

图 14-5 锪孔符号标注及解释

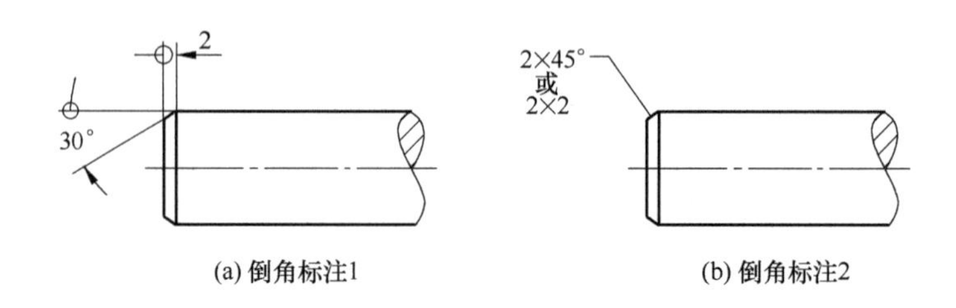

图 14-6 外边缘倒角标注的方法

14.3 基准参考框架

图 14-7 所示是 GD&T 的公差控制框语法结构，基础应用上同 GPS 比较接近，分三部分：控制符号框、公差框和基准框。公差控制框上侧可能有尺寸特征。因为

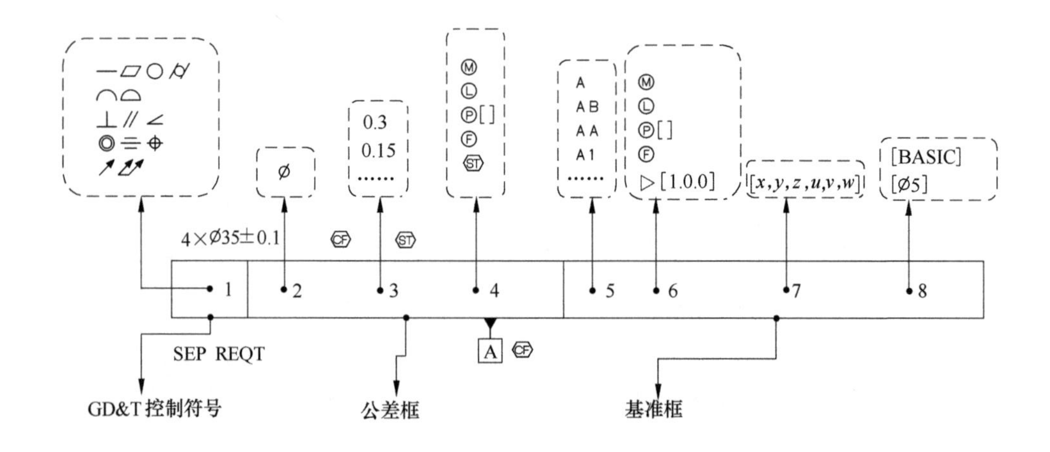

图 14-7 GD&T 公差控制框语法结构

GD&T 默认同步原则，如果不同的公差特征参考同一基准框架，那么默认这些公差特征按照同步原则进行检测。如果需要取消同步原则，那么在公差控制框下注明符号“SEP REQT”，进行独立原则修正。在公差控制框内：

① Y14.5—2009 版有 14 种几何公差控制方式，Y14.5—2018 版有 12 种几何公差控制方式，减少了同轴度和对称度控制。

② 公差带形状，ϕ 表示圆柱面或圆形公差带，无 ϕ 表示平行线、平行面或等距线公差带形状。

③ 公差值，距离单位，默认 mm。

④ 公差带的修正符号，注意必须是三种实体材料修正方式——最大实体材料条件 MMC、最小实体材料修正条件 LMC 或材料独立原则条件 RFS 中的一种，默认（即无Ⓜ Ⓛ符号）情况下为独立原则 RFS。Ⓟ [] 为投影公差，[ ] 中或独立标注中需要给出虚拟配合件高度，为名义尺寸。Ⓕ为自由状态修正符号，假设零件具有无限刚性，不在任何外力（包括重力）下变形。⟨ST⟩为关键特性符号，此几何公差为关键特性尺寸，需要进行统计过程控制（SPC，statistical process control）。

⑤ 基准框最多可有三个，分别为主基准框、第二基准框和第三基准框。三个基准的优先性按照从左到右的顺序排列，默认情况下，建立右手原则的直角坐标系。基准的符号可以选择除了 I、O、Q 以外的英文字母。这些字母也可以组合使用，如 AA、AB、A1……可以保证足够使用。

⑥ 基准的修正符号，注意必须是三种实体材料修正方式——最大实体材料条件 MMB、最小实体材料修正条件 LMB 或材料独立原则条件 RMB 中的一种，默认（即无Ⓜ Ⓛ符号）情况下为独立原则 RMB。Ⓟ [] 为投影公差，[ ] 中或独立标注中需要给出虚拟配合件高度，为名义尺寸。Ⓕ为自由状态修正符号，表示此基准只约束定位，不施加约束力（如夹紧）进行测量。▷表示可移动基准，[1，0，0] 表示移动方向矢量沿着建立基准的 X 轴。

如图 14-8 所示，柔性冲压件发动机盖板外蒙皮的 GD&T 定义，柔性件允许约束状态下测量。发动机盖板使用基准目标定义，虚引线表示基准目标面在零件的内表面。按照整车坐标系 XYZ，基准目标 A1～A4 约束 Z 方向，B1 和 B2 辅助约束 Z 方向，C1 和 C2 约束 Y 方向，D1 约束 X 方向。公差特征发动机盖徽标安装孔的基准 B1 和 B2 使用了Ⓕ修正，表示在 B1 和 B2 自由状态，即夹紧前测量。另外对于两个轮廓度，分别为 B1 和 B2 在夹紧测量和夹紧后测量影响的轮廓度误差定义了允许的公差区间。多种 GD&T 控制方式和修正方法赋予了设计人员更大的灵活性，更加贴合实际生产制造状态开发产品，反过来，这些 GD&T 要求也约束了制造过程的工艺控制。

⑦ 基准的自由度约束修正。如图 14-9（a）所示，基准 A 后有 [x，y，u，v] 修正，A 基准是锥面特征，默认可以限制 5 个自由度，但是自定义基准中将 z 方向的自由度转移到基准 B 上，所以基准 B 是一个可移动基准。同时因为基准 B

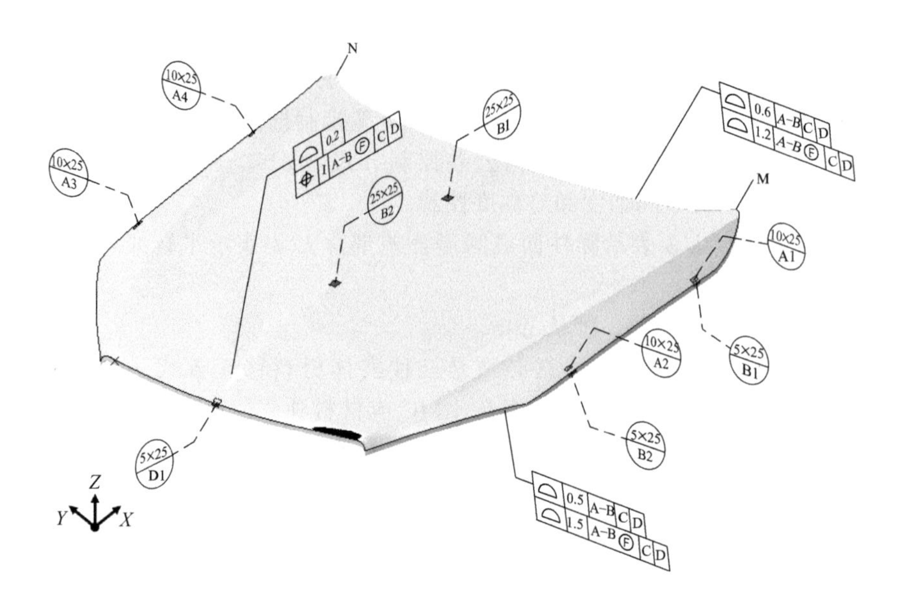

图 14-8 自由状态

是一个平面，默认约束 3 个自由度，u、v 自由度如果不起作用，那么 B 基准面只需要 1 个点接触。x、y、z、u、v、w 的方向如图 14-9（b）所示。

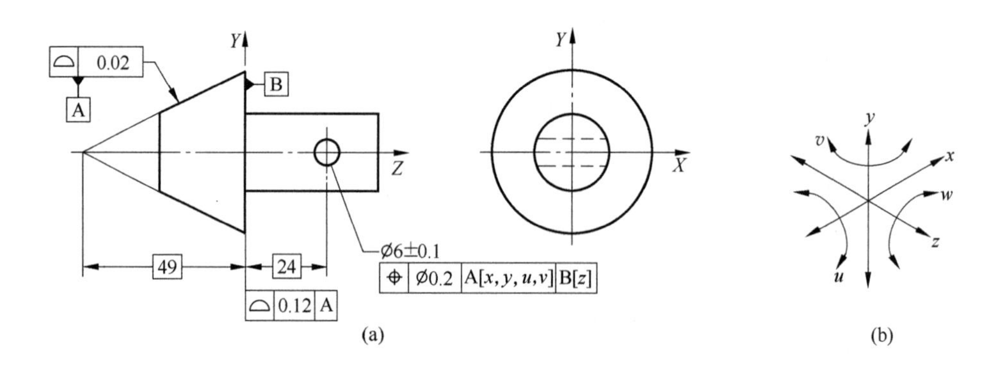

图 14-9 自定义基准框架

⑧ 如果特定的基准销尺寸已经定义，可以使用［size］修正基准符号，此时 RMB、LMB 和 MMB 的计算规则不再适用。

如图 14-10 所示，C 基准指定设计值为直径 $\phi 7.7$mm 的柱面模拟。图 14-11 所示以［BASIC］值定义，相距 A 基准水平方向 5mm 的名义尺寸的基准面 B，零件存在绕 A 基准旋转自由度，当旋转到固定在 5mm 水平距离的 B 基准特征面至少一点接触时停止旋转，完成定位设置，如图 14-11（b）所示。

⌖	Ø0.8Ⓜ	A	B	C[Ø7.7]

图 14-10 基本尺寸定义的基准销方法

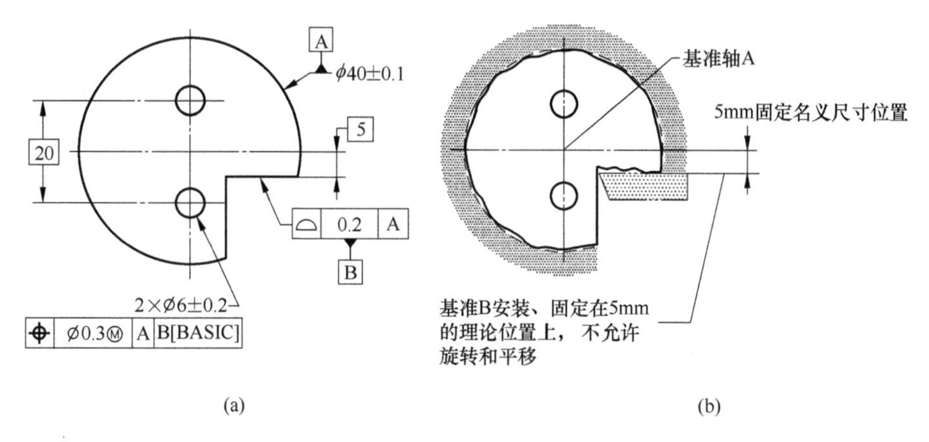

图 14-11　基准［BASIC］修正标注和解释

14.4　统计公差

统计公差（statistical tolerance）起源于人们对于合格品中的优等品和次等品的划分。

如图 14-12 所示，越接近中间尺寸（设计理论值）产品的品质越优，相反，接

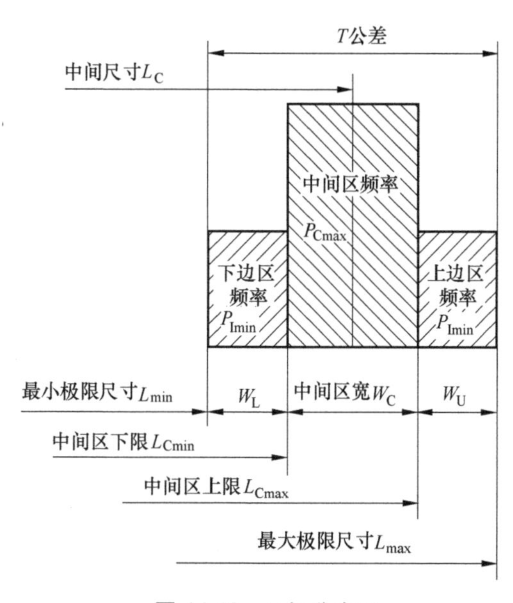

图 14-12　区间分布图

近公差上下限边缘位置的品质越劣。如果将公差区域分成三段，希望中间优等区域越宽越好（频率高），两侧劣等区域越窄越好（频率低）。

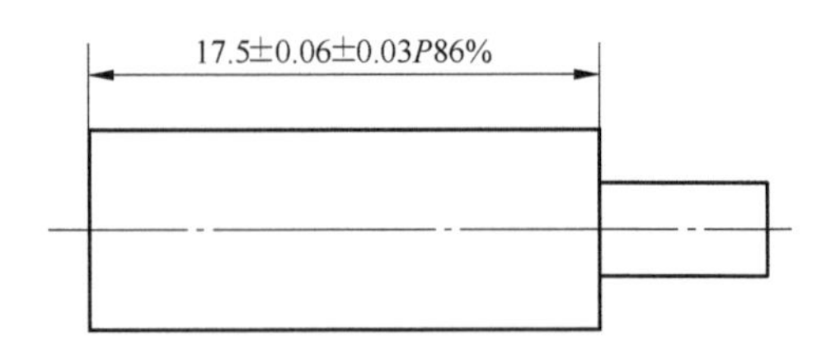

图 14-13 1974 年西德“统计公差”要求

如图 14-13 所示是 1974 年西德关于优等品划分的统计公差技术规范，图中零件要求的公差范围为 ±0.06mm，加严要求在中间尺寸 17.5mm 两侧的宽度为 ±0.03mm 的频率为 86%。但是大家都对这个中间宽度的频率技术规范不统一，直到统计科学的发展，这个问题终于得到解决。零件生产制造的尺寸公差符合正态分布，如图 14-14 所示。而正态分布的 1 倍 σ 曲线下面积为 68.2%，2 倍 σ 曲线下面积为 95.4%，3 倍 σ 曲线下面积为 99.73%。

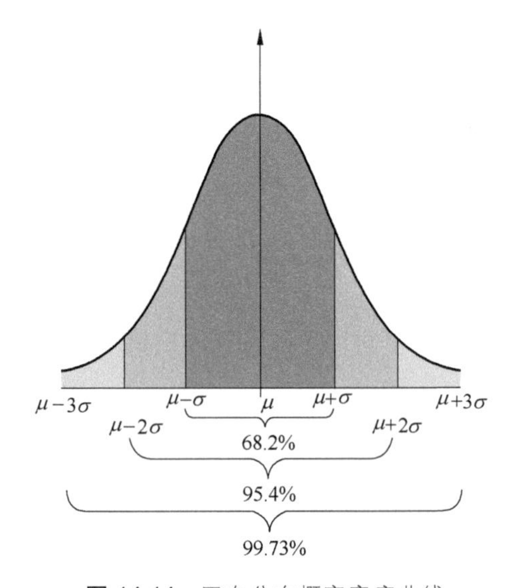

图 14-14 正态分布概率密度曲线

根据正态分布的规律，统计公差的理念被广泛应用于生产制造中，创造了以下的过程能力指数：

$$C_{pk}=\left\{\frac{\text{USL}-\mu}{3\sigma},\frac{\mu-\text{LSL}}{3\sigma}\right\}$$

$$C_p=\frac{\text{USL}-\text{LSL}}{6\sigma}$$

式中 C_{pk}、C_p——过程能力指数；

USL——公差上限；

LSL——公差下限；

σ——标准差。

当 C_{pk}=3 时，在中值左右对称 1 倍标准差内包含 68%的频率，在 2 倍标准差内包含 95.4%的频率，3 倍以外的标准差只有 0.27%频率。质量控制上对于统计公差又称为关键特性尺寸，需要进行 SPC（统计过程控制，statistical process control）。其目的就是跟踪工艺过程能力指数 C_{pk} 稳定在一定水平上（比如 1.0、1.33、1.67、2.0 等），达到集中在中间值的优等品的频率的质量稳定效果。同时 C_{pk} 稳定，就代表质量和缺陷得到控制，不必进行 100%检验，达到“质量是通过统计控制，而不是检验获得”的目的。

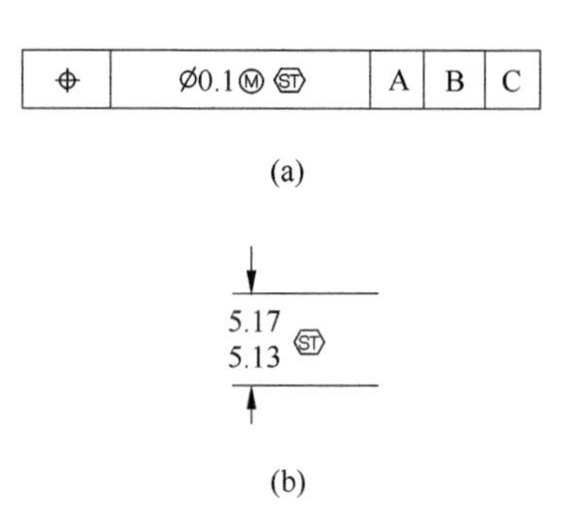

图 14-15　几何公差和线性公差的 ST 要求

正是根据现代的质量管理理念，Y14.5 结合统计公差管理在公差设计中引入 ST 统计公差的控制方式。如图 14-15 所示，(a) 为几何公差的统计公差控制方式，(b) 为线性尺寸的统计公差控制方式。

第15章 GD&T 原则和概念

15.1 公差原则 1#

实际加工零件必然存在公差，而形状不规则的零件［图 15-1（b）］无法直接判定结果，需要首先拟合成规则的几何特征（如球面、圆柱面、平行面、平行线等），实际包容边界 AME（actual mating envelope）就是针对这个拟合规则而定义的。AME 是 GD&T 建立公差原则，面向功能设计的重要概念。AME 边界是在材料外部的理想边界，对于外部特征（如轴、凸台等），AME 边界与零件接触的最小理想几何特征（如柱面、平行面等），然后使用这个 AME 边界作为尺寸特征的测量结果。而对于内部特征（如孔、槽等），AME 边界与零件接触的最大理想几何特征（如柱面、孔等），然后使用这个 AME 边界作为尺寸特征的测量结果。图 15-1 中表示了 GD&T 几何公差控制中存在的两种 AME 边界：

① 不相关 AME（unrelated AME），如图 15-1（c）所示。图中的外部特征柱面 $d16.5$mm 在制造过程中不可避免产生误差，如图 15-1（b）所示。任何特征只存在一个不相关 AME 边界。

② 相关 AME（related AME），如图 15-1（d）所示。相关 AME 边界也是同零件的高点接触形成的相似圆柱面，但圆柱面需要受到参考基准平面 A 的垂直约束。这个圆柱面在功能上相当于配合特征垂直于 A 基准面的最小匹配边界。同时柱面轴线公差带 $d0.2$mm 也是垂直于基准平面 A 建立的。取决于参考基准的条件，相关 AME 存在多个。

GD&T 的公差原则♯1（Rule ♯1）也称包容原则（envelope rule）、泰勒原则（Taylor rule）。包容原则通过创建 MMC 理想边界实现面向功能的设计目的，即当零件的所有局部尺寸（每个截面上的两点尺寸）等于最大实体尺寸时，此零件为理

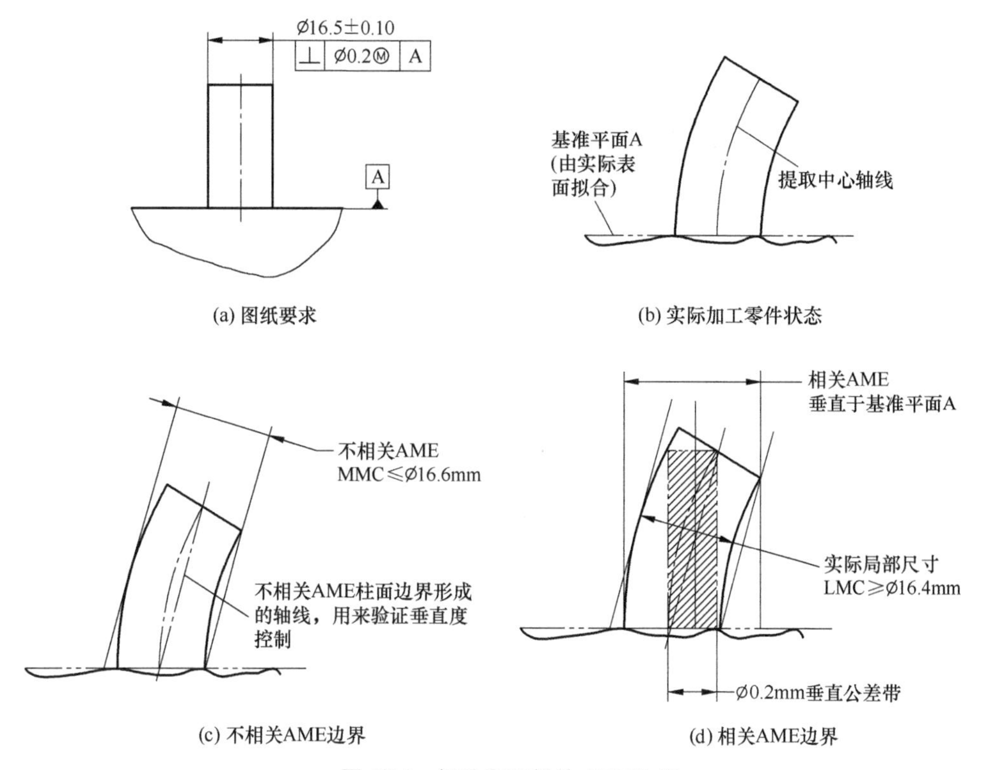

图 15-1　相关和不相关 AME 边界

想状态的原则，此时形状公差（如直线度、平面度等）为零。这个 MMC 理想边界处于材料外部，功能上用作装配的边界，质量控制中使用的通规就是检验包容原则边界的测量设备。

Y14.5—2018 对于包容原则应用定义了 5 条规则：

① 实际尺寸特征的表面高点不能超出 MMC 理想边界，所谓理想边界相当于图纸或数模的设计理论几何状态，无任何几何公差。除非 MMC 理想边界原则取消（如独立原则等），零件的表面都不允许超过这个边界。如图 15-2 所示，柱面直径 ϕ16 为尺寸特征，(a) 为外部特征，MMC 边界为 ϕ16.20mm，为理想边界；(b) 为内部特征，MMC 边界为 ϕ15.8mm，为理想边界。

② 当特征局部尺寸从 MMC 变化到 LMC，局部的形状公差（如直线度、平面度等）可以相应地获得补偿。如图 15-2 (a) 所示，直线度在外部特征尺寸从 MMC ϕ16.2mm 变化到 LMC ϕ15.8mm 时，轴柱面表面的允许直线度相应增加到 0.4mm。如图 15-2 (b) 所示，直线度在内部特征尺寸从 MMC ϕ15.8mm 变化到 LMC ϕ16.2mm 时，孔柱面表面的允许直线度相应增加到 0.4mm。

③ LMC 理想边界不是默认原则，但是可以按照④原则要求那样一个边界。因此以 LMC 尺寸制造的特征可以获得符合理想边界 MMC 原则条件下的最大形状公差。计算参考图 15-3 所示的内外尺寸特征方法。

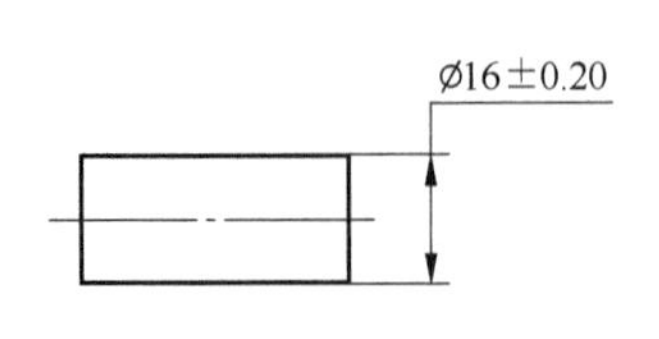

	直径Ø	直线度	装配边界Ø
MMC	16.20	0	16.20
↓	16.10	0.1	16.20
	16.00	0.2	16.20
	15.90	0.3	16.20
LMC	15.80	0.4	16.20

(a) 外部特征的包容原则

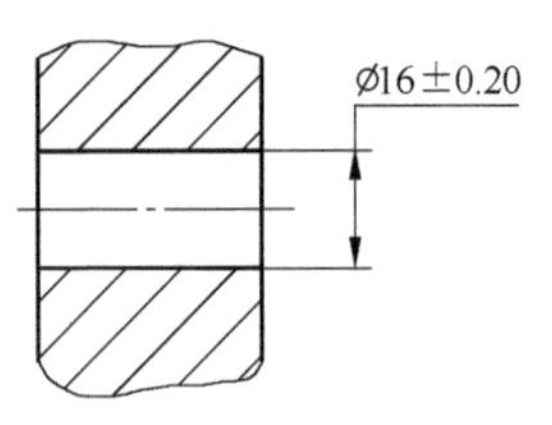

	直径Ø	直线度	装配边界Ø
MMC	15.80	0	15.80
↓	15.90	0.1	15.80
	16.00	0.2	15.80
	16.10	0.3	15.80
LMC	16.20	0.4	15.80

(b) 内部特征的包容原则

图 15-2 内外部特征的包容原则

④ 当理想边界定义为 LMC，MMC 理想边界原则就不适用。

⑤ 当尺寸特征的局部区域无相对点，则在这一区域内的由 AME 边界到相对点局部尺寸实际值不应该超过 LMC 边界。如图 15-3（a）所示情况，轴的键槽部分包含在 *d*13.52～13.50mm 要求内，但是通过横截面在键槽部位无法得到点到点的直径测量，此时的边界建立方式是使用不相关 AME（unrelated actual mating envelope）边界作为相对点，（b）图中键槽部位的直径应在 LMC 尺寸 *d*13.50mm 之内。

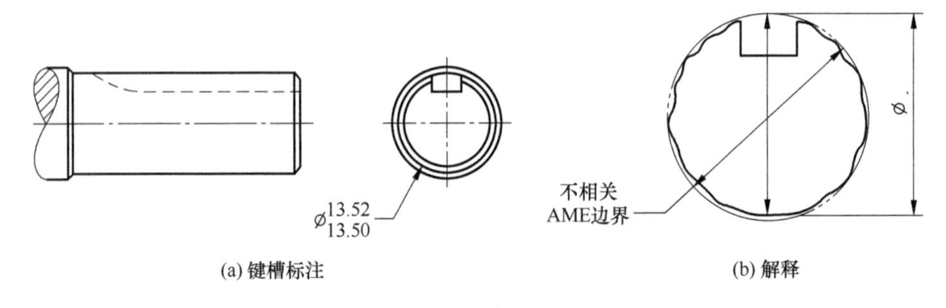

(a) 键槽标注　　(b) 解释

图 15-3 无相对点的尺寸应用原则

在一些情况应用需要退出包容原则，免除条件如下：

① 棒料、线材、板料等原材料尺寸是根据工业或国家标准要求的几何公差极限值生产，如果使用原材料加工的产品图纸没有要求直线度、平面度或其他几何公差，那么按照这些标准要求的几何公差执行。

② 当尺寸公差使用自由状态符号Ⓕ，如图 15-4 所示。

③ 当形状公差（直线度、平面度）定义尺寸特征，如图 15-5 所示。

④ 当独立要求符号Ⓘ应用时。注意此时的公差特征的形状控制没有充分定义，必须独立定义。如图 15-6（a）所示，零件的高度是 10.7～10.8mm，使用独立原

则符号Ⓘ修正，需要增加平面度约束以充分定义上表面，导致设计产生的装配边界因实际加工尺寸不同而不同，如图 15-6（b）所示。

⑤ 当使用直径平均值符号 AVG 时，如图 15-7 所示，AVG 修正的尺寸上下极限值（ϕ1195～1200mm）是零件截面上多个直径尺寸的平均值验收范围，所以不适用包容原则。

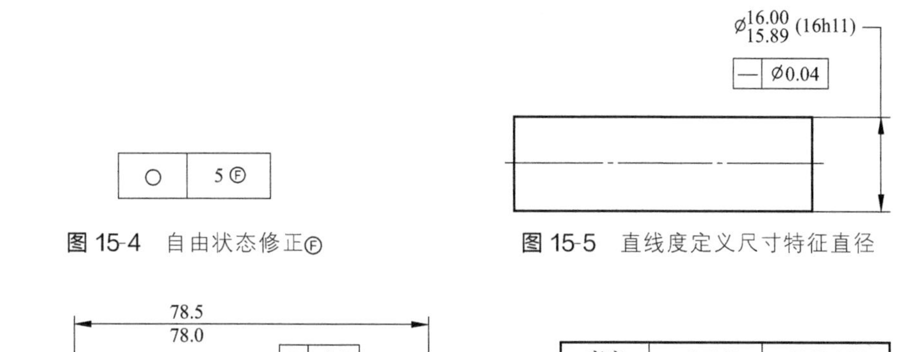

图 15-4 自由状态修正Ⓕ

图 15-5 直线度定义尺寸特征直径

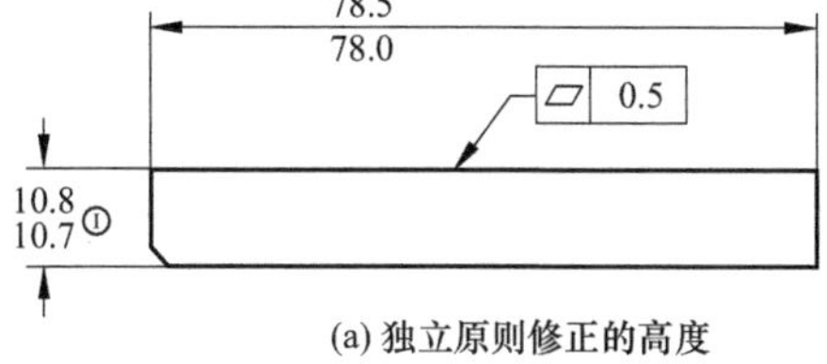

(a) 独立原则修正的高度

	高度	平面度	最差边界
MMC	10.8	0.5	11.3
LMC	10.7	0.5	11.2

(b) 独立原则的最差边界计算

图 15-6 独立原则符号的应用Ⓘ

包容原则实质等同于 MMC 理想边界的建立原则，但是尺寸公差的包容原则是不相关 AME 边界，无法控制特征之间的定向或定位关系，比如垂直度控制、同轴控制或对称控制等。如果需要建立相关 AME，并且边界值仍然等于 MMC 理想边界，可以使用以下方式：

① 倾斜控制、垂直控制或平行控制可以使用 MMC 修正的 0 公差设计。如图 15-8 所示，垂直度是 0 公差，MMC 修正。相关 AME 边界等于 MMC 理想边界 ϕ15.80mm，同图 15-2（b）所示相同的结果。

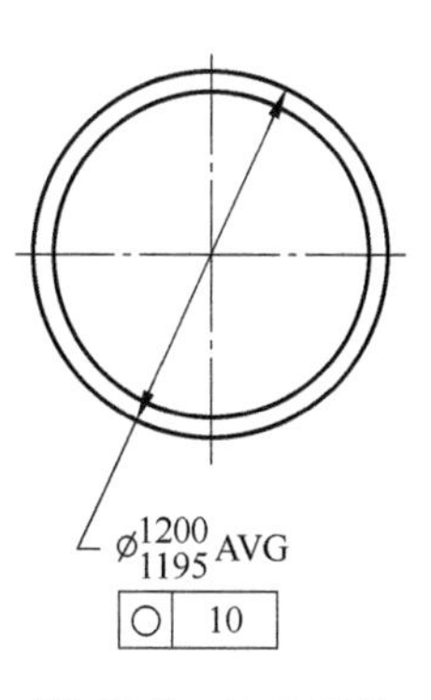

图 15-7 AVG 平均尺寸的修正

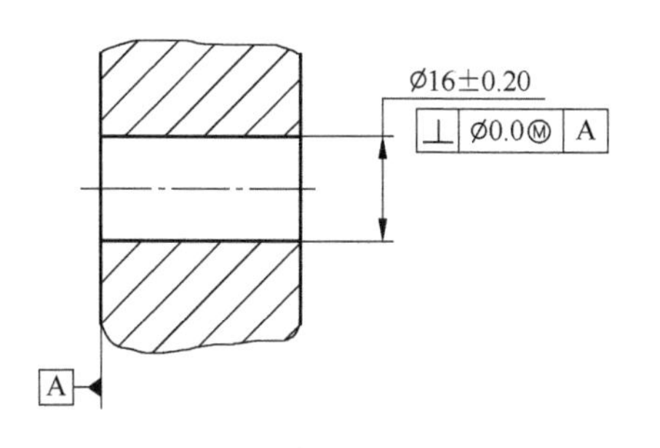

图 15-8 垂直度 0@MMC

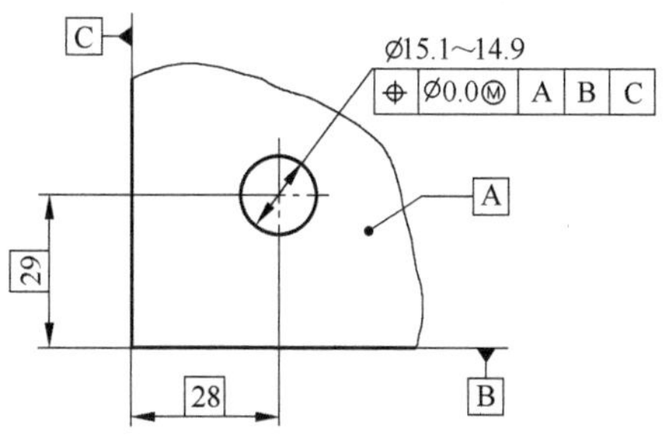

图 15-9 位置度 0@MMC

② 位置度可以使用 MMC 修正的 0 公差设计。如图 15-9 所示，位置度是 0 公差，MMC 修正。相关 AME 边界等于 MMC 理想边界 ϕ14.9mm。

15.2 公差原则 2#

公差原则 2# 目的是默认独立原则，几何公差控制框中对于修正公差带的 RFS（regardless of feature size）和修正基准的 RMB（regardless of material boundary）是默认条件。相反，材料边界条件 MMC/MMB、LMC/LMB 必须特殊标注Ⓜ Ⓛ符号到公差控制框中。

需要注意的是，有些控制方式不能够使用Ⓜ Ⓛ条件。表 15-1 列出了这些应用对应的材料条件，可用的测量设备分为数值型检具和属性检具，数值型检具是指卡尺、三坐标等数值型测量设备，属性检具是只能判定零件合格或不合格的测量设备，如止通规专用检具等。数值型检具成本较高，对测量者有一定的技术要求，但是可以知道偏差的多少。属性检具测量成本较低，对测量者技术要求较低，测量节拍快，缺点是不能够用来分析缺陷的原因。

表 15-1 控制方式与材料条件

符号	名称	可用材料条件	可用检具
—	直线度	Ⓜ Ⓛ RFS	数值型检具、属性检具
⏥	平面度	Ⓜ Ⓛ RFS	数值型检具、属性检具
○	圆度	RFS	数值型检具
⌭	圆柱度	RFS	数值型检具
⌒	线轮廓度	RFS	数值型检具
⌓	面轮廓度	RFS	数值型检具
//	平行度	Ⓜ Ⓛ RFS	数值型检具、属性检具
⊥	垂直度	Ⓜ Ⓛ RFS	数值型检具、属性检具
∠	倾斜度	Ⓜ Ⓛ RFS	数值型检具、属性检具
⌖	位置度	Ⓜ Ⓛ RFS	数值型检具、属性检具

续表

符号	名称	可用材料条件	可用检具
◎	同轴度	RFS	数值型检具
⌯	对称度	RFS	数值型检具
↗	圆跳动	RFS	数值型检具
⌰	全跳动	RFS	数值型检具

注：同轴度和对称度在 Y14.5—2018 已经取消，本表基于 2009 版标准的材料边界条件要求。

15.3　尺寸特征 FOS（feature of size）

由尺寸公差约束的特征（如直径、距离、宽度等）称为尺寸特征（FOS），尺寸特征是重要的几何公差概念，比如位置度必须应用到尺寸特征上。尺寸特征包含上下限偏差，即 MMC 和 LMC 尺寸，为基本的包容原则提供材料边界分析条件，或作为 AME 分析计算条件。

尺寸特征分两类：

(1) 规则尺寸特征

包括柱面 ϕ、球面 Sϕ、圆 ϕ、两个平行面（线），这些特征都直接使用尺寸公差定义。

(2) 不规则尺寸特征

① 几何特征属于一部分或包含规则的尺寸特征，如柱面 ϕ、球面 U、圆 ϕ、两个平行面（线）。如图 15-10 所示，直径 ϕ28.99mm 属于不规则几何特征，是由四段圆弧组成一个不规则尺寸特征圆。

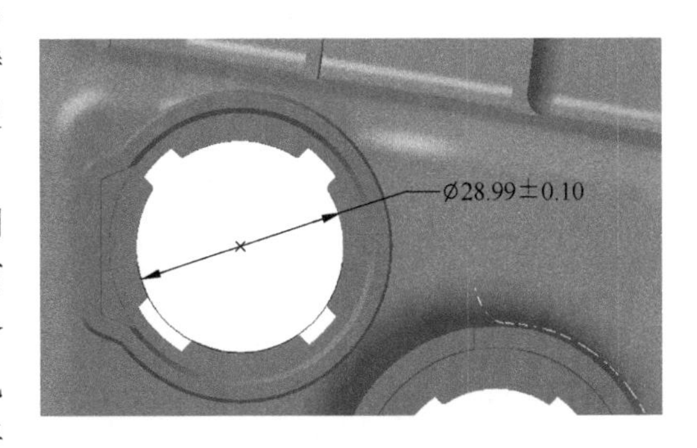

图 15-10　不规则尺寸特征 1

② 图 15-11 所示是另一种不规则尺寸特征，不同于图 15-10 中的几何特征可以使用一个尺寸值表达，这个长圆孔需要两个尺寸值表达。长圆孔是由两个规则尺寸特征组成：两个平面线和两个圆弧。

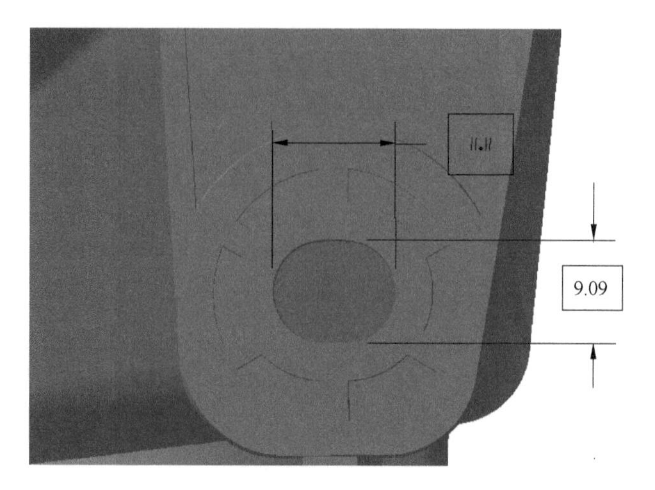

图 15-11 不规则尺寸特征 2

15.4 图纸的重要技术要求信息

产品的公差信息并不只包含零件单独特征上的标注，一些重要的公差信息也包含在图纸的技术要求或技术文档里，如尺寸公差引用的标准和版本号，图纸中是涂层前的尺寸还是涂层后的尺寸等。表 15-2 列出了相关图纸中的公差相关技术要求。

表 15-2 图纸上的相关公差技术要求

项目	技术要求	默认要求
引用 Y14.5	ASME Y14.5—2009 或 2018	Y14.5 的某些原则可能不被应用
对于需要表面处理或有涂层的零件，图纸必须明确是否是表面处理之前或之后的尺寸	尺寸要求是表面处理之前； 尺寸要求是表面处理之后	如果没有明确尺寸同涂层要求，图纸信息不完整
夹紧要求	基准特征 A 通过转矩为 10～14Nm 的 6 个 M6 螺栓扭紧后测量	如果没有夹紧要求，所有公差是在自由状态下测量
一般公差要求	一般公差要求： [⌓ X.X A B C]	如果无一般公差，零件所有特征都必须进行公差定义
名义尺寸	名义尺寸请参考数模	如果没有这个要求，所有名义尺寸必须标注

15.5　螺纹、齿轮、花键的 GD&T 标注

螺纹可以由三个柱面代表：节圆（PITCH DIA）、大径（MAJOR DIA）、小径（MINOR DIA）。螺纹相关的 GD&T 定义包括定向和定位约束，另外螺纹本身也可以作为基准参考特征。如果没有特殊要求，这些 GD&T 定义指的是螺纹的节圆直径。如图 15-12 所示，M16 螺纹基准 B 符号旁边有 MAJOR DIA，表示 B 基准是使用螺纹大径进行基准设置。

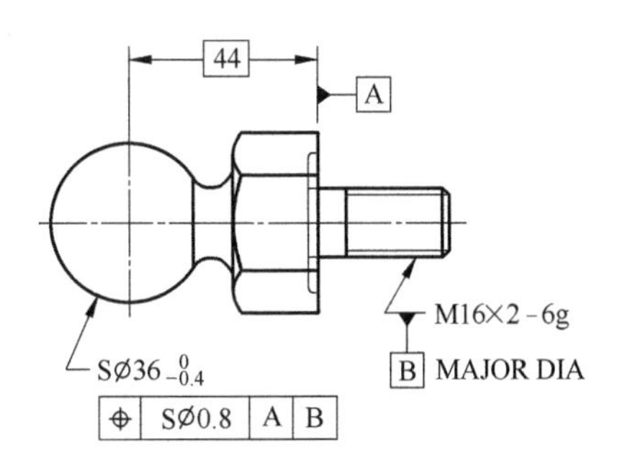

图 15-12　螺纹特征基准

同样花键、齿轮类的产品也由三个柱面组成，需要在公差控制框下方或基准符号框附近明确这三个代表柱面：节圆（PITCH DIA）、大径（MAJOR DIA）、小径（MINOR DIA）。

螺纹的位置度定义通常如图 15-13 所示，因为螺纹都是节圆直径（也称中径）配合，为了能够改善螺纹配合，外螺纹节圆直径总是小于内螺纹直径，它们之间的差异就是 MMC 修正的补偿量。因为这个补偿量在标准螺纹配合中总是存在，所以螺纹位置定义中使用 RFS 是不适当的，但同时这个公差带很小且不易测量，所以不做补偿计算。同时螺纹应用目的通常是夹紧零件，为了避免在夹紧零件厚度上的螺杆干涉，使用了投影Ⓟ公差，Ⓟ 14 表示此螺纹的位置度抽象为装配面 A 上高度为 14mm 的一段柱面公差。

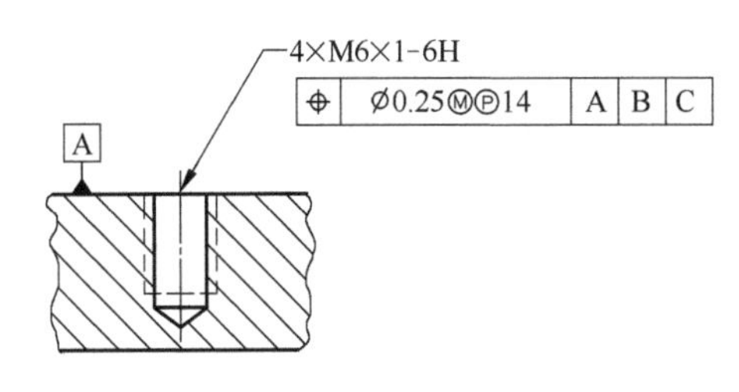

图 15-13　螺纹的投影公差Ⓟ

第16章 基准

GD&T 的基准同 GPS 的基准设计原理是一致的，充分的基准定义可以去除 6 个自由度（沿 x、y、z 轴的平移，绕 x、y、z 轴的 u、v、w 旋转），都遵循 3-2-1 原则，都是默认建立右手原则的坐标系。本章内容主要列出 GD&T 的基准符号，具体基准的定义方法请参考 GPS 的基准内容。

基准符号见表 16-1。

表 16-1 基准符号

基准符号	名称
B	基准特征
Ø6 A1 或 Ø6 A1	基准目标
▷	可移动基准
A1	可移动基准目标
⊕ | Ø0.2 | A[x,y,u,v] | B[z]	自定义基准框架

基准目标符号见表 16-2。

表 16-2　基准目标符号

基准目标符号	解释	名称
100　25　P1	零件　要求的接触点　实际接触点　理论位置　基准模拟	基准点
Y　Y　P2　P2　100　Z　X	零件　实际接触点　要求的接触线　理论位置　基准模拟	基准线
Ø12 P1　18　18　X　Y	理论位置　零件　要求的接触面　实际接触点　基准模拟	基准面

图 16-1 是基准特征符号在平面特征（F 基准）、尺寸特征上的标注方法（A、B、D），C 基准是 4 个孔的分度圆的中心轴线，G 基准是两个不连续平面建立的基准。

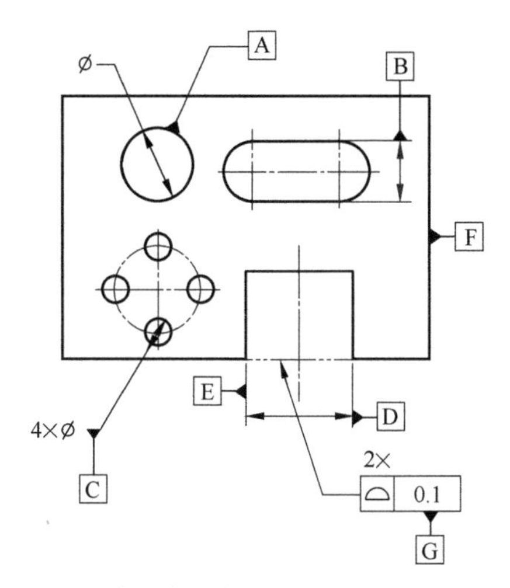

图 16-1　基准特征符号在不同特征上的标注

第17章 形状控制

17.1 直线度定义平面

直线度定义平面见表17-1。

表17-1 直线度定义平面

符号	类型	基准参考	公差带形状	可用公差修正符号	可用基准修正符号
—	形状	无	平行线	Ⓕ ⓈⓉ	无

2D标注

3D直线度标注

注意	①直平面上的每条线元素应该在两个平行线公差带内。 ②二维的平行线公差带必须指定所处的平面，GD&T规定为平行于视图方向的截面内。 ③图中建立了平行于正视图的0.3mm宽直线度公差带，和平行于侧视图的0.1mm宽直线度公差带。 ④可以在数模上使用直线标记直线度的方向。 ⑤图中尺寸公差23±0.25遵循包容原则，最大高度为23.25mm。 ⑥包容原则条件下直线度公差必须小于尺寸公差。 ⑦当使用自由状态Ⓕ或独立原则符号Ⓘ时，包容原则不适用

17.2　直线度定义平面与①修正

直线度定义平面与①修正见表 17-2。

表 17-2　直线度定义平面与①修正

符号	类型	基准参考	公差带形状	可用公差修正符号	可用基准修正符号
—	形状	无	平行线	Ⓕ ⓈⓉ	无

23±0.25①

2D 标注

0.1 直线度公差带

23.25　23.25　23.25

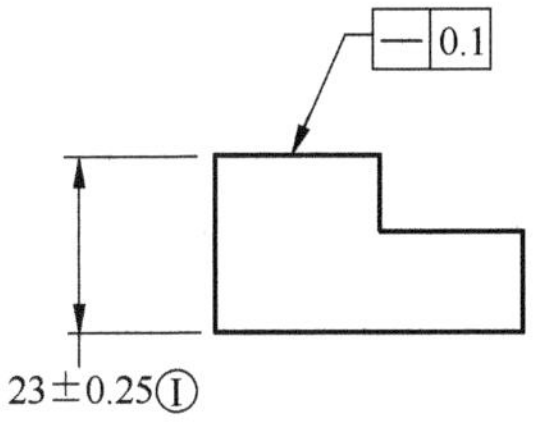

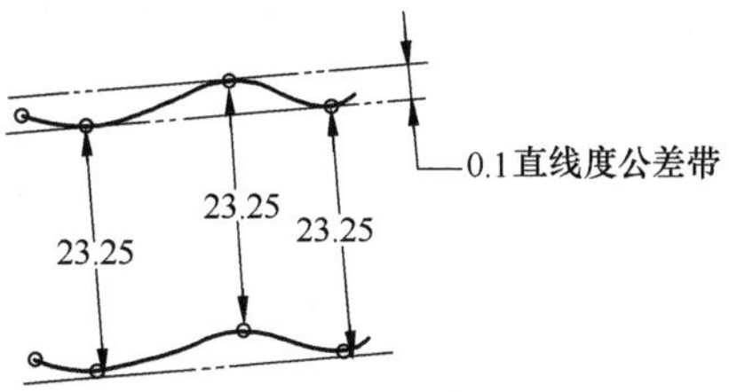

公差带

注意

①当使用独立符号①修正尺寸公差时，包容原则不适用。

②公差特征的直线度可以大于尺寸公差带。

③外部特征的最大外边界：MMC＋直线度公差＝23.25＋0.1＝23.35mm。

④公差特征的每个截面的尺寸小于 23.25mm，大于 22.75mm

17.3　直线度定义柱面

直线度定义柱面见表 17-3。

表 17-3　直线度定义柱面

符号	类型	基准参考	公差带形状	可用公差修正符号	可用基准修正符号
—	形状	无	平行线	Ⓕ ⓈⓉ	无

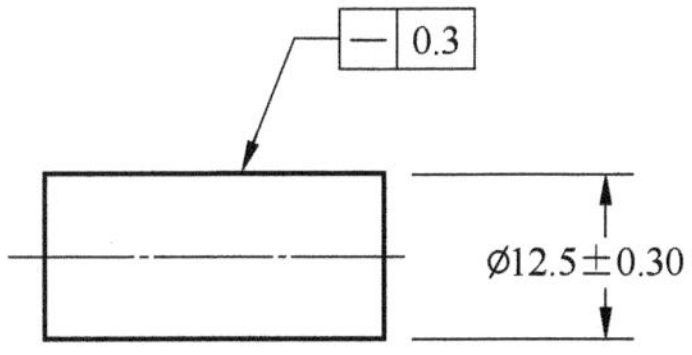

— 0.3

Ø12.5±0.30

2D 标注

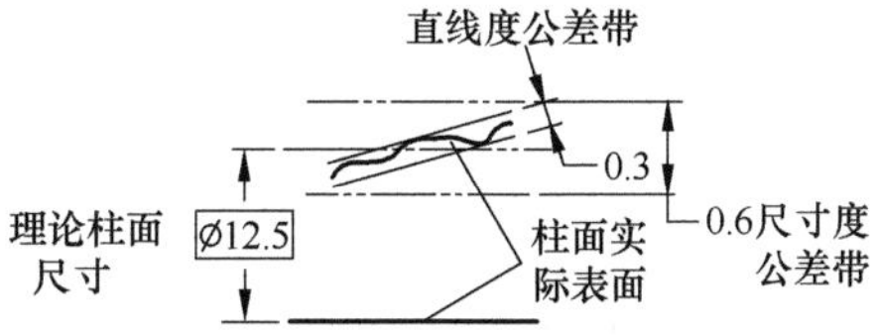

直线度公差带

0.3

理论柱面尺寸　Ø12.5

柱面实际表面

0.6尺寸度公差带

公差带分布

续表

注意	①直线度公差带定义柱面上的线元素，通过柱面轴线横截面与柱面建立的相交线。 ②公差带为相距 0.3mm 的平行线，公差带无位置和定向要求，处于横截面内。 ③尺寸公差 ϕ12.5mm ± 0.3mm 默认包容原则，包含直线度要求，创建理想包容边界 ϕ12.5mm。 ④独立标注直线度公差带小于等于同一公差特征的尺寸公差，与装配边界无关。 ⑤当尺寸公差和直线度都在公差带内时，零件合格

17.4 直线度定义轴线与 RFS 修正

直线度定义轴线与 RFS 修正见表 17-4。

表 17-4 直线度定义轴线与 RFS 修正

符号	类型	基准参考	公差带形状	可用公差修正符号	可用基准修正符号
—	形状	无	柱面、平行线	Ⓕ Ⓢ︎Ⓣ︎	无

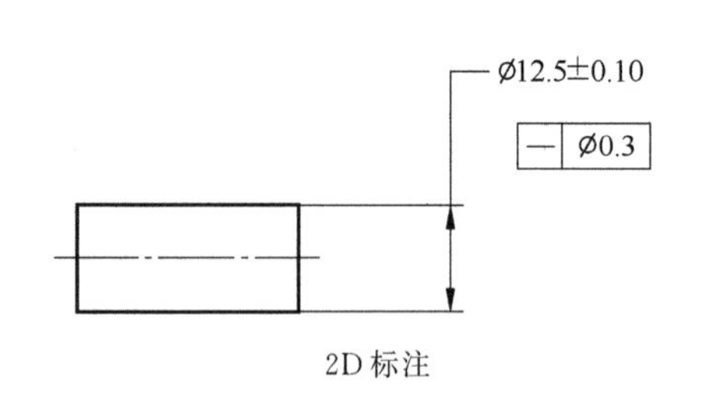

2D 标注

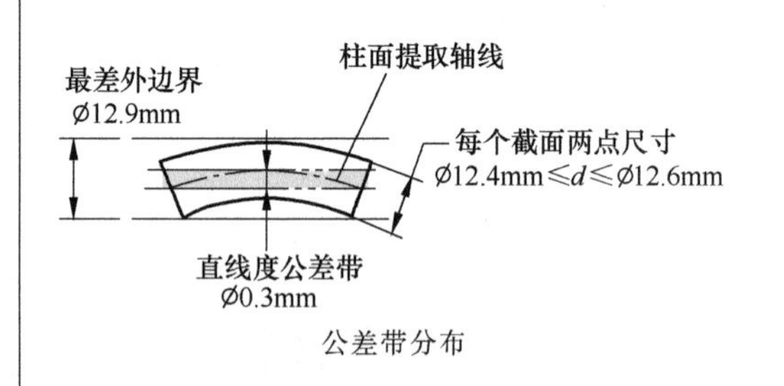

公差带分布

	直径 ϕ	直线度 ϕ	最大外边界 ϕ
LMC	12.40	0.3	12.70
↓	12.50	0.3	12.80
MMC	12.60	0.3	12.90

外边界计算

注意	①当直线度公差控制框标注在尺寸公差的延长线上时，约束的是尺寸特征的中心线或中心面，默认为 RFS 材料修正。 ②公差特征的尺寸公差不遵循包容原则，每个截面的直径合格范围：ϕ12.4mm ≤ d ≤ ϕ12.6mm。 ③轴线的公差带可以是柱面 ϕ，此例是 ϕ0.3mm 柱面公差带。 ④直线度创建的最大外边界：MMC＋直线度公差＝ϕ12.6＋0.3＝ϕ12.9mm

17.5 直线度定义轴线与MMC修正

直线度定义轴线与MMC修正见表17-5。

表17-5　直线度定义轴线与MMC修正

符号	类型	基准参考	公差带形状	可用公差修正符号	可用基准修正符号
—	形状	无	柱面、平行线	ⒻⓂⓁ(ST)	无

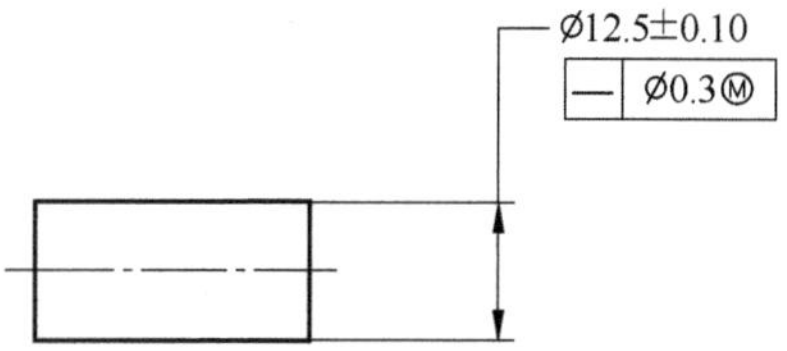

Ø12.5±0.10

— | Ø0.3Ⓜ

2D标注

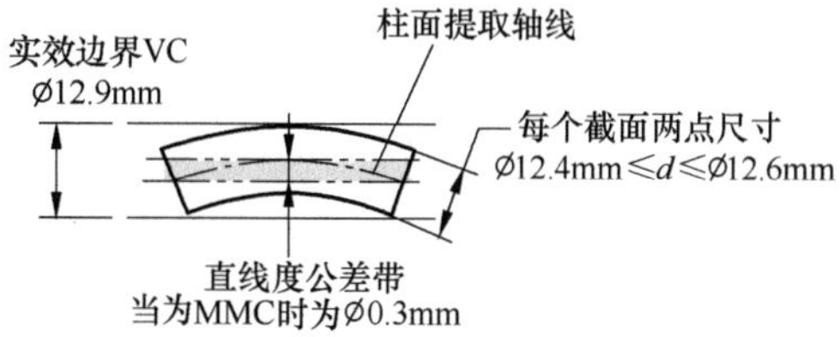

实效边界VC

Ø12.9mm

柱面提取轴线

每个截面两点尺寸

Ø12.4mm≤d≤Ø12.6mm

直线度公差带

当为MMC时为Ø0.3mm

公差带分布

	直径 ϕ	直线度 ϕ	实效边界 ϕ
MMC	12.60	0.3	12.90
↓	12.50	0.4	12.90
LMC	12.40	0.5	12.90

外边界计算

注意

①当直线度公差控制框标注在尺寸公差的延长线上时，约束的是尺寸特征的中心线或中心面，Ⓜ代表最大实体MMC材料修正，形成常数值实效边界VC。

②公差特征的尺寸公差不遵循包容原则，每个截面的直径合格范围：ϕ12.4mm≤d≤ϕ12.6mm。

③轴线的公差带可以是柱面ϕ，此例为当直径为MMC尺寸ϕ12.6mm时，直线度要求在ϕ0.3mm柱面公差带以内；当直径为LMC尺寸ϕ12.4mm时，直线度要求在ϕ0.5mm柱面公差带以内。

④直线度创建的实效边界VC：MMC+直线度公差=ϕ12.6+0.3=ϕ12.9mm

17.6 平面度定义平面

平面度定义平面见表17-6。

表 17-6 平面度定义平面

符号	类型	基准参考	公差带形状	可用公差修正符号	可用基准修正符号
▱	形状	无	平行面	Ⓕ ⒸⒻ ⓈⓉ	无

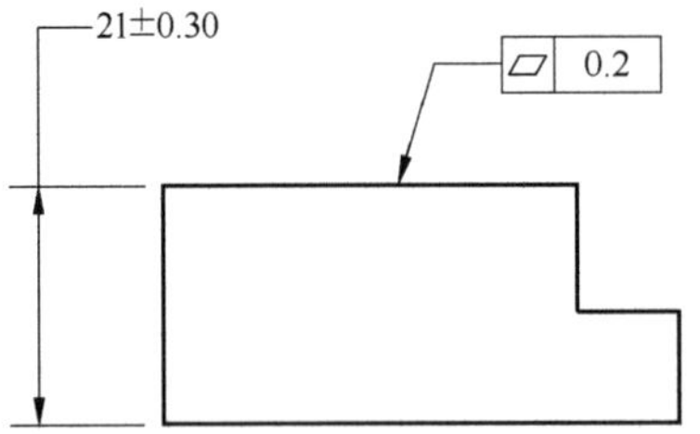

2D 标注

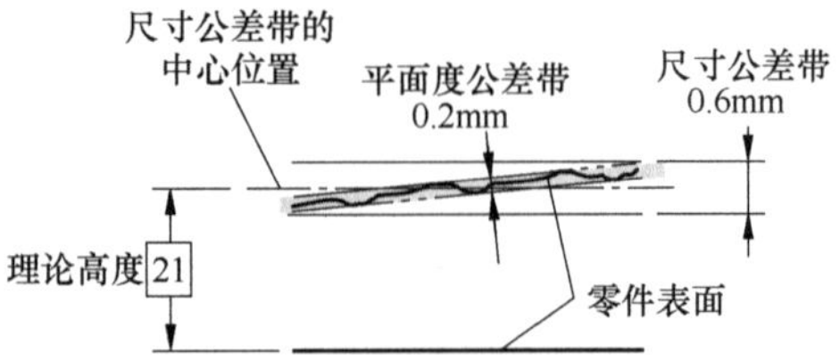

3D 直线度标注

注意	①平面度只能定义直平面，或中心直平面，公差带为相距公差值的平行面。 ②平行面公差带的宽度为 0.2mm。 ③21mm±0.30mm 默认包容原则，创建理想边界 21.30mm，包含平面度要求。 ④平面度公差带要求小于等于 0.6mm，可以在 0.6mm 尺寸公差带内平移和旋转。 ⑤当尺寸公差使用自由状态Ⓕ或独立原则符号Ⓘ，包容原则不适用

17.7 平面度定义中心面

平面度定义中心面见表 17-7。

表 17-7 平面度定义中心面

符号	类型	基准参考	公差带形状	可用公差修正符号	可用基准修正符号
▱	形状	无	平行线	Ⓕ ⓈⓉ	无

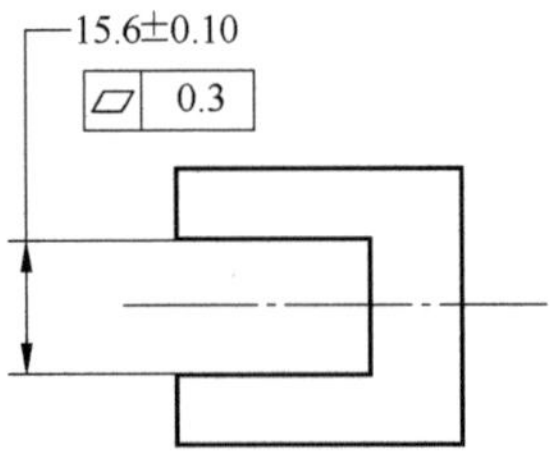

2D 标注

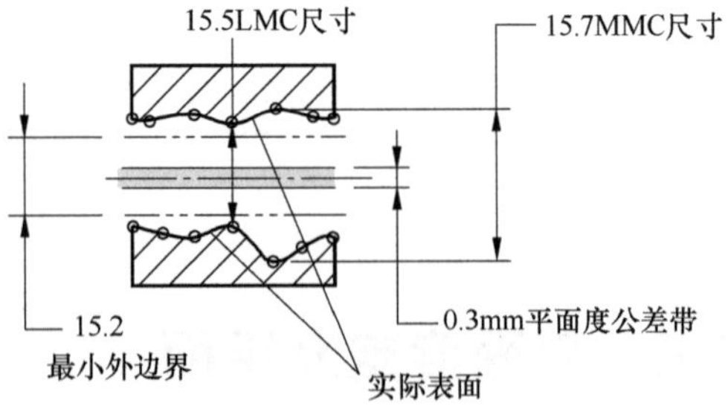

公差带

续表

	高度	平面度	最小外边界
MMC	15.5	0.3	15.2
↓	15.6	0.3	15.3
LMC	15.7	0.3	15.4

注意	①当平面度公差控制框标注在尺寸公差的延长线上时，约束的是尺寸特征的中心线或中心面，默认为 RFS 材料修正。 ②公差特征的尺寸公差不遵循包容原则，每个截面的高度 H 合格范围：15.4mm≤H≤16.7mm。 ③公差带为相距 0.3mm 的平行面，合格尺寸特征的中心点必须位于平行面公差带之内。 ④尺寸特征在公差允许范围内变化时，零件的外边界也发生变化，平面度创建的最小外边界：MMC－直线度公差＝15.5－0.3＝15.2mm

17.8 平面度控制中心面与 MMC 修正

平面度控制中心面与 MMC 修正见表 17-8。

表 17-8 平面度控制中心面与 MMC 修正

符号	类型	基准参考	公差带形状	可用公差修正符号	可用基准修正符号
▱	形状	无	平行线	ⒻⓂⓁⓈⓉ	无

15.6±0.10

▱ 0.3Ⓜ

2D 标注

15.5LMC尺寸

15.7MMC尺寸

15.2

实效边界

0.3mm@MMC

实际表面

公差带

	高度	平面度	实效边界 VC
MMC	15.5	0.3	15.2
↓	15.6	0.4	15.2
LMC	15.7	0.6	15.2

续表

注意	①当平面度公差控制框标注在尺寸公差的延长线上时，约束的是尺寸特征的中心线或中心面，Ⓜ代表最大实体 MMC 材料修正，形成常数值实效边界 VC。 ②按照 Rule 1#，公差特征的尺寸公差不适用包容原则，每个截面的高度 H 合格范围：15.5mm≤H≤15.7mm。 ③中心面的公差带为平行面，此例为当每个截面的两点高度 MMC 尺寸 15.5mm 时，平面度要求在 0.3mm 平行面公差带以内；当每个截面的两点高度 MMC 尺寸 15.7mm 时，平面度要求在 0.5mm 平行面公差带以内。 ④MMC 修正下，平面度创建了代表相应配对几何特征的实效边界 VC：MMC－平面度公差＝15.5－0.3＝15.2mm

17.9　平面度、直线度与范围修正

平面度、直线度与范围修正见表 17-9。

表 17-9　平面度、直线度与范围修正

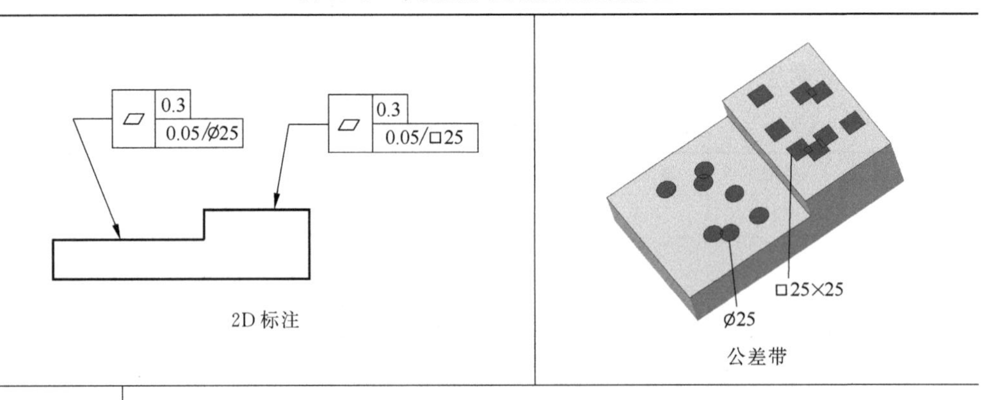

2D 标注　　公差带

注意	①平面度和直线度可以定义局部范围(单位面积、单位长度)上的加严要求公差带。 ②如图所示在公差控制框的第二行规定了两种单位面积——在任意公差特征表面上的圆面积 ϕ 和正方形面积□的平面度范围内的要求。 ③第二行公差控制框的公差值必须小于第一行才有工程应用意义。 ④第一行公差控制框的 0.3mm 是对于整个公差特征表面来说的

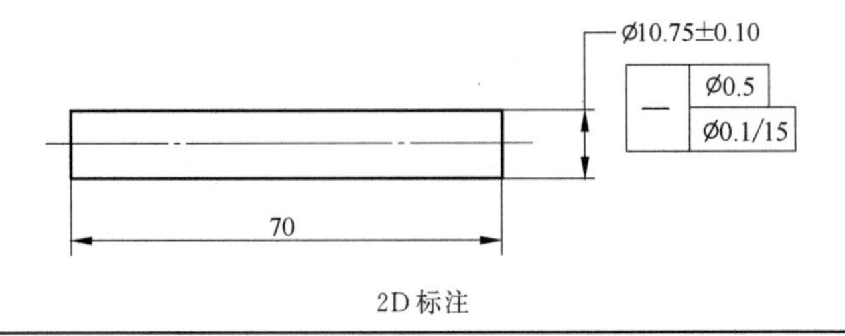

2D 标注

续表

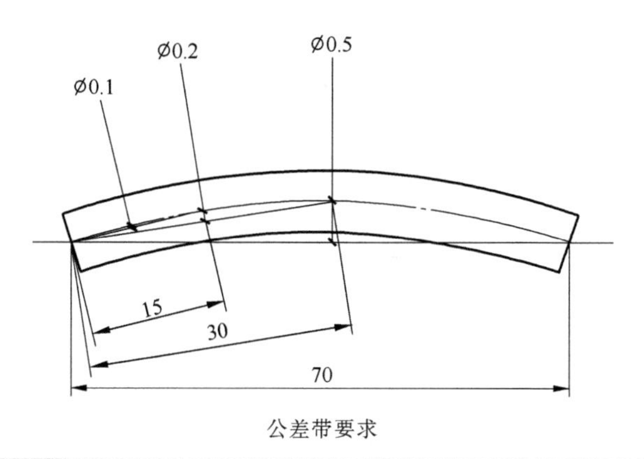

公差带要求

注意	①平面度和直线度可以定义局部范围(单位面积、单位长度)上的加严要求公差带。 ②如图所示在公差控制框的第二行规定了连续长度单位/15mm 范围内的直线度加严要求 ϕ0.1mm。 ③第二行公差控制框的公差值必须小于第一行才有工程应用意义。 ④第一行公差控制框的 0.5mm 是对于全长 70mm 的长度范围的直线度要求

17.10 圆度控制柱面

圆度控制柱面见表 17-10。

表 17-10　圆度控制柱面

符号	类型	基准参考	公差带形状	可用公差修正符号	可用基准修正符号
○	形状	无	同心圆环	Ⓕ ⓈⓉ	无
○ 0.3 Ø18±0.25 2D标注			0.3 公差带		
注意	①圆度可以控制横截面几何形状是圆形的特征，如柱面、锥面等。 ②圆度公差带形状为同心圆环，二维的公差带定义在与轴线垂直的横截面上，同一截面上的点云应在定义的两个同心圆环之内。 ③直径值 ϕ18±0.25 应用包容原则，创建 MMC 理想边界 ϕ18.25mm。 ④圆度通常使用专用的圆度仪测量				

17.11 圆度与自由状态Ⓕ和平均值 AVG 修正

圆度与自由状态Ⓕ和平均值 AVG 修正见表 17-11。

表 17-11 圆度与自由状态Ⓕ和平均值 AVG 修正

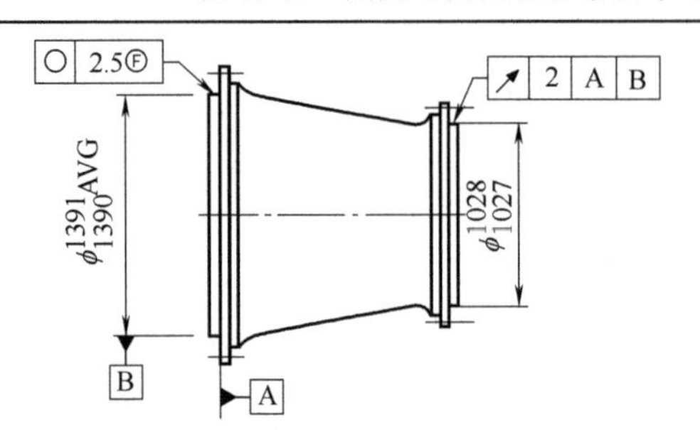

技术要求：
跳动控制测量设置条件为使用 64 个 M6×1 螺栓，转矩为 9～15N·m，扭紧到 A 基准支撑面上

注意	①Ⓕ、AVG 符号应用于非刚性件(如注塑件、冲压件等)。 ②此零件以圆度控制的柱面 ϕ1391～1390 形成的轴线作为 B 基准，对柱面 ϕ1027～1028 进行跳动控制。 ③柱面特征 ϕ1391～1390 使用 AVG 控制，表示多次测量的柱面直径的平均值合格范围。 ④圆度控制的公差带为 2.5mm，Ⓕ表示测量时不在任何外作用力下变形。 ⑤跳动控制按照技术要求在作用力条件下进行测量

17.12 圆柱度控制柱面

圆柱度控制柱面见表 17-12。

表 17-12 圆柱度控制柱面

符号	类型	基准参考	公差带形状	可用公差修正符号	可用基准修正符号
⌭	形状	无	同心圆柱面	ⒻⓈⓉ	无

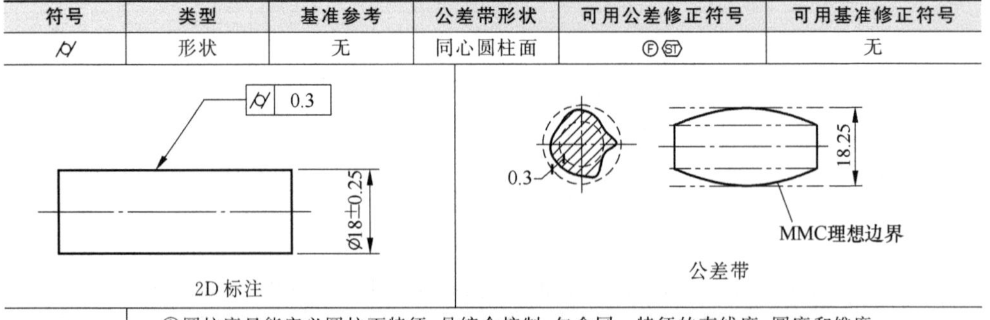

注意：	①圆柱度只能定义圆柱面特征，是综合控制，包含同一特征的直线度、圆度和锥度。 ②圆柱度公差带形状为相距公差值的同心圆环面，整个柱面表面必须位于同心圆环面内，同一柱面的圆度和直线度必须小于这个特征的柱面度才有意义。 ③直径值 ϕ18±0.25 应用包容原则，创建 MMC 理想边界 ϕ18.25mm

第18章 定向控制

18.1 倾斜度控制平面

倾斜度控制平面见表 18-1。

表 18-1 倾斜度控制平面

符号	类型	基准参考	公差带形状	可用公差修正符号	可用基准修正符号
∠	定向	必须	平行面(线)	ⒻⓉ㉍	ⓂⓁⒻ▷

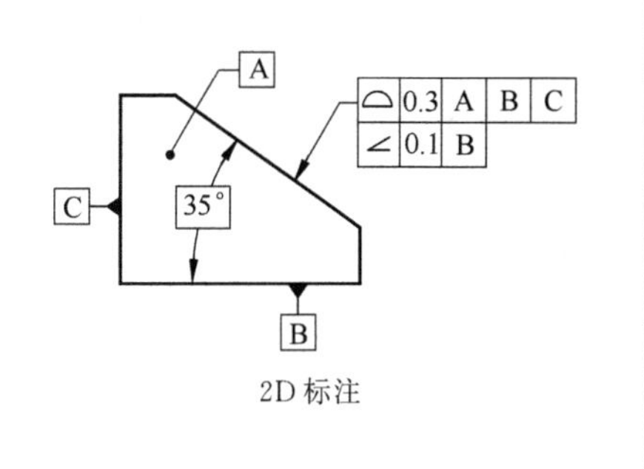

2D 标注

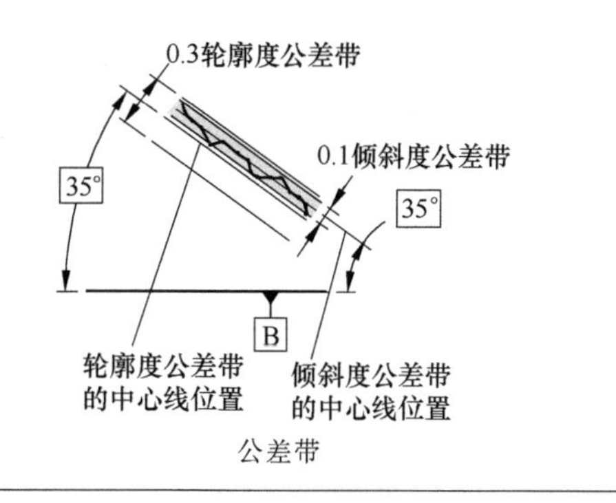

公差带

注意	①倾斜度属于定向控制,必须参考基准,因为不能定位,通常需要同尺寸公差、轮廓度或位置度联合定义公差特征。 ②参考基准所倾斜的角度是名义角度值,如图名义角度为 35°。 ③图中 35°倾斜面第一行公差控制框是轮廓度,轮廓度定义了相距 0.3mm 平行面公差带 35°的中心定向于基准面 B,且定位于基准框架 |A|B|C| 空间。 ④第二行倾斜度公差带为宽度 0.1mm 的平行面,公差带中心面也是 35°定向于基准 B,不同的是这个公差带没有位置约束,可以在 0.3mm 平行面公差带内平移,但不能旋转。因此倾斜度是这个面的加严要求,不能大于第一行轮廓度公差值。 ⑤此倾斜度包含公差特征的形状控制的直线度、平面度要求

18.2 倾斜度控制轴线

倾斜度控制轴线见表18-2。

表18-2 倾斜度控制轴线

符号	类型	基准参考	公差带形状	可用公差修正符号	可用基准修正符号
∠	定向	必须	圆柱面	ⒻⓂⓁⓅ<ST>	ⓂⓁⒻ▷
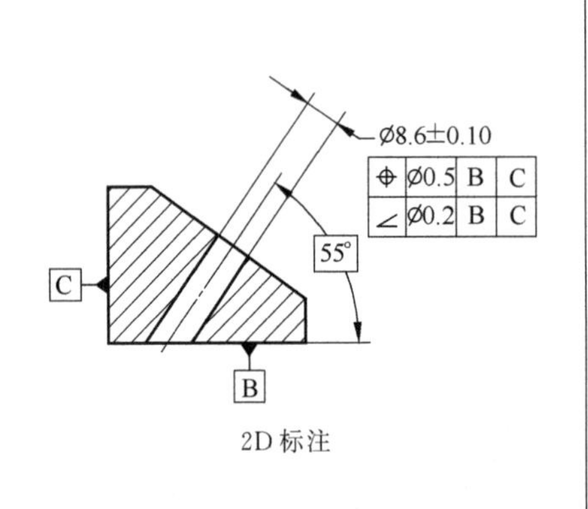 2D标注			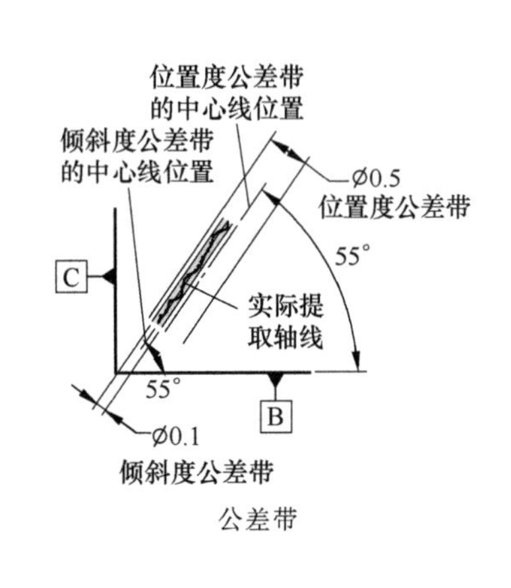 公差带		
注意	①倾斜度属于定向控制，必须参考基准，因为不能定位，通常需要同尺寸公差、轮廓度或位置度联合定义公差特征。 ②参考基准所倾斜的角度是名义角度值，如图名义角度为55°。 ③图中第一行公差控制框是位置度，ϕ0.5mm柱面公差带的中心轴线定向于基准面B和C，且定位于基准框架\|B\|C\|空间(定位名义尺寸参考数模)。 ④第二行倾斜度公差带为ϕ0.2mm柱面，公差带中心轴线也是55°定向于基准B和C，不同的是这个公差带没有位置约束，可以在0.5mm柱面公差带内平移，但不能旋转。因此倾斜度是这个轴线的加严要求，不能大于第一行位置度公差值。 ⑤此倾斜度包含轴线形状控制的直线度要求				

18.3 垂直度控制平面

垂直度控制平面见表18-3。

表 18-3 垂直度控制平面

符号	类型	基准参考	公差带形状	可用公差修正符号	可用基准修正符号
⊥	定向	必须	平行面(线)	Ⓕ㊂	ⓂⓁⒻ▷

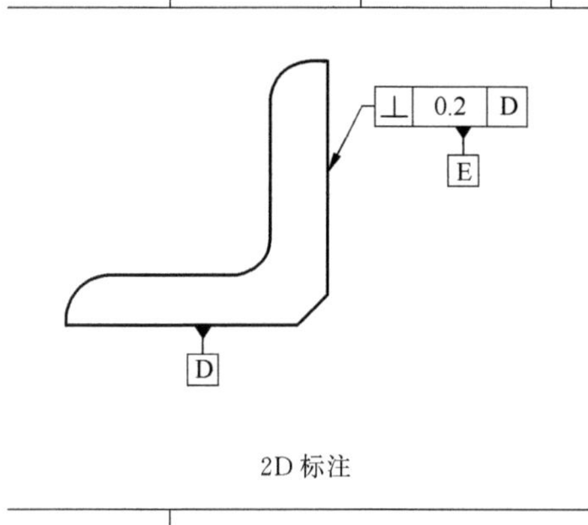

2D 标注

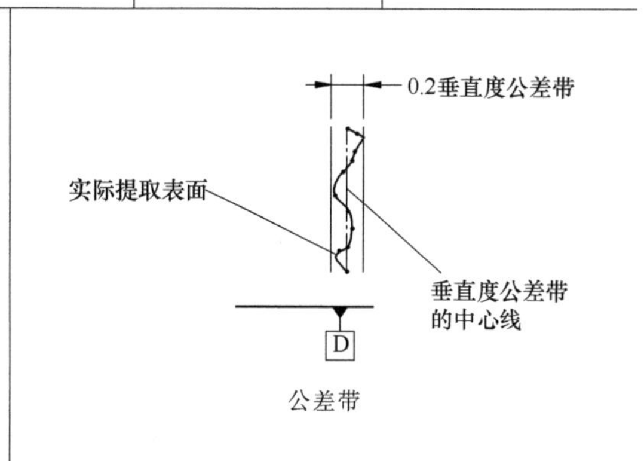

公差带

注意	①垂直度属于定向控制，是倾斜度在 90°或 270°的特殊状态，必须参考基准。垂直度通常用于基准的定义，当基准定义作为测量的起点，可以不必使用轮廓度等定义位置。 ②垂直度控制平面时的公差带形状为相距规定公差值(0.2mm)的平行面(线)。这个公差带只需要垂直于基准 D，公差带的中心面没有位置要求。 ③垂直度可以引用多个基准。 ④垂直度包含这个公差特征的直线度、平面度要求

18.4 垂直度控制中心面

垂直度控制中心面见表 18-4。

表 18-4 垂直度控制中心面

符号	类型	基准参考	公差带形状	可用公差修正符号	可用基准修正符号
⊥	定向	必须	平行面(线)	ⒻⓂⓁⓅ㊂	ⓂⓁⒻ▷

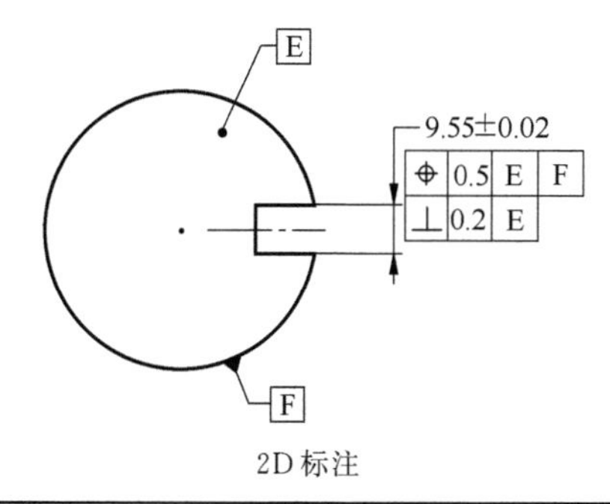

2D 标注

续表

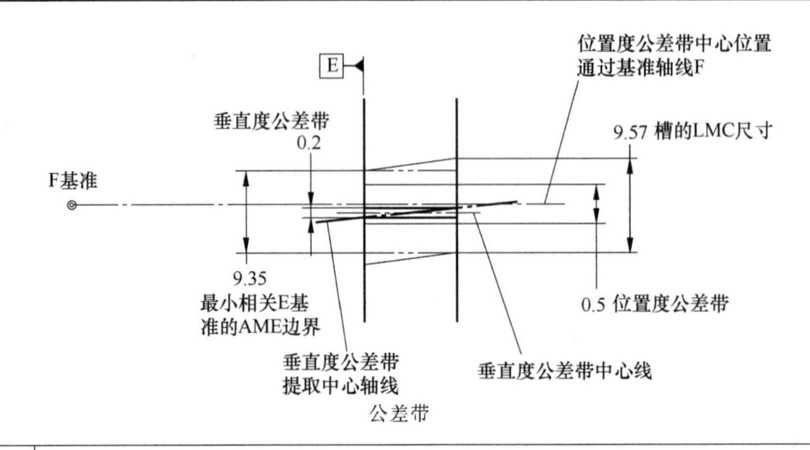

公差带

注意	①垂直度属于定向控制，是倾斜度在90°或270°的特殊状态，必须参考基准。当垂直度控制的公差特征不是基准，必须使用位置度等方式进行定位约束。 ②公差特征的尺寸公差 9.55±0.02 适用包容原则，合格尺寸 d 范围：9.53mm≤d≤9.57mm。 ③第一行公差控制框是位置度控制，对公差特征进行定位约束，创建宽度为0.5mm的平行面公差带，公差带中心位置通过F基准轴线。 ④第二行公差控制框是垂直度控制，对公差特征进行定向约束，创建宽度为0.2mm的平行面公差带，公差带中心位置无要求。创建了最小相关AME尺寸为9.33mm

18.5 垂直度控制中心轴线与MMC修正

垂直度控制中心轴线与MMC修正见表18-5。

表18-5 垂直度控制中心轴线与MMC修正

符号	类型	基准参考	公差带形状	可用公差修正符号	可用基准修正符号
⊥	定向	必须	平行面(线)	ⒻⓂⓁⓅ㉍	ⓂⓁⒻ▷

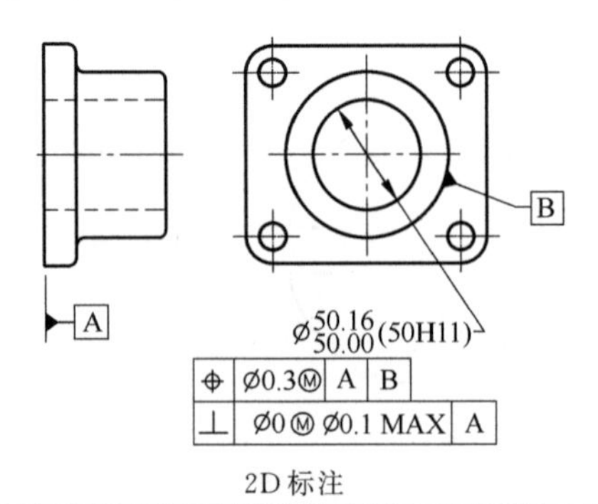

2D标注

续表

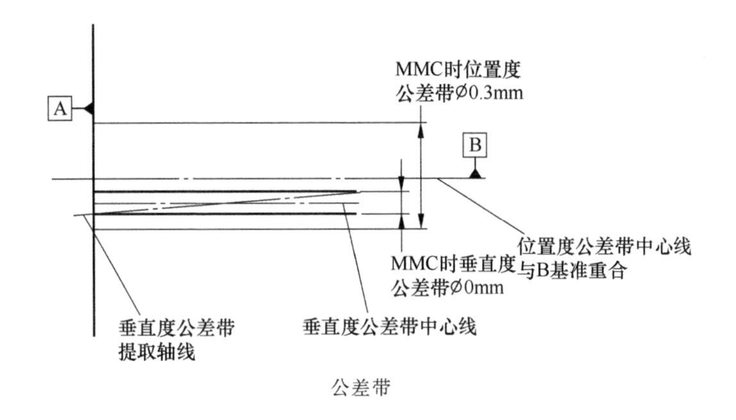

公差带

	直径 ϕ	允许的垂直度公差带 ϕ	实效边界 VC ϕ
MMC	50.00	0	50.0
↓	50.01	0.01	50.0
	50.02	0.02	50.0
	↓	↓	↓
	50.10	0.1	50.0
	↓	↓	↓
LMC	50.16	0.1	50.0

注意	①垂直度属于定向控制，是倾斜度在90°或270°的特殊状态，必须参考基准。当垂直度控制的公差特征不是基准，必须使用位置度等方式进行定位约束。 ②公差特征的尺寸公差 ϕ50.00～50.16适用包容原则，合格尺寸 d 范围：50.0mm≤ d ≤50.16mm。 ③第一行公差控制框是位置度控制，基准框架 |A|B|，对公差特征进行定位约束。MMC修正，当MMC ϕ50.00时位置度为 ϕ0.3mm的柱面公差带，公差带垂直于A基准且中心位置与B基准轴线重合。 ④第二行公差控制框是垂直度控制，参考基准A对公差特征进行定向约束，使用MAX修正最大允许垂直度公差带，限制范围为 ϕ0～0.1mm

18.6 垂直度控制螺纹

垂直度控制螺纹见表18-6。

表 18-6 垂直度控制螺纹

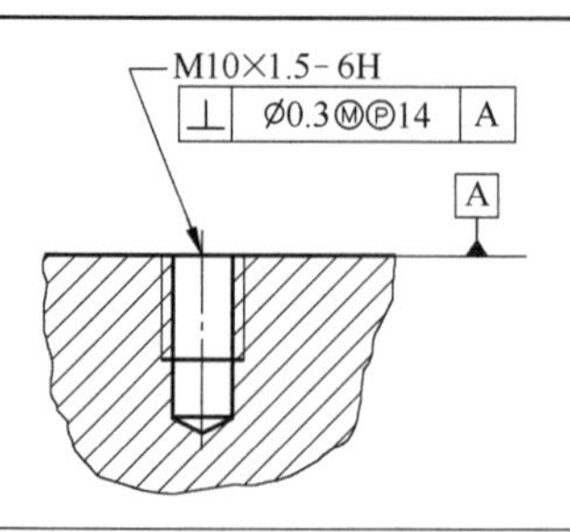

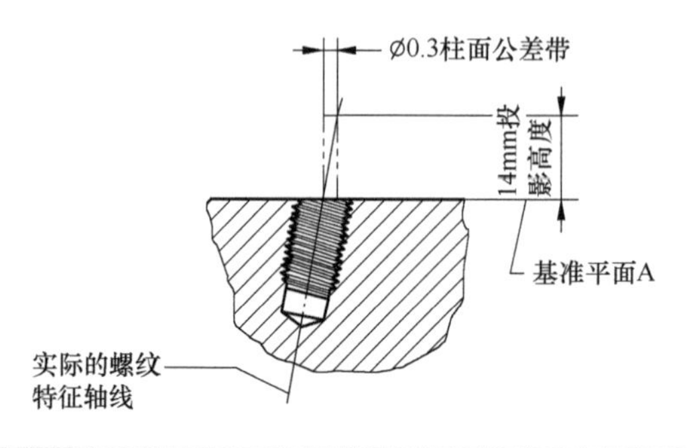

注意	①当垂直度控制螺纹特征时，默认情况下控制螺纹的节圆直径，如果控制的是螺纹大径[MD]或小径[LD]，需要特别在公差控制框附近标注。 ②根据螺纹的功能，通常使用投影公差修正符号Ⓟ，表示在装配面上规定高度的一段抽象的公差带，图中是模拟了 14mm 高度的公差带

18.7 平行度控制平面

平行度控制平面见表 18-7。

表 18-7 平行度控制平面

符号	类型	基准参考	公差带形状	可用公差修正符号	可用基准修正符号
//	定向	必须	平行面(线)	ⒻⓈⓉ	ⓂⓁⒻ▷

// | 0.2 | C

21.37±0.15

C

2D 标注

实际特征表面

0.3mm尺寸公差带

0.2mm平行度公差带

23.7尺寸公差带中心位置

D

公差带

续表

注意	①平行度属于定向控制，是倾斜度在 0°或 180°的特殊状态，必须参考基准。因为不能定位，通常需要同尺寸公差、轮廓度或位置度联合定义公差特征。 ②平行度控制平面时的公差带形状为相距规定公差值(0.2mm)的平行面(线)。这个公差带只需要平行于基准 C，公差带的中心没有位置要求。平行度的公差带可以在尺寸公差带内平移浮动，但不能旋转，所以是加严要求，必须小于尺寸公差。 ③公差特征的位置由尺寸公差约束在 21.37mm 的位置上，尺寸公差默认包容原则。 ④平行度可以引用多个基准。 ⑤平行度包含这个公差特征的直线度、平面度要求

18.8　平行度控制轴线

平行度控制轴线见表 18-8。

表 18-8　平行度控制轴线

符号	类型	基准参考	公差带形状	可用公差修正符号	可用基准修正符号
//	定向	必须	平行面(线)	ⒻⓂⓁⓅ㊍	ⓂⓁⒻ▷
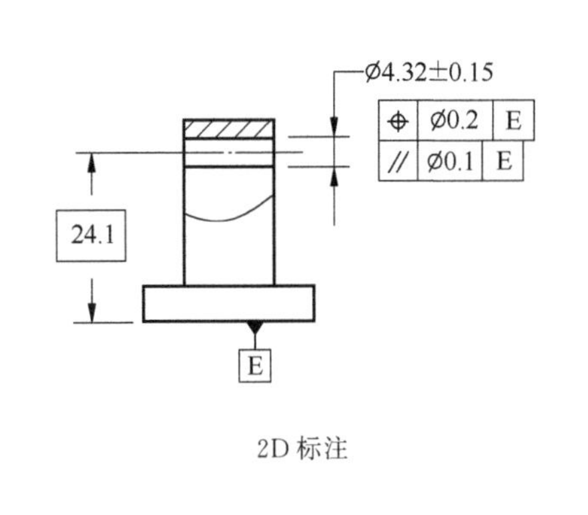 2D 标注			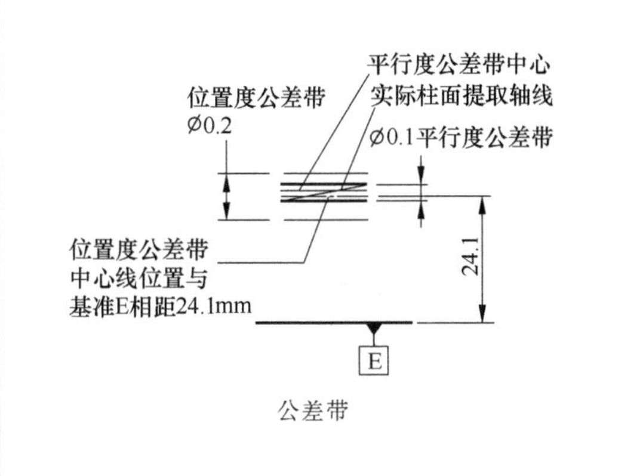 公差带		
注意	①平行度属于定向控制，是倾斜度在 0°或 180°的特殊状态，必须参考基准。因为不能定位，通常需要同尺寸公差、轮廓度或位置度联合定义公差特征。 ②公差特征的尺寸公差 $\phi 4.32\pm0.15$ 适用包容原则，合格尺寸 d 范围：$\phi 4.17\text{mm}\leqslant d\leqslant\phi 4.47\text{mm}$。 ③第一行公差控制框是位置度控制，对公差特征进行定位约束，创建直径为 ϕ0.2mm 的柱面公差带，公差带中心位置定位于 E 基准 24.1mm 的位置。 ④第二行公差控制框是平行度控制，对公差特征进行定向约束，创建宽度为 ϕ0.1mm 的柱面公差带，公差带中心位置无要求。创建了最小相关 AME 尺寸为 ϕ4.07mm				

18.9 平行度控制轴线与 MMC 修正

平行度控制轴线与 MMC 修正见表 18-9。

表 18-9 平行度控制轴线与 MMC 修正

符号	类型	基准参考	公差带形状	可用公差修正符号	可用基准修正符号
//	定向	必须	平行面(线)	ⒻⓂⓁⓅ(ST)	ⓂⓁⒻ▷

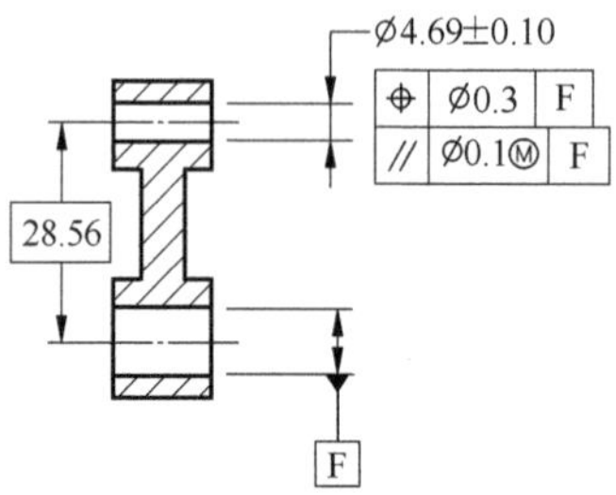

Ø4.69±0.10

⌖	Ø0.3	F
//	Ø0.1Ⓜ	F

28.56

2D 标注

位置度公差带中心线位置与基准F相距28.56mm

实际柱面提取轴线

位置度公差带Ø0.3

MMC尺寸Ø4.59时Ø0.1平行度公差带

平行度公差带中心

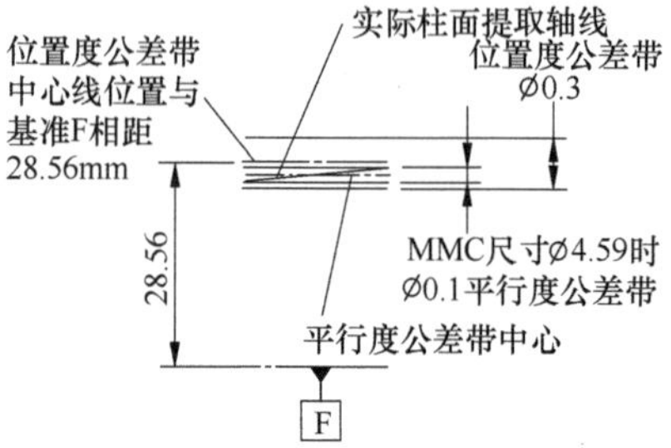

公差带

	直径 ϕ	允许的平行度公差带 ϕ	实效边界 VC ϕ
MMC	4.59	0.1	4.49
↓	4.69	0.2	4.49
LMC	4.79	0.3	4.49

注意

①平行度属于定向控制，是倾斜度在 0°或 180°的特殊状态，必须参考基准。因为不能定位，通常需要同尺寸公差、轮廓度或位置度联合定义公差特征。

②公差特征的尺寸公差 ϕ4.69±0.10 适用包容原则，合格尺寸 d 范围：ϕ4.59mm≤d≤ϕ4.79mm。

③第一行公差控制框是位置度控制，对公差特征进行定位约束，创建直径为 ϕ0.3mm 的柱面公差带，公差带中心位置定位于 F 基准 28.56mm 的位置。

④第二行公差控制框是平行度控制，对公差特征进行定向约束，创建宽度为 ϕ0.1mm 的柱面公差带，公差带中心位置无要求。创建了最小相关 F 基准 AME 尺寸为 ϕ4.49mm

18.10 平行度与相切面Ⓣ修正

平行度与相切面Ⓣ修正见表 18-10。

表 18-10　平行度与相切面Ⓣ修正

<table>
<tr><td colspan="2">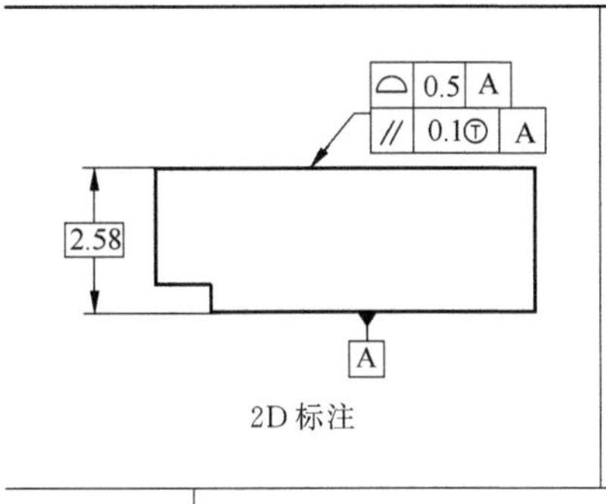

2D 标注</td><td>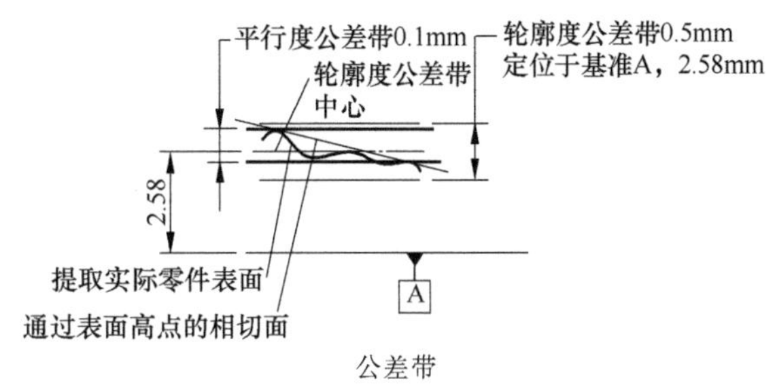

公差带</td></tr>
<tr><td>注意</td><td colspan="2">①相切面符号修正Ⓣ,建立了同零件高点接触的平面,通过高点建立平行于基准平面 A 的平行面公差带,平行面的距离小于公差控制框中公差值为合格条件。
②因平行控制不控制面的位置,因此需要轮廓度或尺寸公差来充分定义公差特征,图纸 0.5mm 的轮廓度公差定向于基准面 A,且定位于基准 A 在 2.58mm 的高度。
③相切符号在功能上模拟了实际零件同基准面贴合的情况。
④当使用相切面符号时,平行度不能控制平面度</td></tr>
</table>

第19章 定位控制

19.1 定位控制介绍

Y14.5 在 2018 版中的定位控制只保留位置度，对于同心度和对称度控制，Y14.5 归总到同轴控制方法中，推荐了位置度、轮廓度和跳动控制的方法来实现。

定位控制的目的是解决系统集成问题，只应用于尺寸特征，位置度主要的功能如下：

① 建立尺寸特征的中心距，如图 19-1（a）所示；

② 建立尺寸特征相对基准的位置，如图 19-1（b）所示；

③ 建立尺寸特征的同轴关系，如图 19-1（c）所示；

④ 建立尺寸特征的对称关系，如图 19-1（d）所示。

位置度应用的要求如下：

① 必须使用名义尺寸定义公差带的中心点、轴线或中心面。

② 当使用 MMC 和 LMC 实体材料原则修正公差带时，建立了实效边界 VC，实效边界也是理想几何特征，其中心同名义尺寸定义的中心重合，VC 代表装配的净空间，特征的材料变化必须在这个边界之外，如图 19-2 所示。

③ 理论位置（true position）即使用名义尺寸建立理想几何特征，如公差带、VC 边界的中心。其他 GD&T 理想几何特征归纳如下：

a. MMB 边界；

b. LMB 边界；

c. 相关 AME；

d. 不相关 AME；

e. 相切面；

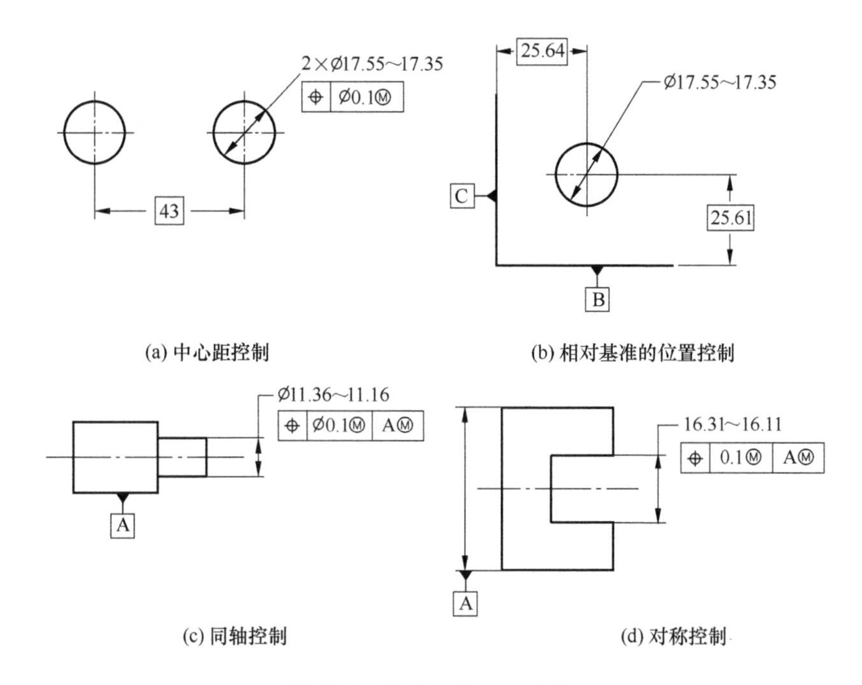

图 19-1　位置度的主要功能

f. 基准目标；

g. 数学定义的轮廓。

④ 公差控制框中的公差和基准必须使用三种实体材料修正（Ⓜ、Ⓛ、RFS/RMB）中的一种，默认为 RFS/RMB。

⑤ 如图 19-3 所示，使用 MMC 修正的零位置度公差可以增大公差带区间，降低成本。GD&T 的零位置度公差的设计理念同价值工程中按照功能进行成本分配的理念是一致的，也符合精益生产减少浪费的思想，应该鼓励工程师使用。

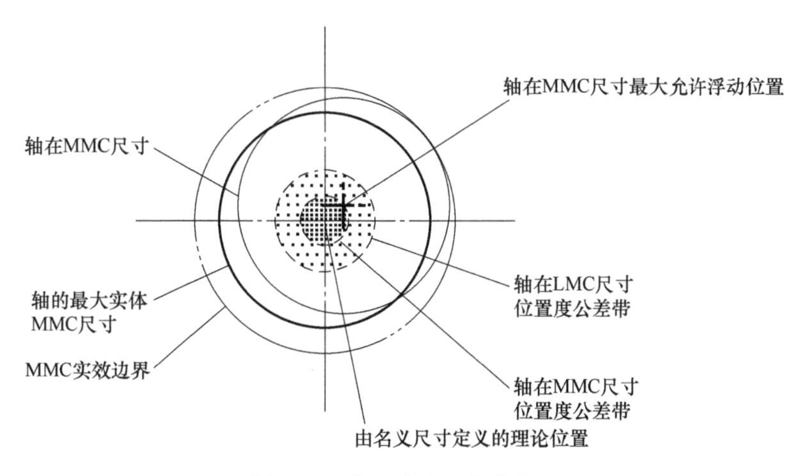

图 19-2　位置度建立的边界

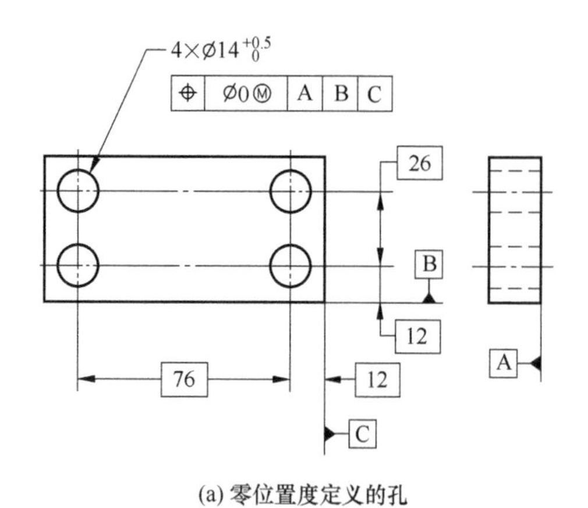

(a) 零位置度定义的孔

VC边界 Ø	孔不相关AME边界 Ø	允许的位置度公差带 Ø
14.0	14	0
	14.1	0.1
	14.2	0.2
	14.25	0.25
	14.3	0.3
	14.4	0.4
	14.5	0.5

(b) 公差带的解释

图 19-3 零位置度控制

19.2 位置度在对称和同轴控制中的应用

图 19-4 所示是 LMC 修正的位置度公差控制，零件为齿状 360°对称结构，因此只需要支撑面基准 A 和轴线基准 B 就可以完全约束零件的空间自由度。LMC 修正要求：当每个齿槽在最大尺寸（LMC 尺寸，3.55mm）时的位置度为 0.5mm；当从 LMC 变化到 MMC 尺寸时，位置度获得补偿；当达到最小尺寸（MMC 尺寸，3.45mm）时，位置度获得最大允许值 0.6mm，如图 19-4（b）所示。根据 LMC 修正要求，3.5mm 宽的齿槽边缘同公差带中心线（通过基准 B 轴线）最大距离为 2.025mm，相当于每个齿槽的对称控制。

12 个齿槽的宽度 3.5±0.05 适用包容原则，要求槽宽的两点尺寸在 3.45mm 到 3.55mm 之间。

图 19-5 所示是最小实体材料 LMC/LMB 修正的同轴控制。基准 A 使用 LMB 修正 AⓁ，即基准的模拟边界为材料内部 ϕ19.0mm 的柱面，通常通过三坐标测量软件模拟实现。按照基准 A 的尺寸要求，每个截面的最大尺寸不能超过 ϕ19.5mm。

同轴于 A 基准轴线的孔的尺寸公差要求 ϕ110/−0.05，适用包容原则，孔的每个截面上的尺寸 d 的范围：$\phi 10.95\text{mm} \leqslant d \leqslant \phi 11\text{mm}$。

Ø0Ⓛ公差带使用 LMC 修正，当孔的直径为 LMC ϕ10.95mm 时，同轴偏差为 ϕ0mm；当孔直径从 LMC 变化到 MMC（ϕ11mm）时，同轴偏差获得最大值 ϕ0.05mm。

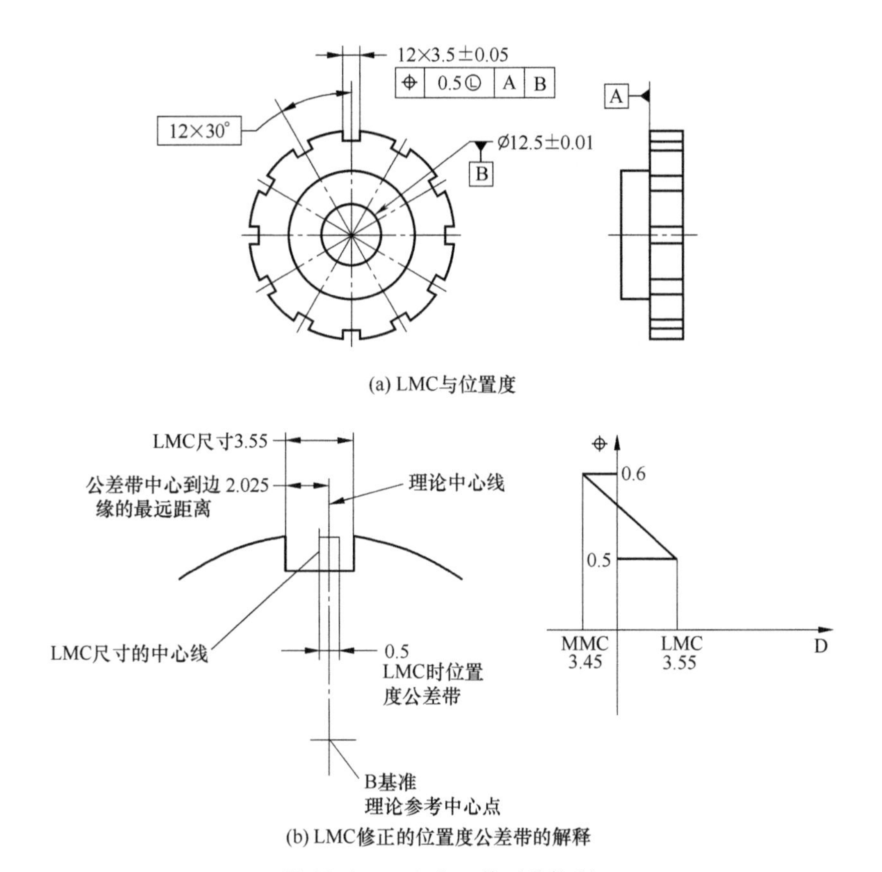

(a) LMC与位置度

(b) LMC修正的位置度公差带的解释

图 19-4　LMC 修正的对称控制

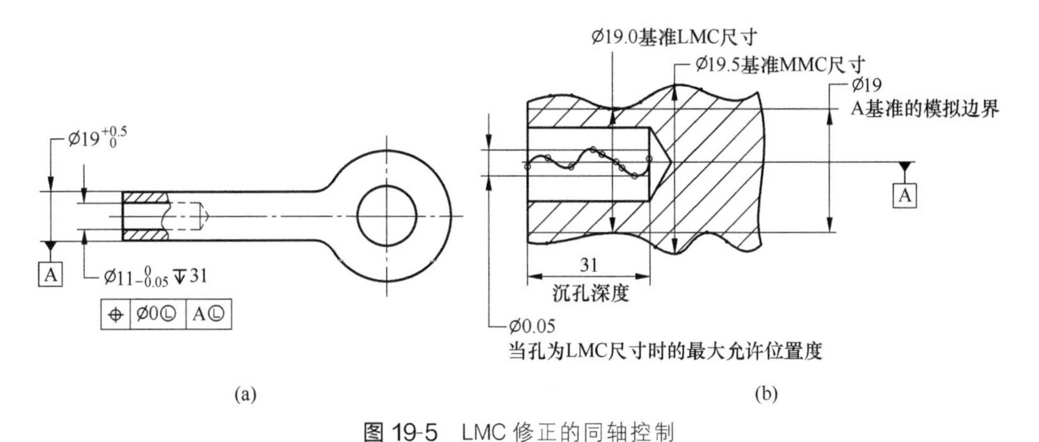

(a)　(b)

图 19-5　LMC 修正的同轴控制

如图 19-6 所示，(a) 和 (b) 的设计方案不同之处在于沉孔的处理。(a) 的方式使用同一个基准框架 | A | BⓂ |控制 8 个 ϕ6.3mm 通孔和 8 个 ϕ9.4mm 沉孔。加工过程也是通过一次装夹完成这些通孔和沉孔的加工，这是按照工艺的方式进行定义位置度控制。

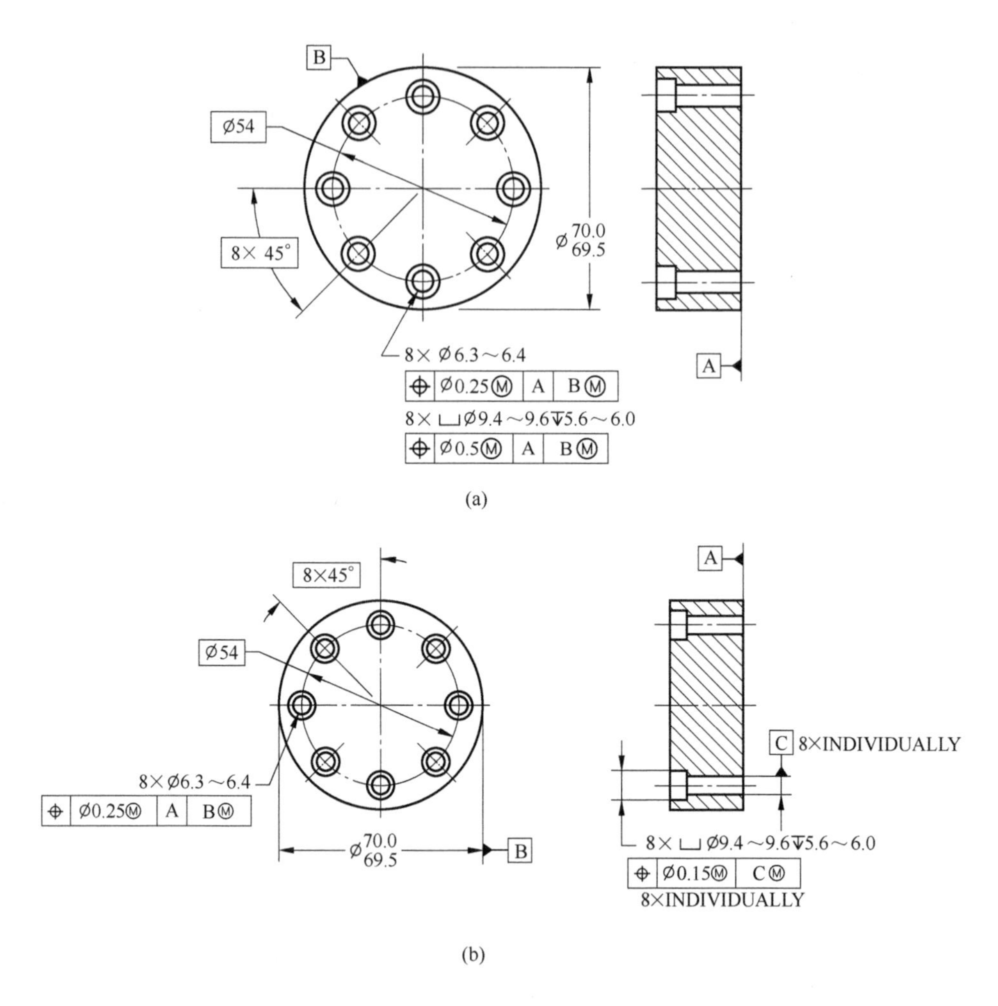

(a)

(b)

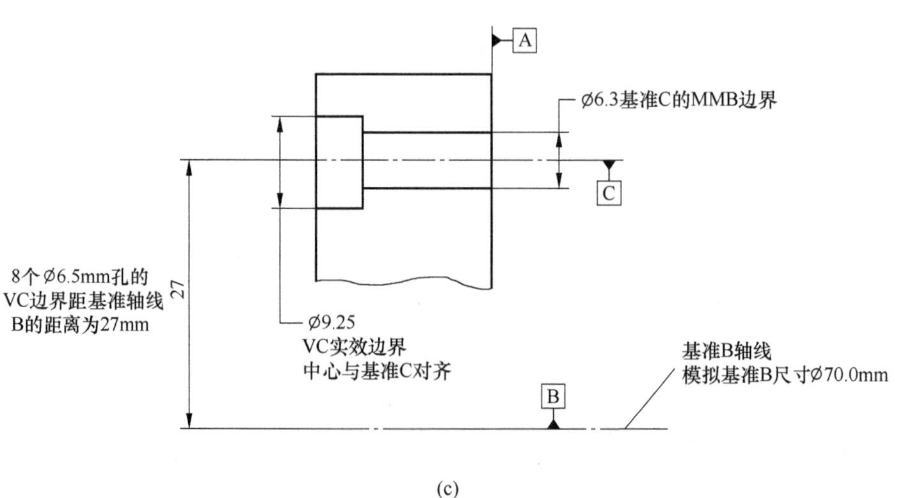

(c)

图 19-6 MMC 修正的位置度控制

工程应用的沉孔通常是保证螺栓的螺母部位的装配，螺母是与螺杆同轴的，所有的螺母应该相互独立控制，但图（a）中的螺母却是要求同步控制。按照价值工程的理念，螺母的相互间的位置精度并不是设计或装配功能的目的，应该去除以减少浪费。图（b）中的定义方式是通过基准框架 |A|B⊛| 来定位加工零件的8个通孔 ϕ6.3mm。这8个通孔轴线作为基准C来进行沉孔的同轴控制，公差控制框下面使用独立控制（individually）要求，取消GD&T默认的同步控制要求，进一步降低控制成本。所以图（b）是按照产品的功能进行设计的GD&T要求。

图（c）是对于图（b）标注的解释，8个基准C的尺寸特征通孔的实效边界VC是 ϕ6.05mm，沉孔引用的基准框架 |C⊛|，使用MMB边界 d6.3mm。沉孔的实效边界VC为 ϕ9.25mm，8个沉孔边界的中心线位置各自独立对齐于通孔轴线。

19.3 位置度在阵列孔控制中的应用

对于深孔加工（如枪钻等）很难保证不同深度上孔的位置度的一致性，如图19-7（a）所示是对于深孔加工的解决方案。

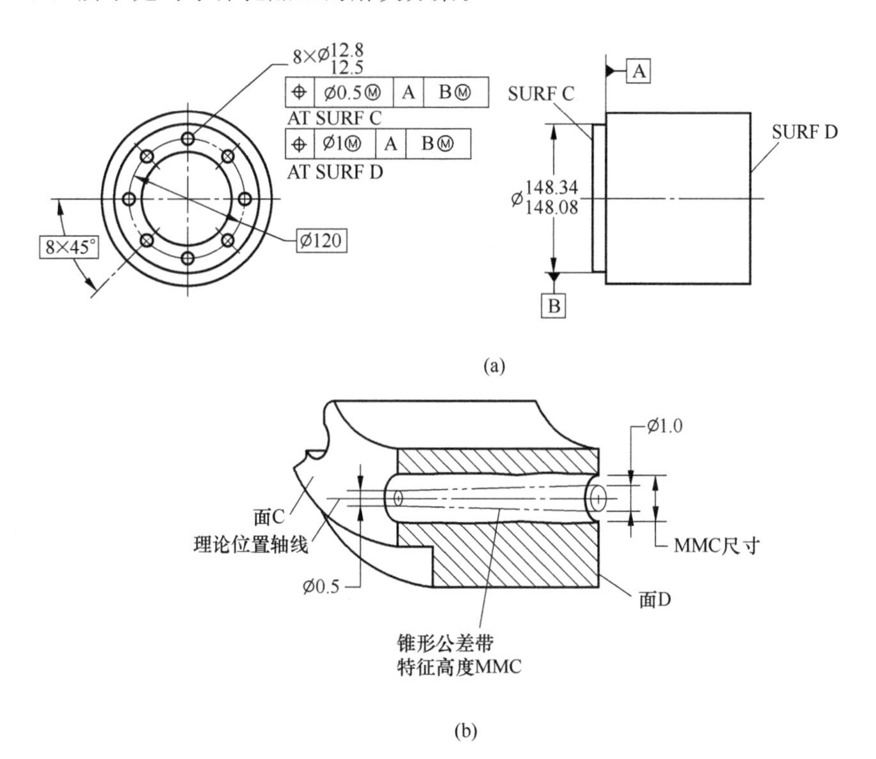

图19-7 深孔位置定义

零件上的 8 个深孔定位在基准框架 |A|BⓂ| 内，分别在深孔的两个面 C 和 D 进行两次位置度定义，GD&T 默认这两个公差控制框同步控制。

在面 C 的一端，孔的位置度要求是 |Ø0.5Ⓜ|。

MMC 修正的公差带创建了 8 个孔的实效边界 VC=ϕ12.4mm。当孔的尺寸从 MMC 变化到 LMC 尺寸，孔的位置度从 *d*0.5mm 变化到 ϕ0.8mm。

在面 D 的一端，孔的位置度要求是 |Ø1Ⓜ|。

MMC 修正的公差带创建了 8 个孔的实效边界 VC=ϕ11.5mm。当孔的尺寸从 MMC 变化到 LMC 尺寸，孔的位置度从 ϕ1mm 变化到 ϕ1.3mm。

可见 C 端和 D 端的实效边界要求不同，GD&T 要求中间部分为锥面过渡的公差带形状。在检测时检测销的形状不是传统的柱面，而是锥面。

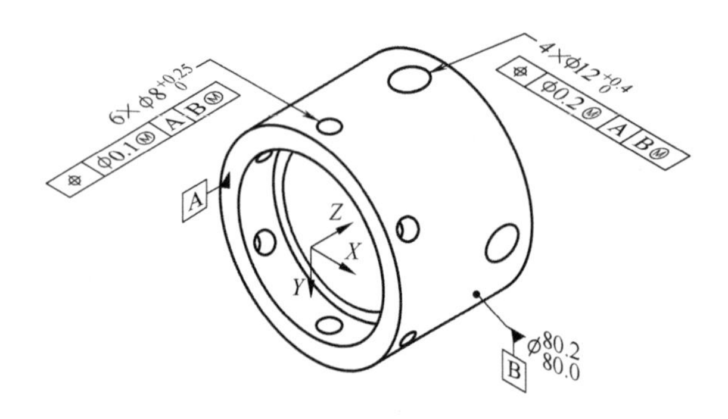

图 19-8 不相互平行的孔的位置度定义

图 19-8 所示是轴线不相互平行的孔的位置度定义。因为各自的孔都有充分的名义尺寸定义（参考 3D 数模），所以位置度的应用意义相同，只是检具的设置较为复杂。6 个 ϕ8mm 和 4 个 ϕ12mm 需要同步进行验证 VC 边界，6 个 ϕ8mm 的 VC 边界值为 ϕ7.9mm，4 个 ϕ12mm 孔的 VC 边界为 ϕ11.8mm。基准 B 只有尺寸标注，遵循公差原则 1#，在基准框架中使用 MMB 修正，基准 B 的模拟边界为 ϕ80.2mm 的柱面。

同 ISO GPS 方法一样，GD&T 也是使用组合公差控制框的方法定义阵列孔的控制，两个几何公差体系只是语法上稍有差别，其控制原则基本相同，见图 19-9。读者可以参考 ISO GPS 章节内容。

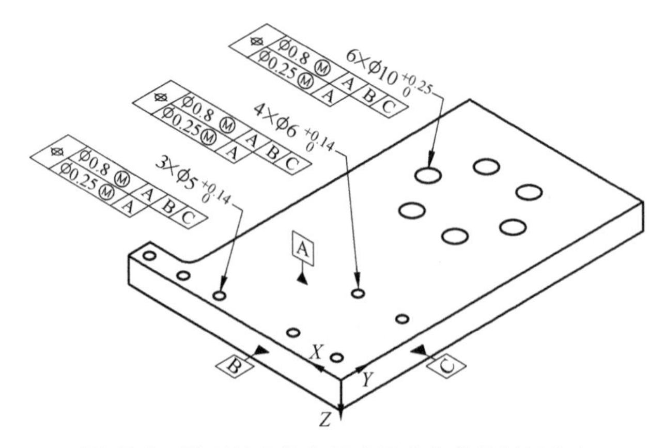

图 19-9 阵列特征的位置度组合公差控制框定义

对于 6 个 d10mm 的孔：

组合公差控制框的第一行称为 PLTZF（pattern-locating tolerance zone framework），根据参考的基准框架 |A|B|C| 约束阵列孔的定位和定向，要求方法同一般位置度公差控制框相同。

组合公差控制框的第二行称为 FRTZF（feature-relating tolerance zone framework），是控制阵列内特征相互之间的定向的定位，对于参考的基准框架只有定向约束（如平移或旋转），要求方法同一般位置度公差控制框解释不同。

PLTZF 考虑的是 6 个孔的整体浮动量，FRTZF 考虑的是 6 个孔轴线的相互位置和轴线平行的关系，且这些轴线在垂直于基准 A 条件下可以平移和旋转。

19.4 位置度与材料边界

位置偏差可以通过面的方式或通过实际包容边界的中心点、线、面的方式来合理解释，这两种方式在 GD&T 系统中被称为“面的方式”和“解析几何的方式”。但这两种方式并不总是完全相等，会对合格或不合格的判断有差异。存在区别的原因在于解析几何方式假设特征是理想形状几何体，而面的方式假设是理想定向几何体。本章节讨论对于位置度的精确定义方式。

图 19-10 所示是 MMC 修正的零位置度定义的孔 |⌀0Ⓜ|，其实效边界 VC 等于孔的 MMC 尺寸。面的方式解释是：实际加工孔的表面虽然总是存在偏差，但只要不破坏这个实效边界 VC，就可以认为是合格品。解析几何的方式解释是：孔的实际表面不相关 AME 边界形成的轴线距离理论位置超出允许公差带范围，导致这个孔被判定为不合格品。当存在判定上有差异的情况，GD&T 推荐解释判定采用面的方式，比如此例按照面的方式，应判定合格。

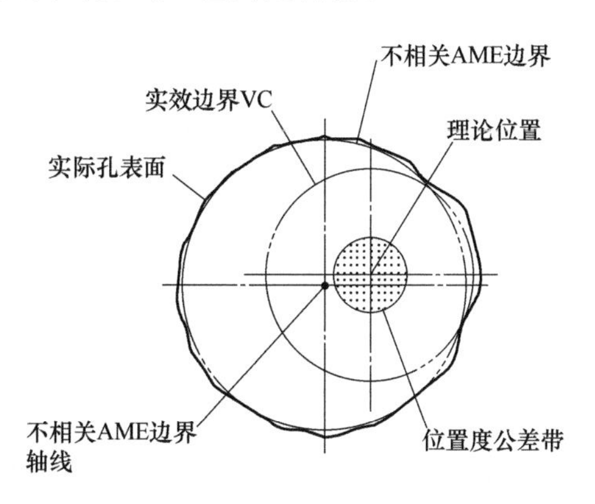

图 19-10 位置度在面的方式和解析几何方式上的差异

第20章 轮廓度控制

20.1 轮廓度介绍

轮廓度控制功能主要用来进行产品外观（appearance）控制，通过调整基准的数量或基准约束的自由度可以进行大小、形状、方向、位置的定义。因为其综合功能最全，又常被用来作为一般公差定义。轮廓度控制分为面轮廓度控制和线轮廓度控制，如图 20-1 所示。因为增材加工（如 3D 打印）和光刻微纳加工新技术的兴起，轮廓度控制在产品设计中变得更加重要，Y14.5—2018 也针对轮廓度的功能进行扩展，引入新的轮廓度控制修正符号。ASME Y14.5.1 在 2020 年更新到 2019 版，对于轮廓度数学解释也进行了重新定义。

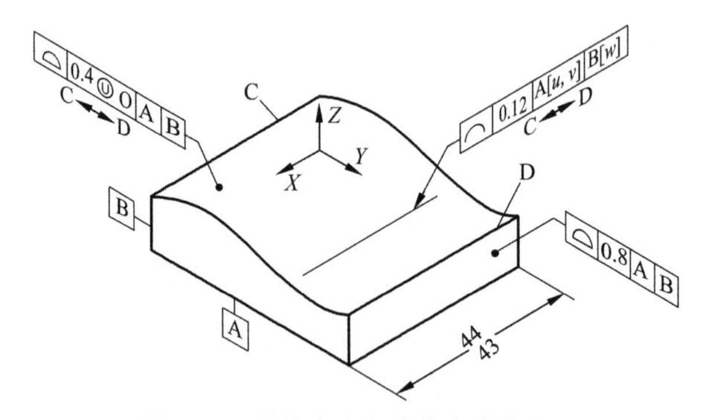

图 20-1　面轮廓度和线轮廓度定义

面轮廓度和线轮廓度的区别是，面轮廓度的公差带是三维形状，而线轮廓度的公差带是存在于一个二维平面上的二维公差带。相对来说，二维的线轮廓度的控制成本较低，制造可行性高。如飞机机翼等产品，如果只需要进行剖面的轮廓定义，最好采用线轮廓度控制。如图 20-1 所示，零件上表面面轮廓度控制是上表面全部点在公差带内，而线轮廓度控制要求是 X 轴线方向的上表面的每个独立截面上直线的要求。它们在这个产品的组合应用各自的目的是线轮廓度控制的是形状精度（每循环 CNC 的路径），而面轮廓度控制产品的截面变化的平顺性（刀具重新定位的精度）。

轮廓度默认创建以理论轮廓（true profile）为中心，方向垂直于理论轮廓表面，均匀分布的公差带。如果需要不等边分布和不均匀分布，需要进行特殊定义，如使用不等边分布符号Ⓤ。

轮廓度应用还应注意的是控制范围的问题，设计者应该尽量缩小面轮廓的控制区域以降低成本，因此轮廓度提供了很多控制区域的方式和修正符号，如↙○、↔，特殊情况也可以在特征表面上直接划出受控区域。

如图 20-2 所示，轮廓度也可以使用组合公差控制框的方式，其意义同位置度的组合公差控制框相似。不过位置度控制的是阵列尺寸特征的轴线、中心线和中心面，而轮廓度控制的是具体的阵列特征面。

⌓	0.8	A	B	C
	0.1	A		

图 20-2　轮廓度的组合公差控制框

20.2　轮廓度的公差带

本章节的内容主要来自 Y14.5.1，几何公差原则的数学定义部分。轮廓度的公差带分为均匀等边、不等边不均匀形状控制。

图 20-3 是轮廓度定义应用，没有任何公差带修正符号的情况下，默认等边分布，公差带的中心为理论轮廓（数模表面），公差特征的所有点都在 MMB 和 LMB 的边界之内为合格品。

GD&T 的轮廓度引入了增长参数 g 来判定合格条件，增长参数的建立原则是：

① 上下两个边界各有一个 g；

② 这两个 g 相等，取距离上或下公差带边界最大值（极值点）为 g 值；

③ 在公差带内部 g 为负值，在公差带外部 g 为正值。

图 20-3（a）是等距公差带的定义，公差带的宽度为 t_0，偏离理论轮廓值的一半 $t_0/2$ 建立 LMB 和 MMB 边界，基准框架为 |A|B|C|。

图 20-3（b）是轮廓度理论公式和测量结果输出规则，实际加工零件的轮廓总会产生偏差，形成材料内部和外部的极值点，体现公差带的位置约束，计算上使用 g 参数，输出结果公式为：

$$实测结果=t_0+2g$$

图 20-3（c）是根据（b）的计算案例，假设轮廓度要求为 |⌓|0.5|A|B|C|，实际轮廓外侧极值点和内侧极值点中选择距离实体材料边界值较大的一侧 g 值，选

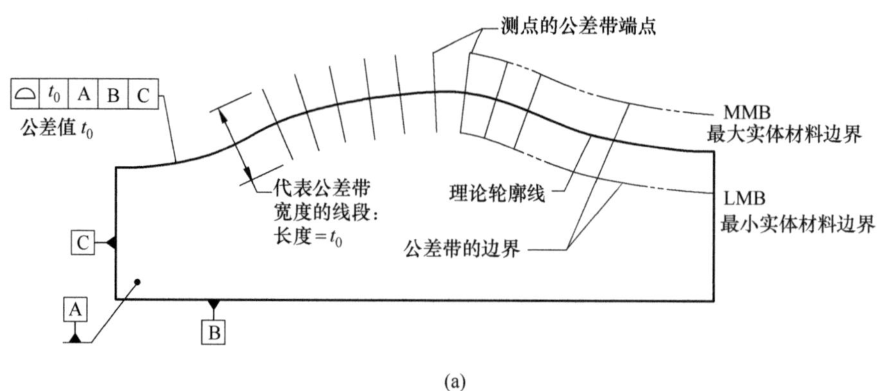

(a)

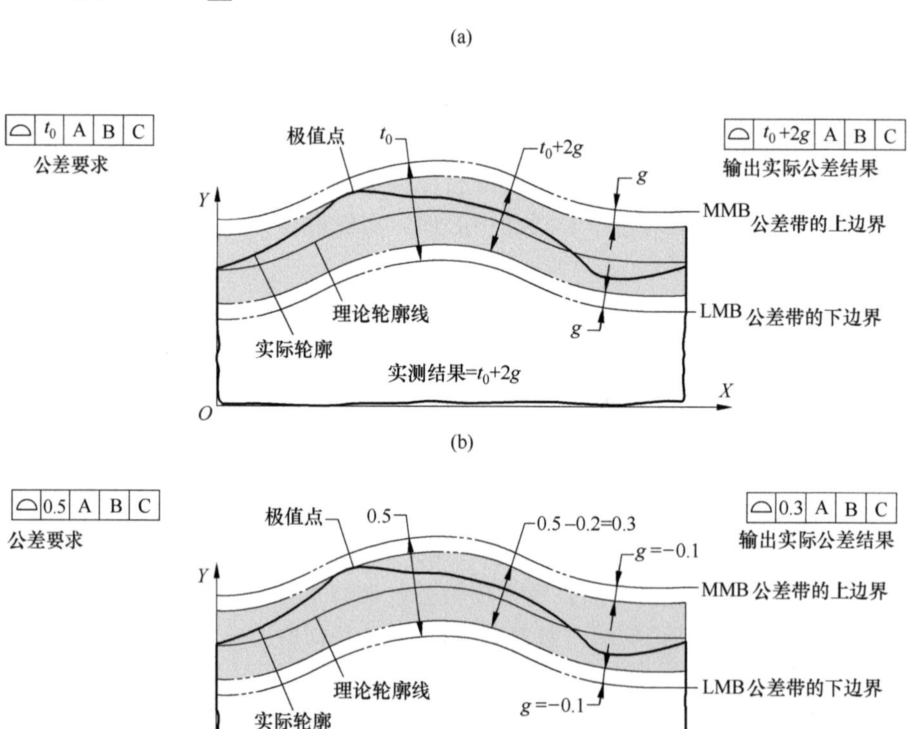

(b)

(c)

图 20-3 等边分布

用外侧极值点作为 g（−0.1mm）参数，输出结果为：

$$t=0.5-2\times0.1=0.3\text{mm}$$

图 20-4 所示是不等边分布的定义方法和各种参数，不等边分布需要使用Ⓤ符号修正公差带，Ⓤ符号前是轮廓度公差带的全部宽度，Ⓤ符号后是轮廓度公差带的MMB 边界同理论轮廓之间的宽度，＋符号表示向材料外侧偏置，－符号表示向材料内侧偏置。

图 20-4（a）定义了不等边轮廓度的标注方法|⌓|t_0Ⓤt_u|A|B|C|，为了公差带有

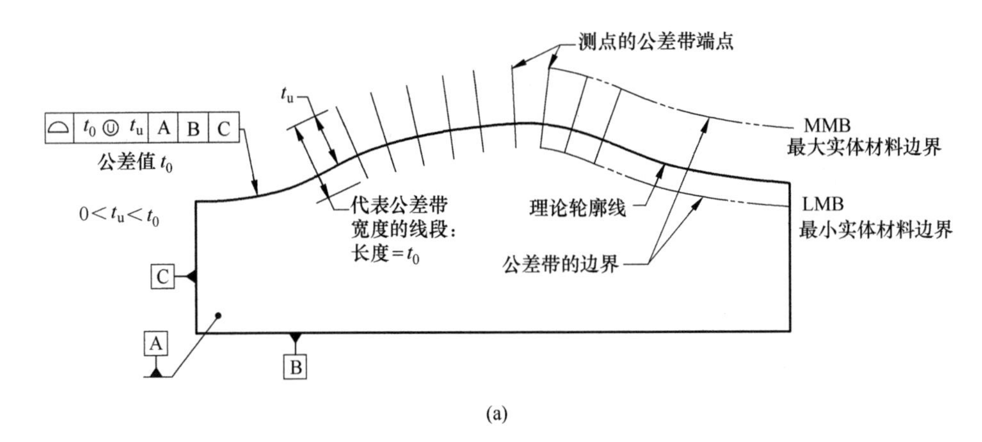

(a)

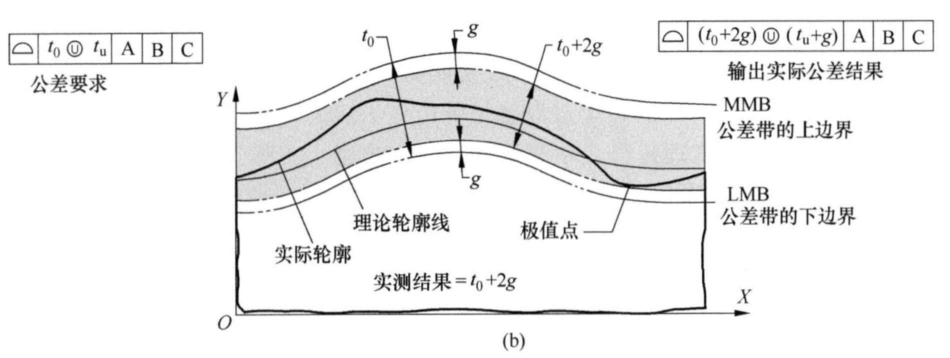

(b)

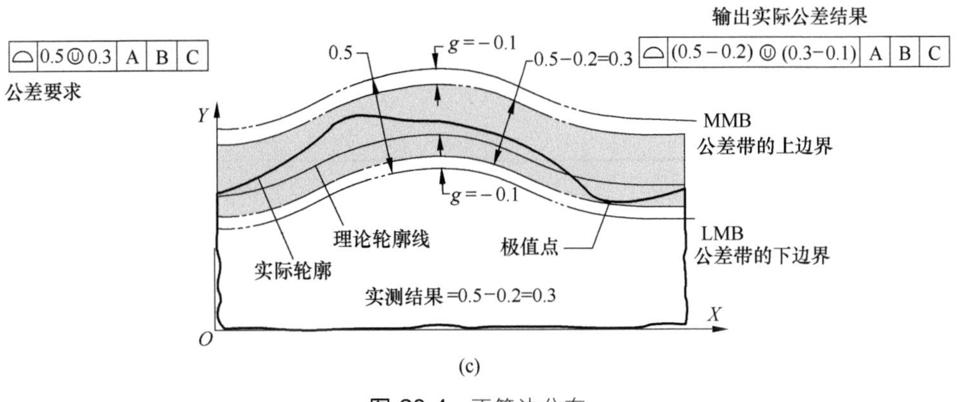

(c)

图 20-4 不等边分布

实际意义，应 $0 \leqslant t_u \leqslant t_0$。公差带的宽度为 t_0，偏离理论轮廓材料外侧 t_u 建立上边界 MMB，偏离理论轮廓材料内侧 $t_0 - t_u$ 建立下边界 LMB。

图 20-4（b）是轮廓度理论公式和测量结果输出规则，实际加工零件的轮廓总会产生偏差，形成材料内部和外部的极值点，体现公差带的位置约束，计算上使用 g 参数，输出结果公式为：

$$\text{实测结果} = t_0 + 2g \ Ⓤ\ t_u + g$$

图20-4（c）是根据（b）的计算案例，假设轮廓度要求为|⌓|0.5Ⓤ0.3|A|B|C|，建立偏离于理论轮廓材料外侧0.3mm的MMB上边界，偏离于理论轮廓材料内侧0.2mm的LMB下边界。在实际轮廓外侧极值点和内侧极值点中选择距离实体材料边界值较大的一侧g值，选用内侧极值点作为g（−0.1mm）参数。因为没有超出MMB和LMB边界，所以g为负值。

输出结果为：$t=0.5-2\times0.1$ Ⓤ $0.3-0.1=0.3$ Ⓤ 0.2

图20-5所示是单边分布（材料外侧）的定义方法和各种参数，作为不等边分布需要使用Ⓤ符号修正公差带，Ⓤ符号前是轮廓度公差带的全部宽度，Ⓤ符号后是轮廓度公差带的MMB边界同理论轮廓之间的宽度。

图20-5（a）定义了单边轮廓度的标注方法|⌓|t_0Ⓤt_u|A|B|C|，单边分布是不等边分布的一种特殊情况：$t_u=t_0$。公差带的宽度为t_0，偏离理论轮廓材料外侧t_u建立上边界MMB，公差特征的理论边界就是下边界LMB。

图20-5（b）是轮廓度理论公式和测量结果输出规则，实际加工零件的轮廓总会产生偏差，形成材料内部和外部的极值点，体现公差带的位置约束，计算上使用

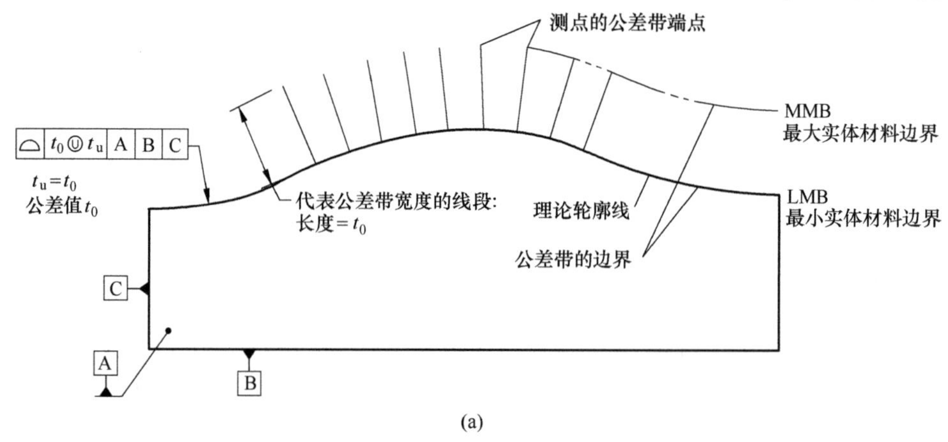

(a)

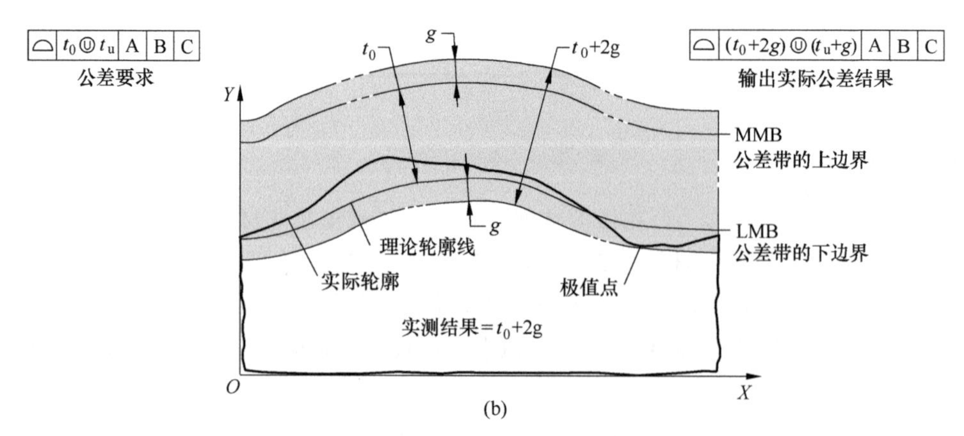

(b)

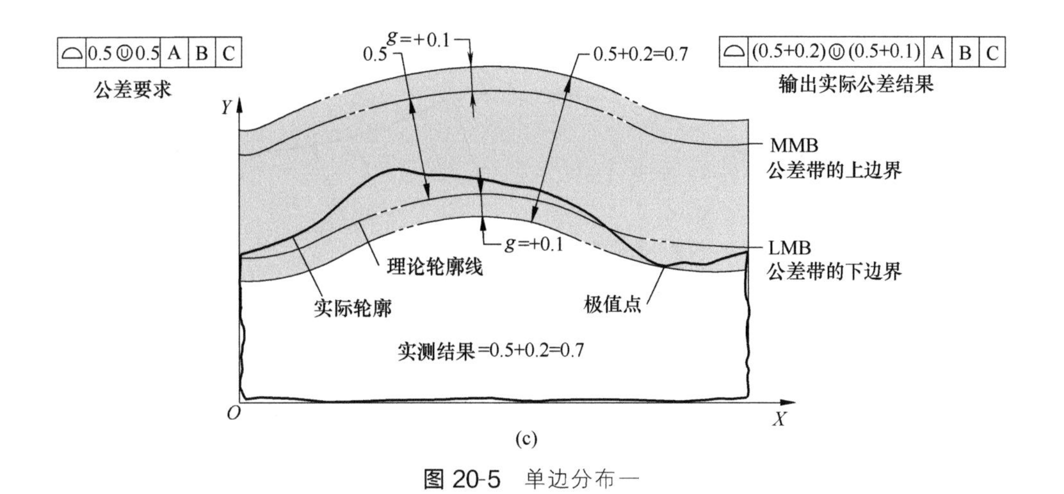

(c)

图 20-5　单边分布一

g 参数，输出结果公式为：

$$实测结果=t_0+2g\ Ⓤ\ t_u+g$$

图 20-4（c）是根据（b）的计算案例，假设轮廓度要求为 ⌓ 0.5 Ⓤ 0.5 | A | B | C，建立偏离于理论轮廓材料外侧 0.5mm 的 MMB 上边界，理论轮廓作为 LMB 下边界。在实际轮廓外侧极值点和内侧极值点中选择距离实体材料边界值较大的一侧 g 值，选用内侧极值点作为 g（+0.1mm）参数。因为超出 LMB 下边界，所以 g 为正值。

输出结果为：$t=0.5+2\times0.1$ Ⓤ $0.5+0.1=0.7$ Ⓤ 0.6（超差）

图 20-6 所示是单边分布（材料内侧）的定义方法和各种参数，作为不等边分布需要使用Ⓤ符号修正公差带，Ⓤ符号前是轮廓度公差带的全部宽度，Ⓤ符号后是轮廓度公差带的 MMB 边界同理论轮廓之间的宽度。

图 20-6（a）定义了单边轮廓度（材料内侧）的标注方法 ⌓ t_0 Ⓤ t_u | A | B | C，单边分布是不等边分布的一种特殊情况：$t_0=0$。公差带的宽度为 t_0，公差特征的理论边界就是上边界 MMB，偏离理论轮廓 t_u 建立公差带的下边界 LMB。

图 20-6（b）是轮廓度理论公式和测量结果输出规则，实际加工零件的轮廓总会产生偏差，形成材料内部和外部的极值点，体现公差带的位置约束，计算上使用 g 参数，输出结果公式为：

$$实测结果=t_0+2g\ Ⓤ\ t_u+g$$

图 20-6（c）是根据（b）的计算案例，假设轮廓度要求为 ⌓ 0.5 Ⓤ 0.5 | A | B | C，建立偏离于理论轮廓材料内侧 0.5mm 的 LMB 下边界，理论轮廓作为 MMB 上边界。在实际轮廓外侧极值点和内侧极值点中选择距离实体材料边界值较大的一侧 g 值，选用外侧极值点作为 g（+0.1mm）参数。因为超出 MMB 上边界，所以 g 为正值。

输出结果为：$t=0.5+2\times0.1$ Ⓤ $0+0.1=0.7$ Ⓤ 0.1（超差）

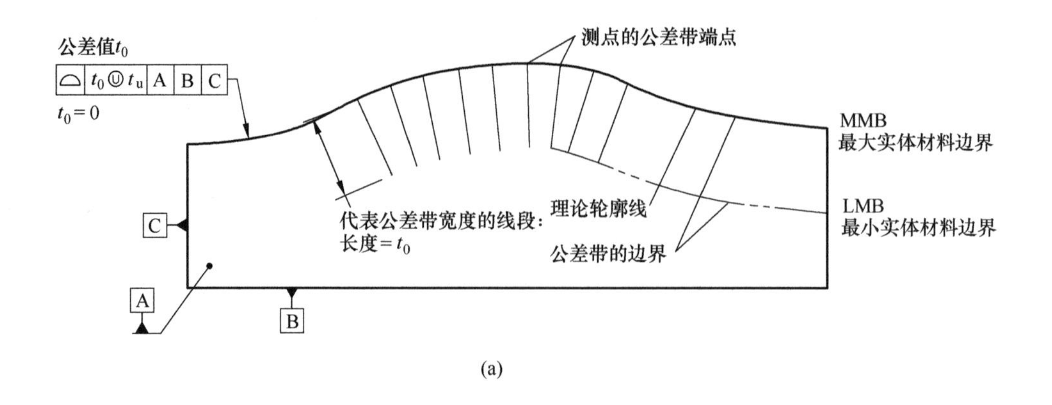

(a)

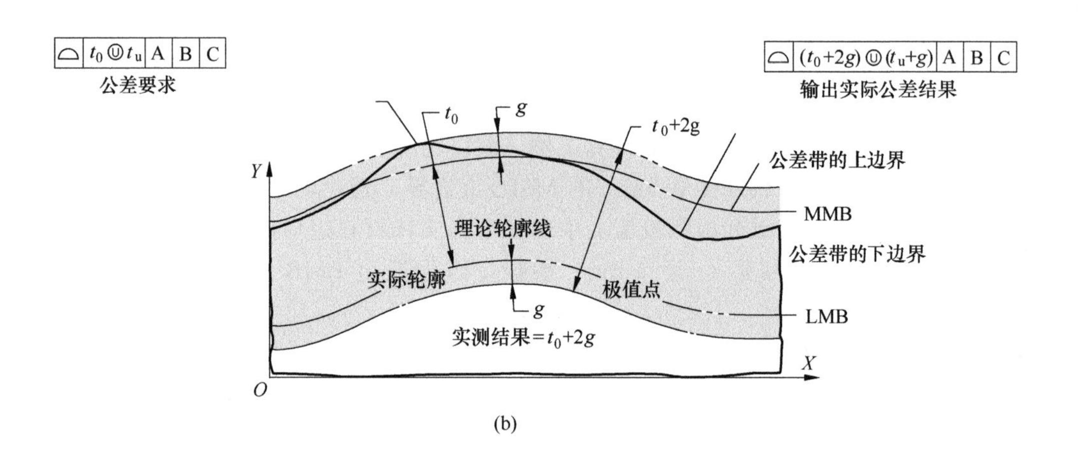

(b)

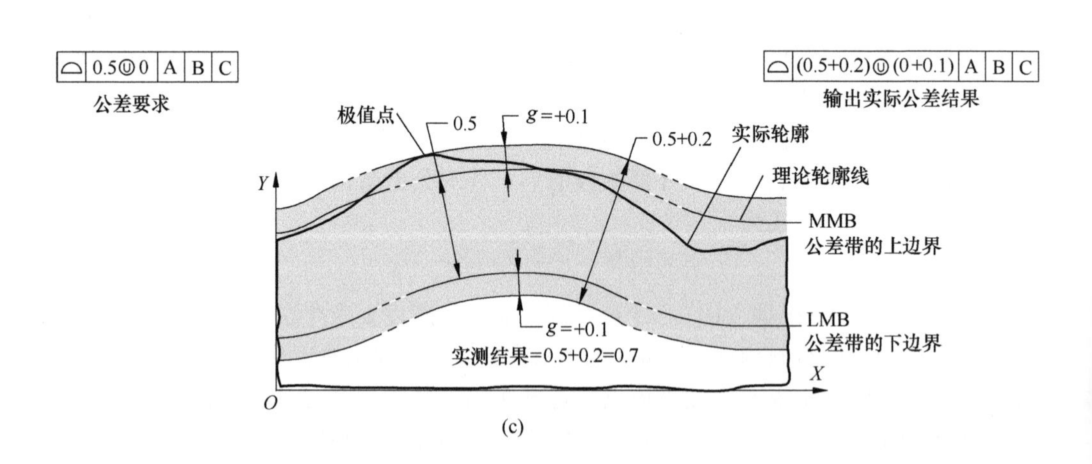

(c)

图 20-6 单边分布二

20.3　轮廓度的应用

（1）共面，无基准

见图 20-7。

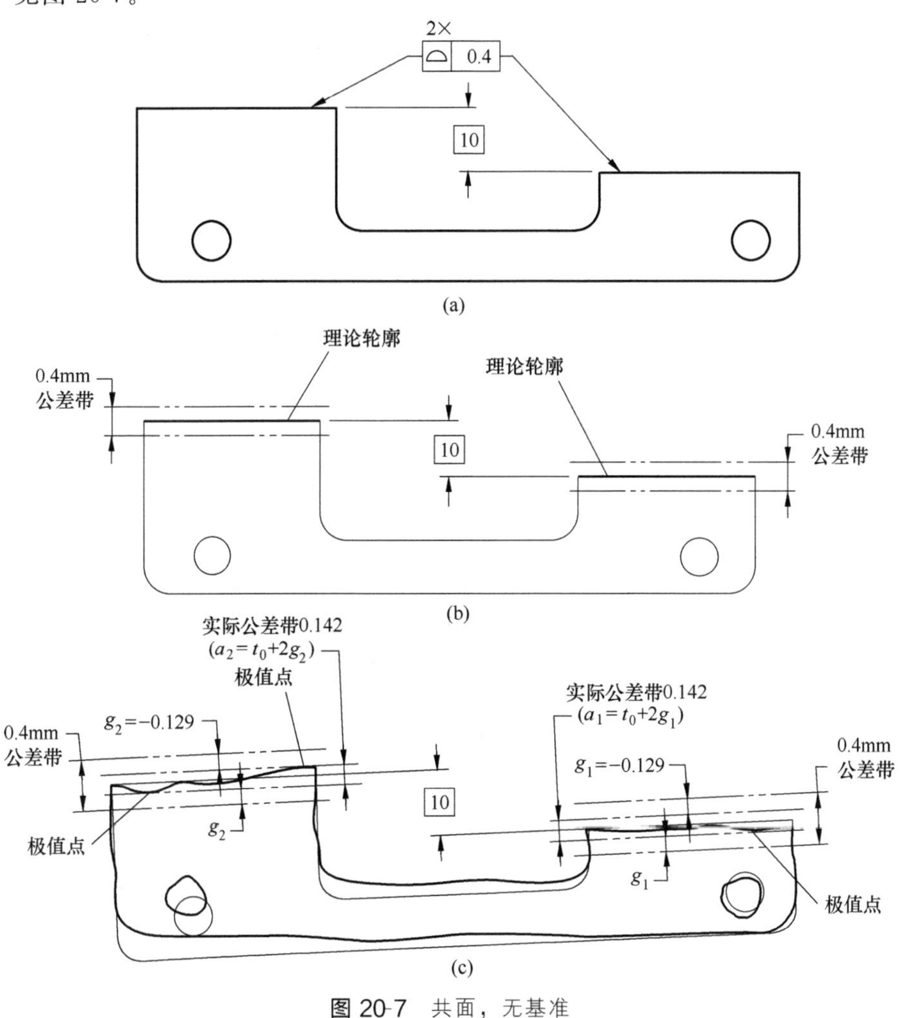

图 20-7　共面，无基准

① GD&T 默认同步原则，所以两个特征面共面控制，它们之间保持 10mm 的位置关系，且相互平行。

② 轮廓度默认等边分布，0.4mm 的公差带分别等距于各自的理论轮廓，两个公差带的中心线的距离为理论值 10mm。

③ 两个 0.4mm 的理论轮廓在零件上没有位置约束。

(2) 独立面，无基准

见图 20-8。

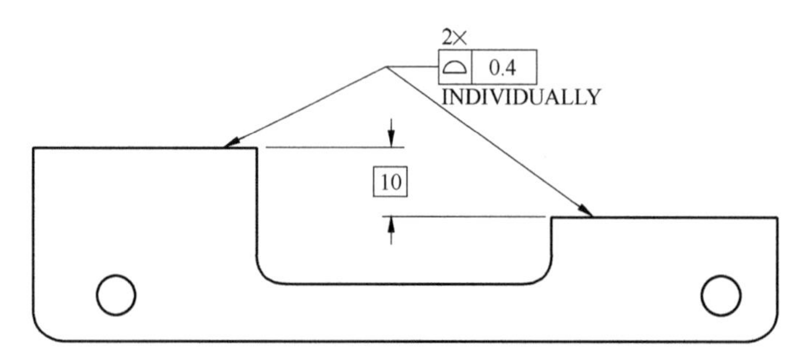

(a) 轮廓度定义，individually表示两个面独立控制

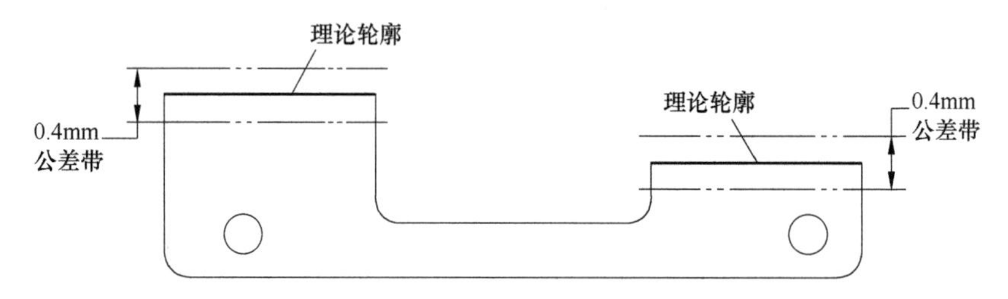

(b) 10mm不再具有两个特征面的距离约束功能

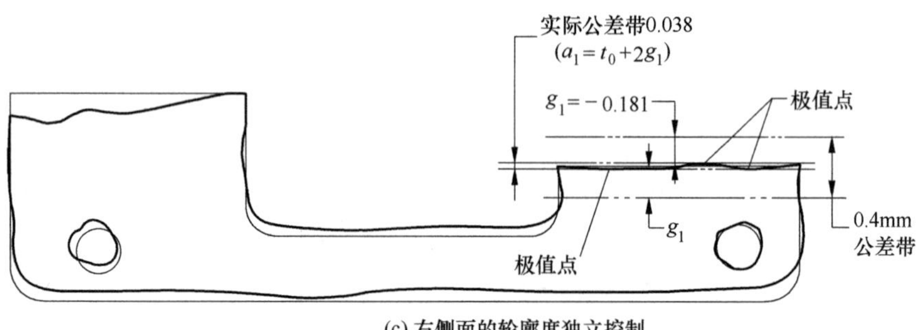

(c) 右侧面的轮廓度独立控制

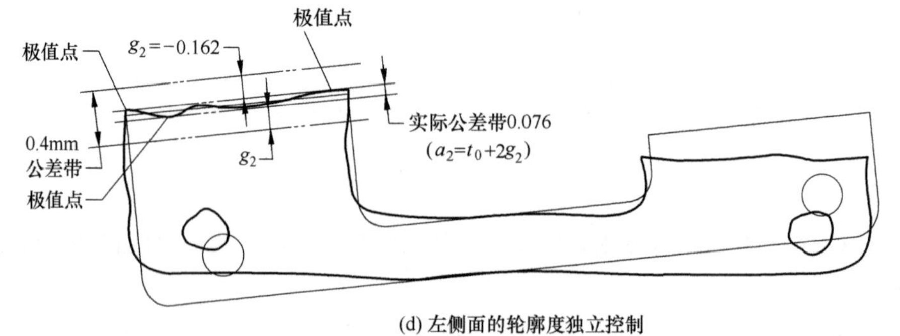

(d) 左侧面的轮廓度独立控制

图 20-8 独立面，无基准

① 轮廓度公差控制框下的 Individually 表示同步原则不适用，两个特征面各自独立进行轮廓度控制，它们之间不需要保持 10mm 的位置关系。

② 轮廓度默认等边分布，独立的 0.4mm 的公差带分别等距于各自的理论轮廓，两个公差带的中心线的距离不相关。

③ 因为轮廓度没有共面和位置要求，相当于各自满足形状要求（相当于平面度控制）。

(3) 共面，参考基准

见图 20-9。

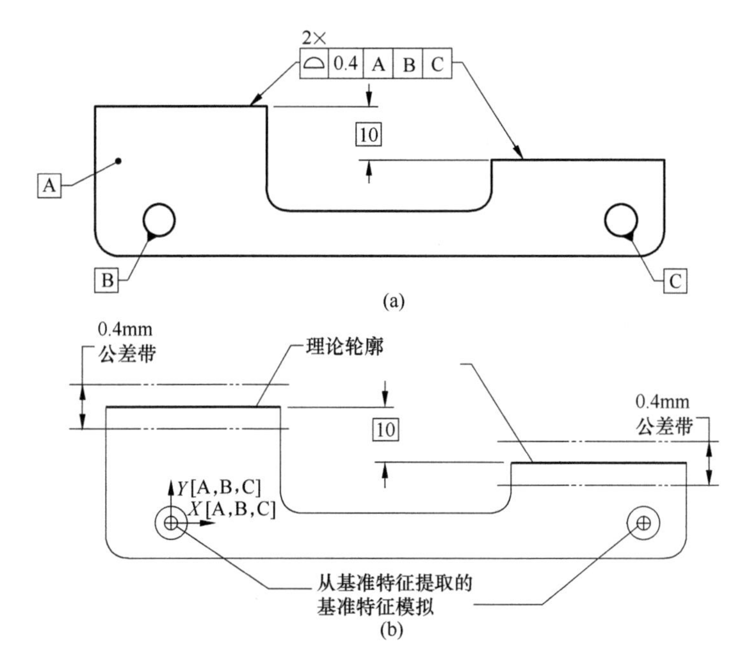

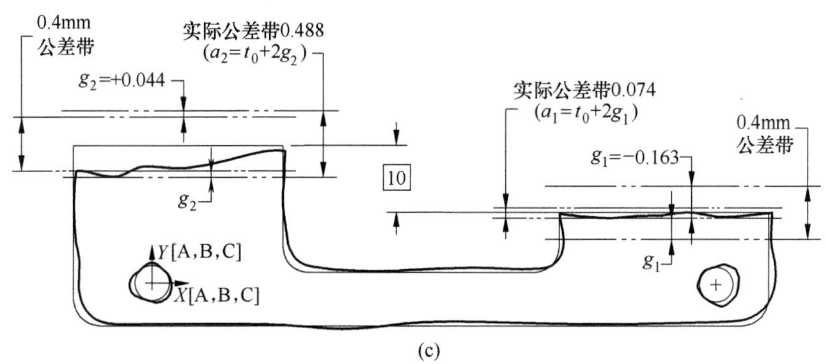

图 20-9　共面，参考基准

① 两个特征面默认共面控制，保持 10mm 的相互距离。两个特征面还需要在

零件上定位控制，基准框架为|A|B|C|。

② 因为基准 A、B、C 都是 RMB 修正，所以需要基准模拟器最大接触三个基准特征。主基准面为 A 面，主基准为 B 孔，次基准为 C 孔。

③ 要求两个公差带的平行面中心相距 10mm，且相互平行，定位在|A|B|C|基准框架内。

④ 此零件因为左侧超差，判定不合格。

(4) 共面，组合轮廓度

见图 20-10。

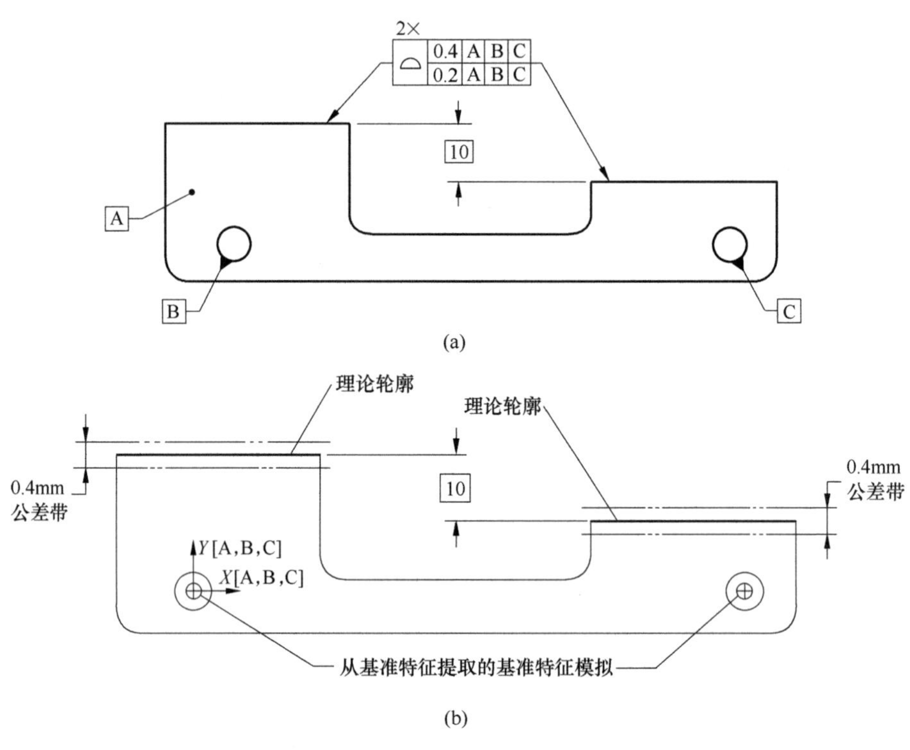

(a)

(b)

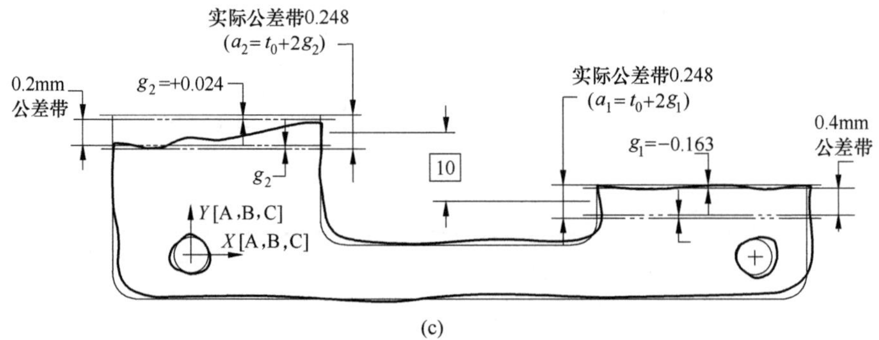

(c)

图 20-10 共面，组合轮廓度

① 第一行 PLTZF，控制两个特征面的位置各自在 0.4mm 的位置范围内。

② 第二行 FRTZF，定义了两个特征面的相互位置、形状和方向。

(5) 尖角的轮廓度控制

见图 20-11。

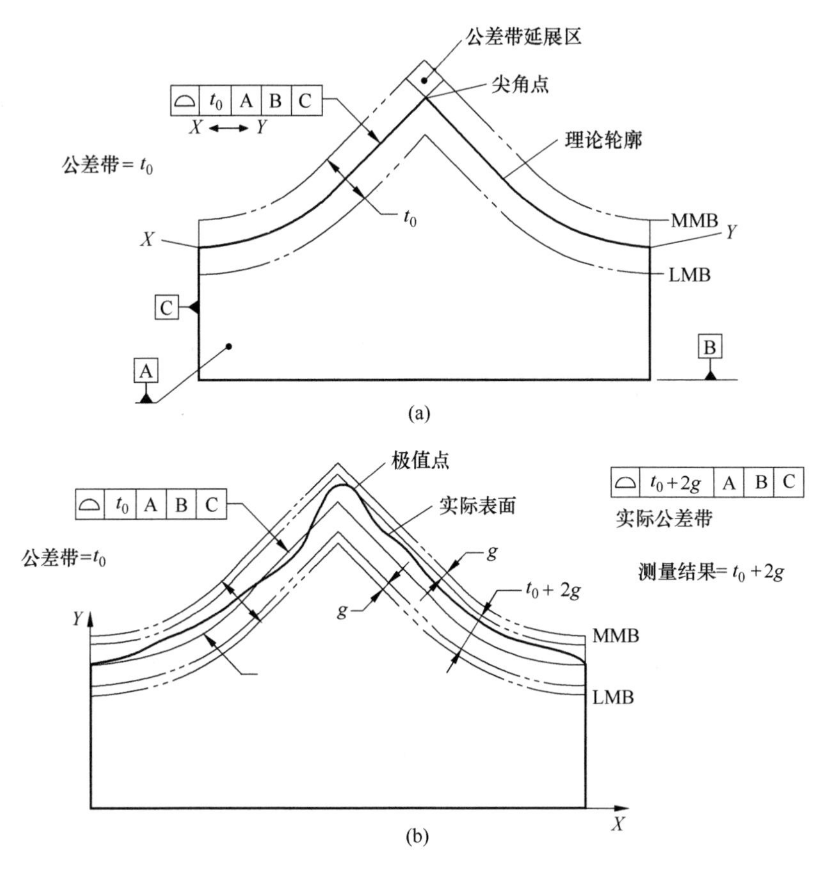

图 20-11　尖角的轮廓度控制

第21章 跳动控制

21.1 跳动介绍

跳动控制分为圆跳动和全跳动，跳动控制可以控制旋转特征，参考基准的实体材料修正必须是 RMB。跳动控制的主要功能是控制旋转特征的动平衡。

跳动控制的复杂性在于基准的设置，建立跳动控制的基准必须是功能性的，比如零件的旋转中心，或总成中的支撑跳动控制的装配特征。因为跳动控制要求零件必须是旋转状态的，因此公差带必须至少保留一个旋转自由度不被约束，这也需要基准的合理设置才能完成。

表 21-1 跳动公差和尺寸公差的关系

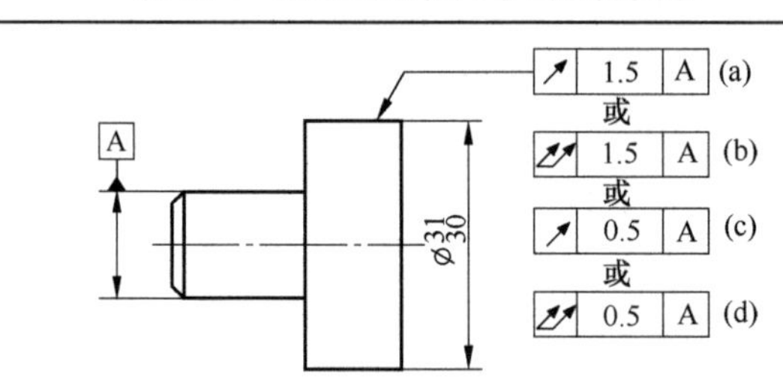

	(a)		(b)		(c)		(d)	
条件	尺寸公差	圆跳动公差	尺寸公差	全跳动公差	尺寸公差	圆跳动公差	尺寸公差	全跳动公差
定位线元素		√		√		√		√
定位整个表面				√				√
圆度	√		√			√		√
圆柱度	√		√		√			√
直线度	√		√		√			√

跳动公差和尺寸公差选择是基于设计的要求，不存在跳动公差小于和大于尺寸公差的原则，相对较小的公差的控制方式，相当于对公差特征的形状控制。表 21-1 列出跳动控制和尺寸公差控制的相互关系。

21.2　跳动应用

联合基准可以提高轴类零件的刚性，所以在跳动控制中经常出现，联合基准可以是两个柱面特征（比如模拟轴承的安装），也可以是中心孔（机加工时的定位）。如图 21-1 所示是联合基准的应用 C-D，C 和 D 是轴两端的柱面。

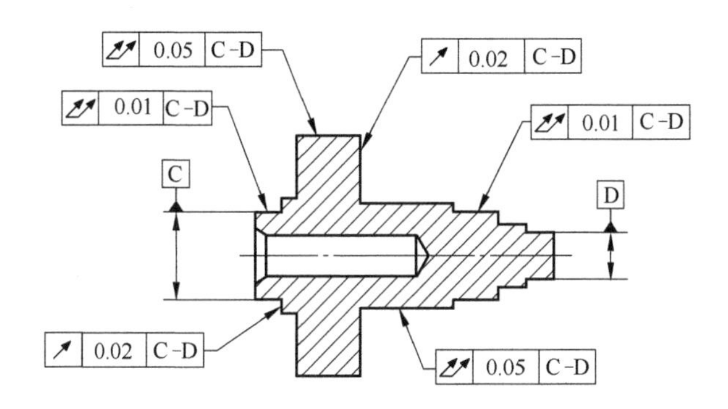

图 21-1　联合基准

图 21-2（a）所示的轴使用了柱面和平面作为基准，并且平面作为主基准的定义方法。这种定位方式下，短轴只剩下一个旋转自由度，因此短轴上的曲面位置精度和端面位置精度得到充分的定义。柱面 D 作为第二基准，模拟基准配合几何为相关 AME 包容边界。可以从（b）图看出，创建的跳动轴线与柱面 D 的不相关 AME 包容边界不重合。

图 21-3 所示是法兰轴跳动控制同圆柱度的组合应用。根据表 21-1 的说明，全

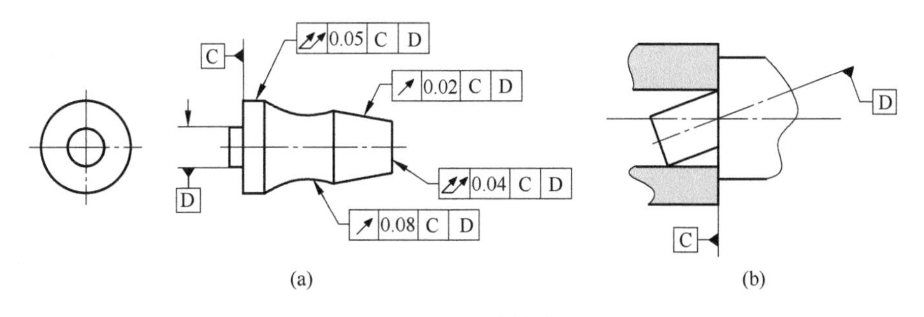

图 21-2　组合基准

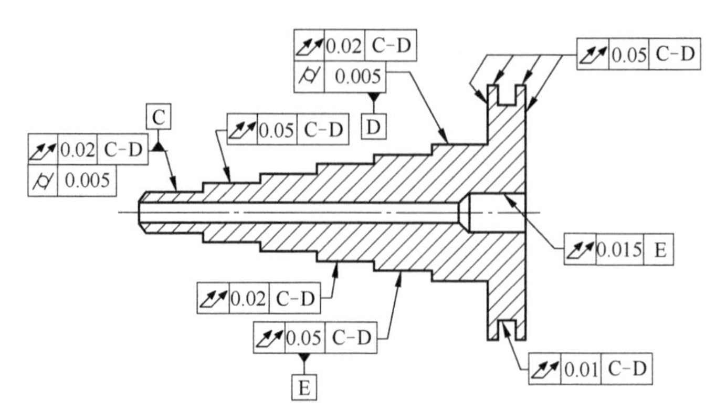

图 21-3 法兰轴跳动同圆柱度的组合应用

跳动定义了全柱面的位置（同轴），也控制了柱面表面的形状。法兰轴使用两个安装柱面作为联合基准 C-D 提高法兰轴的刚性，因为基准 C 和 D 柱面同时需要安装轴承，使用形状控制圆柱度进行精度更严的控制 0.005mm。柱面 C 和 D 相对于跳动基准轴线建立，位置偏差（同轴控制）控制在 0.02mm。使用联合基准 C-D 建立基准 E 轴线，法兰轴的中心孔同轴于基准 E 建立。

如图 21-4 所示，不同于之前的单个零件案例，使用零件的旋转轴设置为跳动的基准。这个总成定义的跳动控制使用总成的装配特征为基准。虽然装配基准 A 和 B 不是跳动旋转轴线，但是却约束了跳动轴线的位置和方向，进而控制了特征跳动公差带。

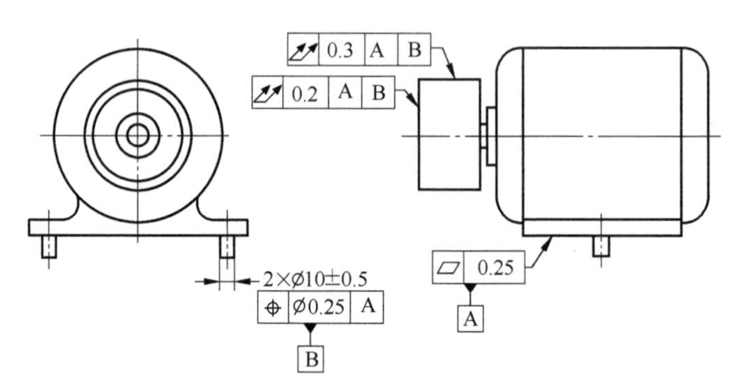

图 21-4 装配总成的跳动控制

第22章

GD&T 与铸造设计

22.1 铸件的 GD&T 设计

ASME Y14.8 的内容是关于铸件、锻造件和模制件的公差设计规则。铸件或锻造件需要后续加工，因此存在毛坯图、半成品图和加工成品图，同 ISO GPS 的铸件定义原则相同，这三类图纸可以分开标注，也可以合并标注，如图 22-1 所示。

图 22-1（a）中包含两个基准框架|A|B|C|和|D|E|F|。|A|B|C|基准框架是毛坯基准，|D|E|F|基准框架是加工成品基准。毛坯图纸上使用了双点画线标记了加工面的区域。

对于毛坯上的尺寸公差，默认精度为±0.8mm，在|A|B|C|毛坯基准建立的坐标系下测量。

其中标记为 3 号的尺寸是机加工后的尺寸，默认精度为±0.8mm，在|D|E|F|加工后的基准建立的坐标系下测量。

2 个 *d*18 的凸台保持毛坯状态，使用 0 位置度的 LMC 原则来保证最小铸造厚度。

凸台上 *d*9 的通孔是通过机加工实现，在 D、E、F 基准面加工后，建立|D|E|F|基准框架，然后加工。*d*9 的通孔使用 0 位置的 MMC 原则来保证位置精度，满足最大装配可能的公差。

图 22-1（b）是成品图，|A|B|C|是机加工后的基准框架。图纸上的尺寸公差都是按照|A|B|C|基准框架建立的坐标系进行测量。

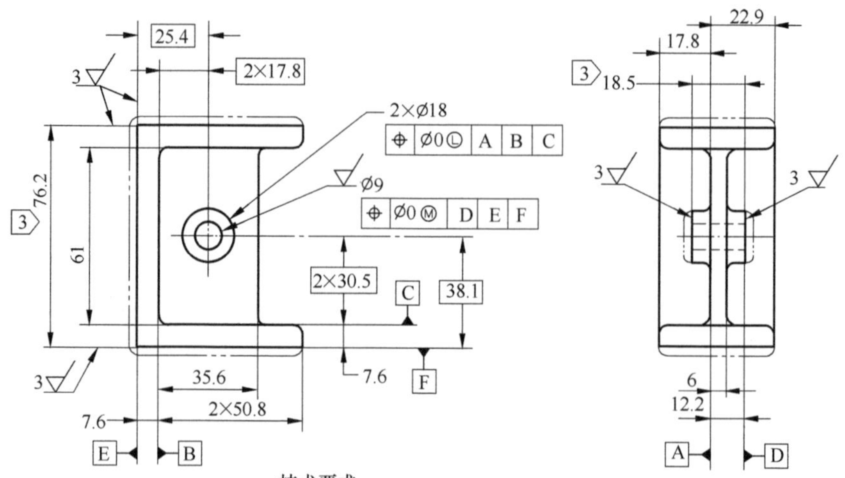

技术要求:

①尺寸公差相关与基准框架 ABC;
②一般公差±0.8;
③尺寸相关与基准 DEF。

(a) 毛坯和成品的组合图

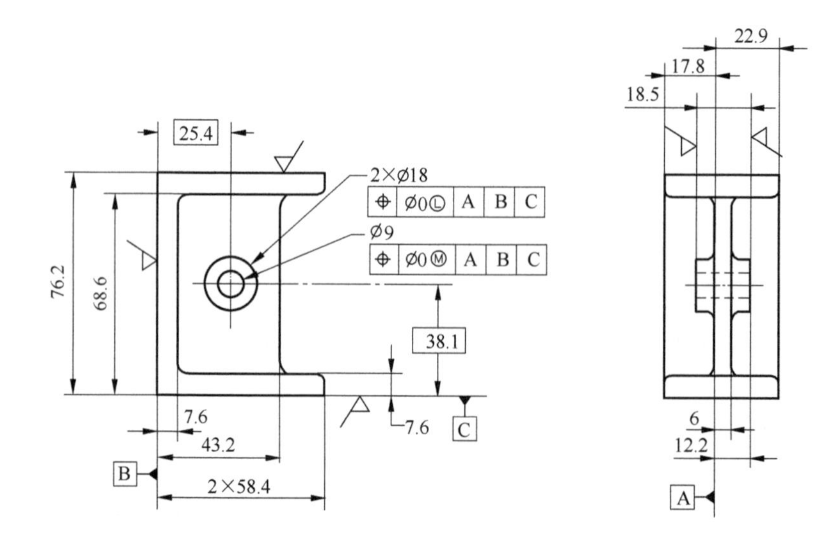

技术要求:

①尺寸公差相关与基准框架 ABC;
②一般公差±0.8;
③ √ = 3√ 1.6/0.8 。

(b) 单独的成品图

图 22-1 GD&T 的铸件和成品图纸

22.2　GD&T 的铸件术语和解释

GD&T 的铸件术语和解释见图 22-2～图 22-10。

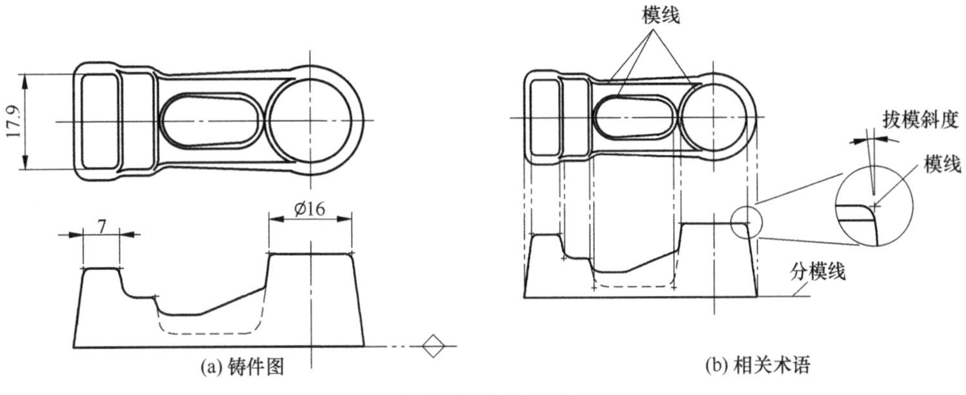

图 22-2　铸件术语

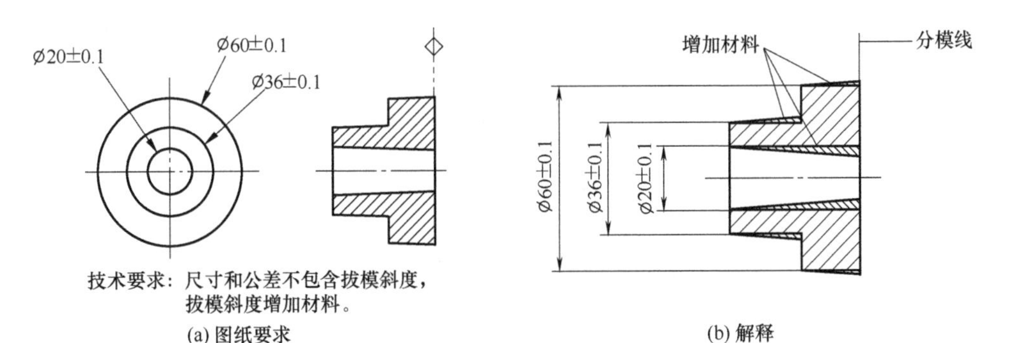

图 22-3　拔模斜度增加材料

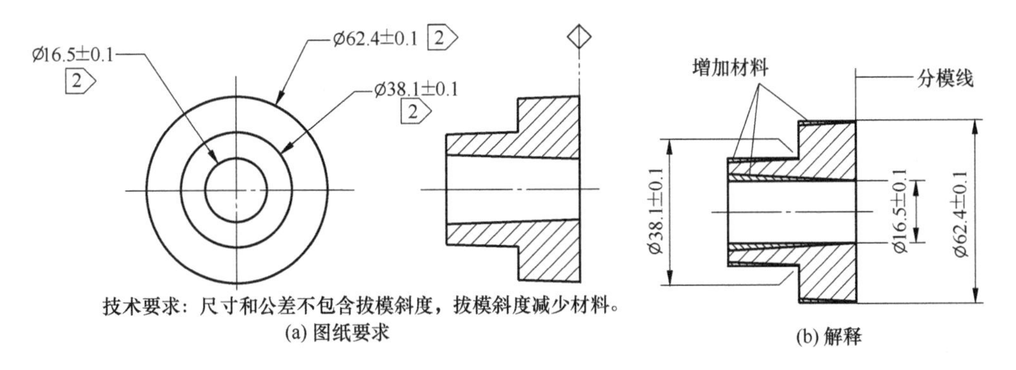

图 22-4　拔模斜度减少材料

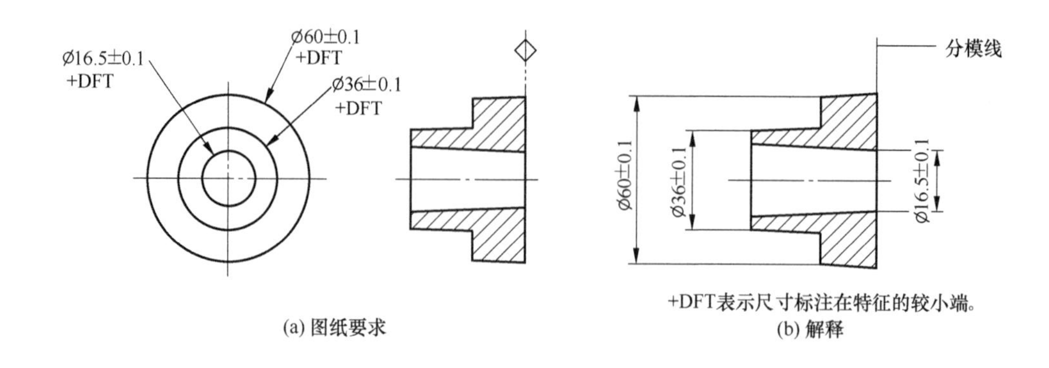

图 22-5 “+DFT”修正符号

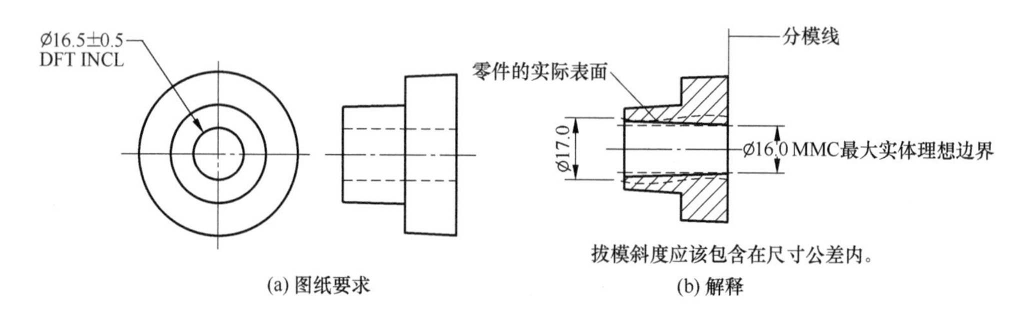

图 22-6 “DFT INCL”拔模斜度包含于尺寸公差带内

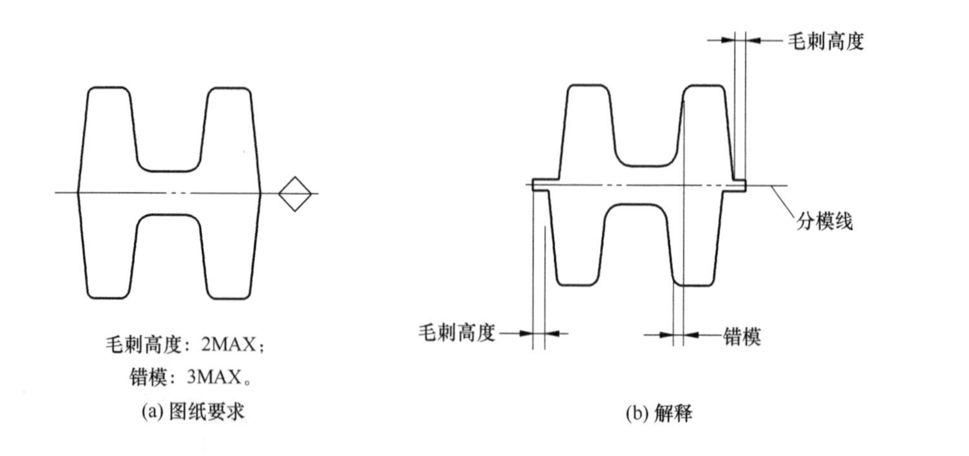

图 22-7 错模和毛刺

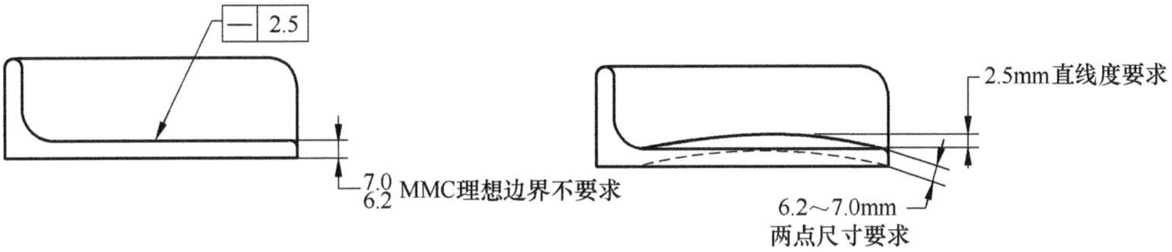

— 2.5

7.0
6.2 MMC理想边界不要求

(a) 图纸要求

2.5mm直线度要求

6.2～7.0mm
两点尺寸要求

(b) 解释

注意：

① 默认情况下尺寸公差遵循包容原则，形状公差（如直线度）不能大于尺寸公差；
② 如果免除包容原则，需要在尺寸公差附近注明 MMC 理想边界不要求；
③ 零件底面的任意截面两点尺寸在 6.2～7.0mm 内即为合格；
④ 零件底面在独立原则下最大高度为 9.5mm。

图 22-8　包容原则要求

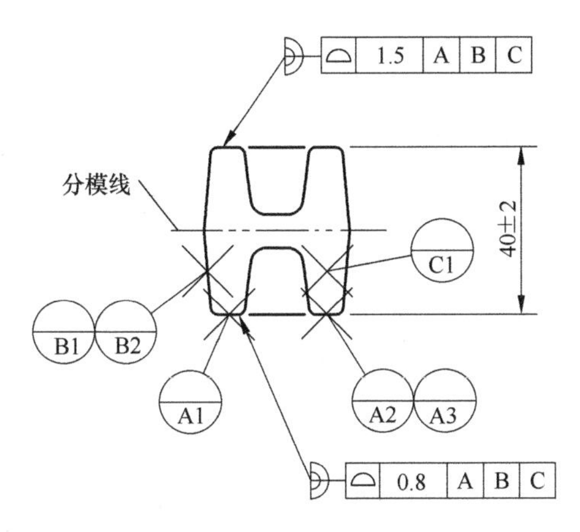

注意：

① 轮廓度 1.5 要求的是分模线上侧所有几何特征；
② 轮廓度 0.8 要求的是分模线下侧所有几何特征；
③ 40±2 尺寸公差按照基准框架 | A | B | C | 创建的坐标系测量；
④ 铸件使用的是基准目标点。

图 22-9　铸件一般公差要求

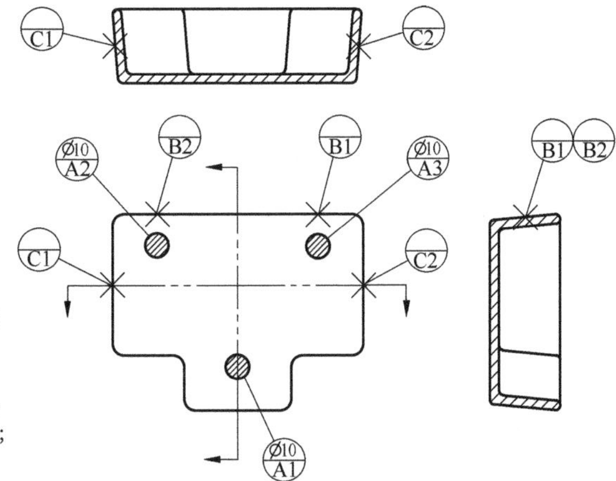

注意：

① **铸件使用基准目标面**d10mm**和基准目标点建立基准框架；**

②**名义尺寸参考3D数模；**

③**一般公差要求** | 0.8 | A | B | C |；

④ **壁厚要求：**4±0.2。

图 22-10

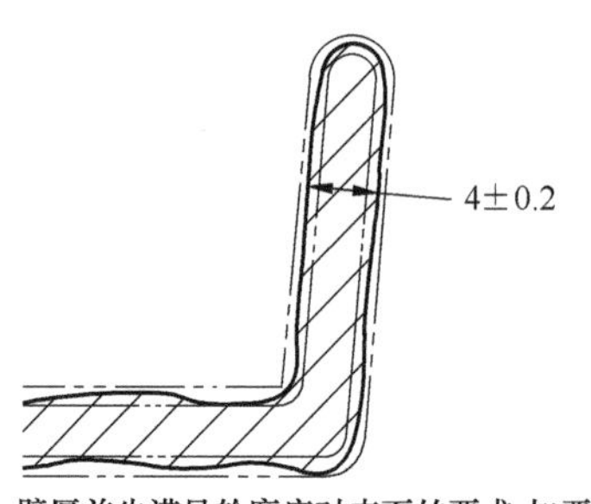

壁厚首先满足轮廓度对表面的要求,加严要求限制壁厚的每个截面的尺寸在3.8～4.2mm之间变化。

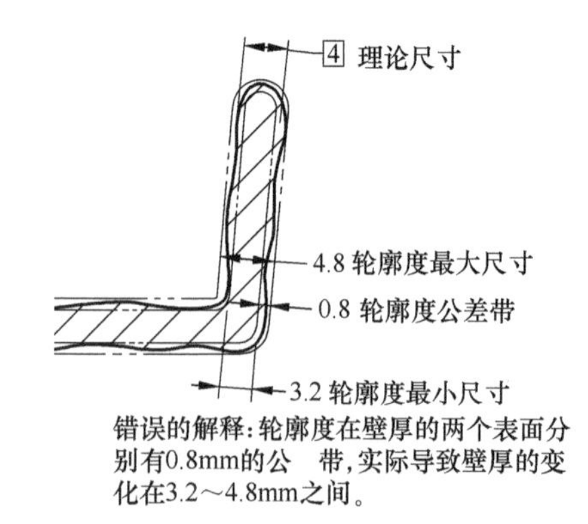

错误的解释:轮廓度在壁厚的两个表面分别有0.8mm的公 带,实际导致壁厚的变化在3.2～4.8mm之间。

图 22-10 铸件壁厚与轮廓度要求

22.3 铸件的基准参考

铸件的基准参考见图 22-11、图 22-12。

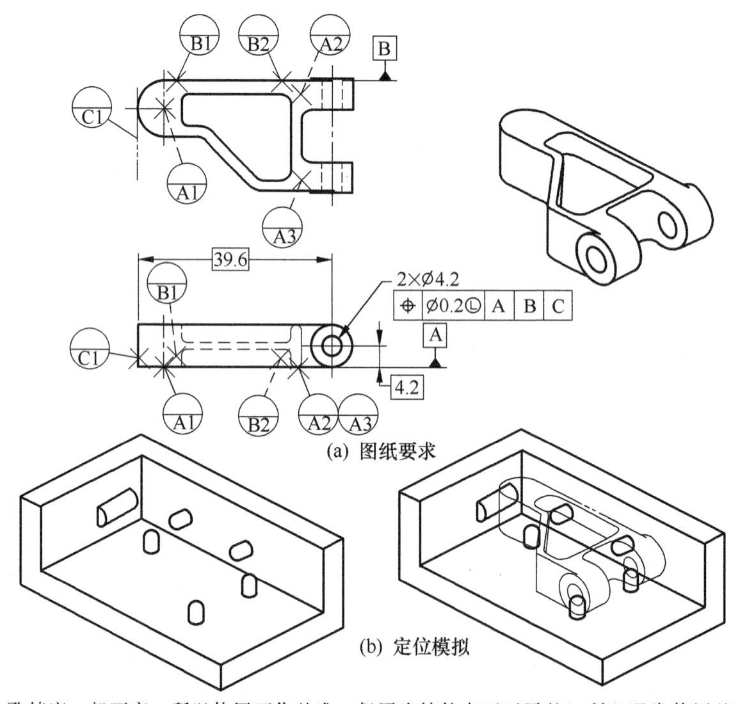

注意:

① 铸造孔精度一般不高，所以使用面作基准，但因为铸件表面不平整，所以通常使用基准目标（点、线或面接触）来稳定零件定位；

② 基准目标应该选择在尺寸稳定、平整和铸造工艺性好的结构表面；

③ 为了保证足够的加工余量，铸件通常使用 LMC 原则修正；

④ 基准设置要满足 3-2-1 原则，充分约束零件的自由度。

图 22-11 铸件的基准要求

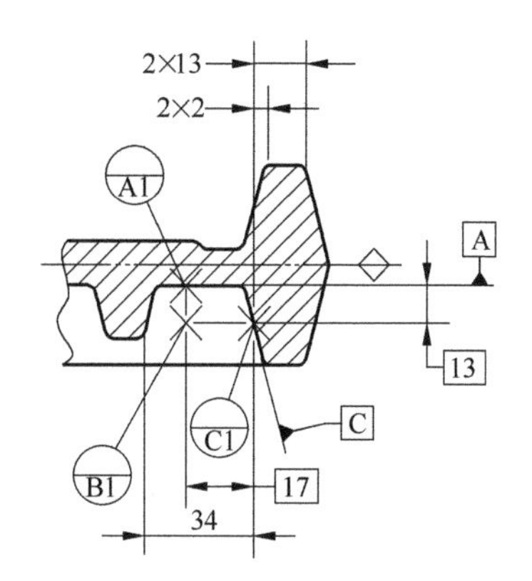

注意：

①基准目标尽量布置在同一个模腔中；

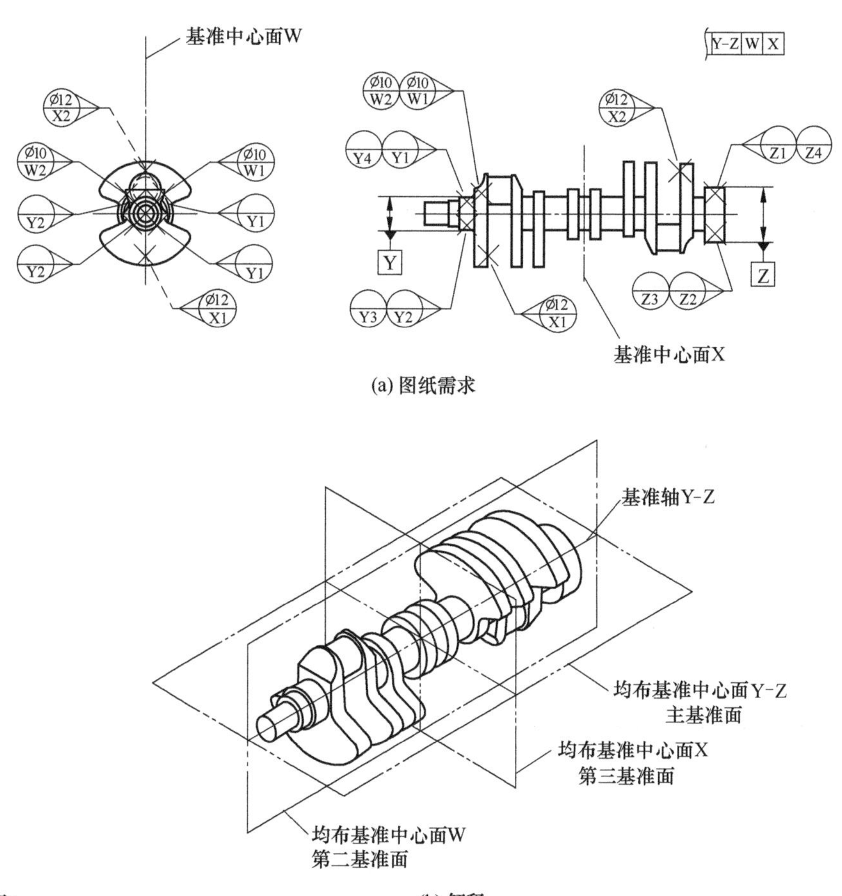

(a) 图纸需求

注意：

(b) 解释

②对于均匀布置的基准方案，可以考虑延伸基准到不同模腔；

图 22-12

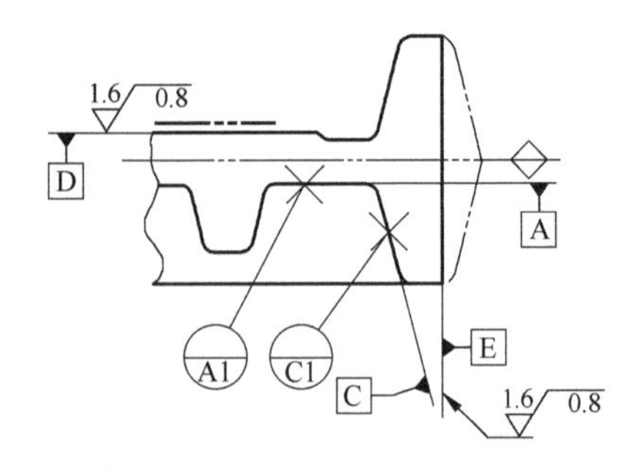

注意：

③对于需要切削的相对面建立对应的基准支撑；

④对于那些后续不会被加工去除的零件特征；

⑤对于那些不会受到工艺变差影响的特征(如分型面)；

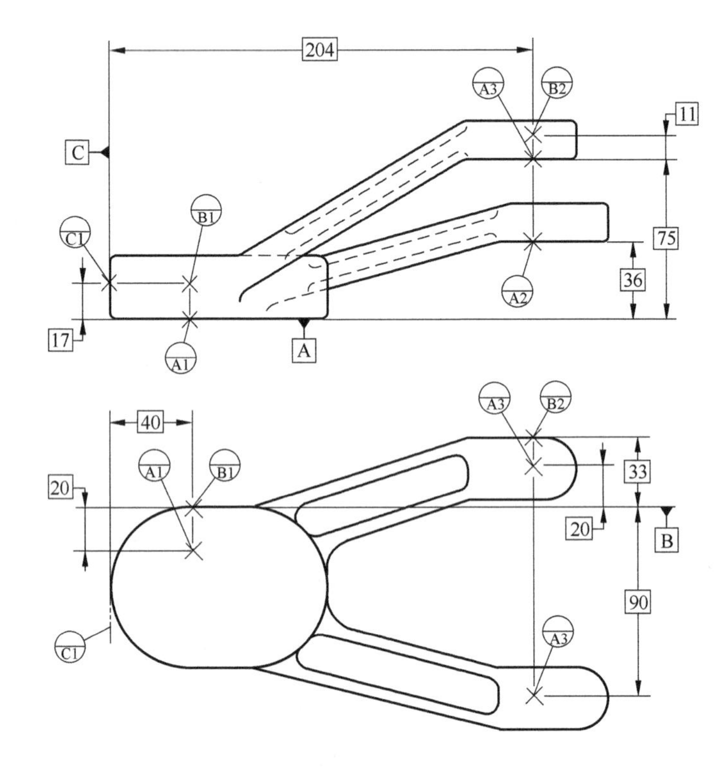

注意：

⑥对于那些不共面的特征，能产生基准面互相错位的情况；

⑦对于那些满足加工和功能要求有足够空间的位置。

图 22-12 基准目标选择位置

如图 22-13 所示，加工基准应该基于铸造、锻造或模制件的毛坯基准建立，毛坯基准应该在加工图纸上保留。

图中的零件的毛坯基准框架为 | Z | Y | X |，是机加工基准框架 | A | B Ⓜ | C Ⓜ | 的前

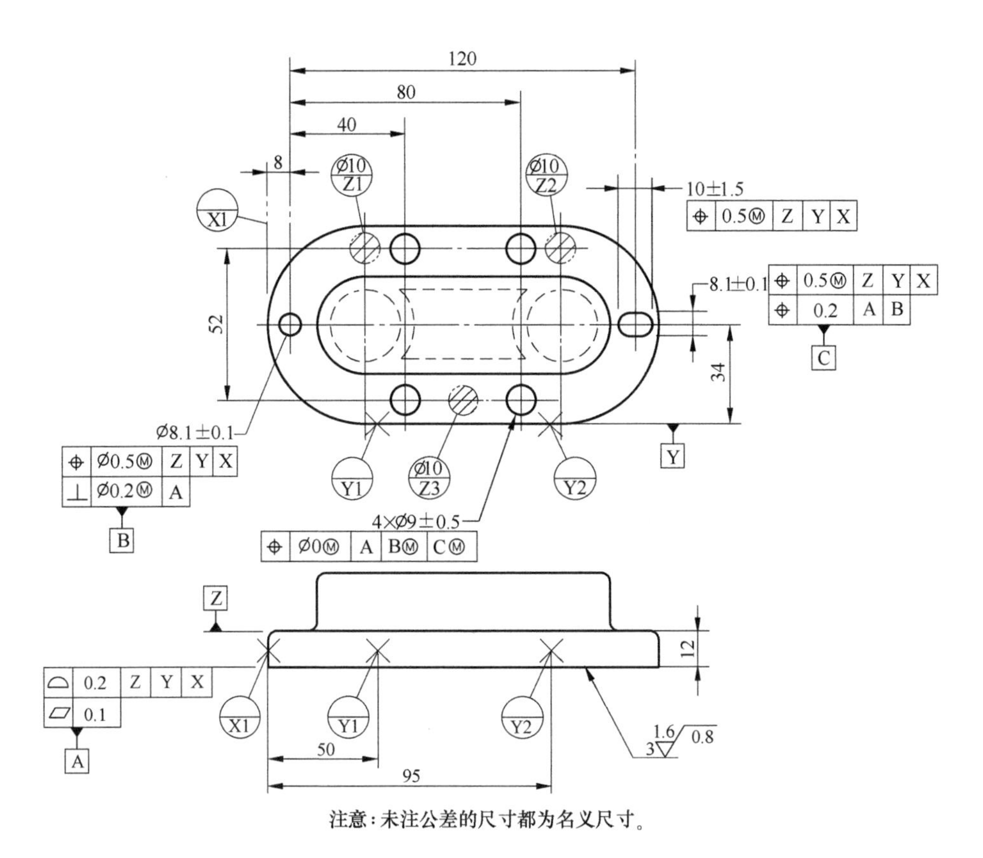

图 22-13 铸件的基准和加工基准

序基准。

根据 3-2-1 原则建立 [Z Y X] 基准框架，主基准由三个 d10 支撑面（Z1～Z3）组成，第二基准面由两个 Y1、Y2 支撑点组成，第三基准面由 X1 组成。

Z 基准设置在加工主基准面 A 的相对面，A 基准面的第一行几何公差控制框 [⌓ 0.2 Z Y X] 定义了基准 A 面的位置，Z 和 A 之间的名义尺寸为 12mm，所以相当于基准 A 的位置为 12±0.1。轮廓度的公差带包含了 A 基准表面平面度最大可达 0.2mm，而第二行平面度公差带 [▱ 0.1]，加严要求 A 基准表面的形状在 0.1mm 之内。

加工基准 A 的公差带分布见图 22-14。

对于加工的第二基准孔 B 的尺寸公差要求 d8.1±0.1，因为使用的是位置度定义，不适用公差原则 1# 的包容原则，只要每个截面的尺寸在 d8.0～d8.2mm 之内就是合格。基准孔 B 的第一行几何公差控制框使用了位置度定义：

[⊕ Ø0.5Ⓜ Z Y X]。毛坯在基准框架下定位了基准孔 B 的位置，当 MMC 尺寸为 ϕ8.0mm 时对应的位置度为 ϕ0.5mm，当 LMC 尺寸为 ϕ8.2mm 时对应的位置度为 ϕ0.7mm。

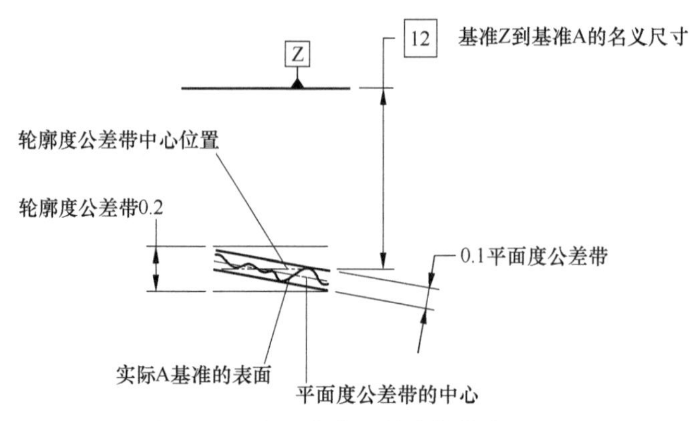

图 22-14 加工基准 A 的公差带分布

为了保证加工基准的精度，第二行要求 B 基准孔垂直于 A 基准建立，[⊥|∅0.2Ⓜ|A]。在满足第一行位置度的要求下，还要满足垂直度的要求。当 MMC 尺寸为 d8.0mm 时对应的位置度为 d0.2mm，当 LMC 尺寸为 d8.2mm 时对应的位置度为 d0.4mm。如图 22-15 所示，基准孔 B 定位在垂直于 Z，公差带中心位置距离 X 基准 8mm、Y 基准 34mm。而垂直度公差带垂直于 A 基准建立，但公差带中心位置没有要求，图中两个公差带相交部分为有效公差带。

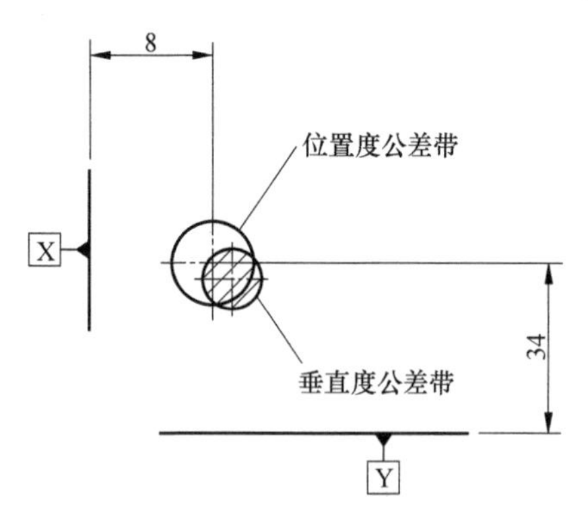

图 22-15 基准 B 的公差带要求

C 基准为长圆孔，非规则尺寸特征，因此公差带形状不能是柱面公差带，定位使用的是长圆孔的宽度方向。ϕ8.1±0.1 的几何公差控制框为位置度，适用包容原则，测量时保证每个截面尺寸在 8.0～8.2mm 之间，且能通过 ϕ8.0 的通规，即为合格。

同 B 基准的建立相同，第一行公差控制框使用毛坯基准框架先定位 C 基准的位置[⌖|∅0.5Ⓜ|Z|Y|X]。当 MMC 尺寸为 8.0mm 时对应的位置度为 0.5mm 平行面公差带，当 LMC 尺寸为 8.2mm 时对应的位置度为 0.7mm 平行面公差带。

第二行公差控制框使用加工基准框架加严定位 C 基准的位置[⌖|0.2|A|B]，当 MMC 尺寸为 8.0mm 时对应的位置度为 0.2mm 平行面公差带，当 LMC 尺寸为 8.2mm 时对应的位置度仍为 0.2mm 平行面公差带。使用 RFS 修正公差带，公差带为常量 0.2mm 平行面，此时位置度只能使用数值型测量仪器测量（如三坐标等）。

至此建立了完整的 2 孔 1 面的工装定位方式的基准框架[|A|BⓂ|CⓂ]。

加工用工装定位设置见图 22-16。

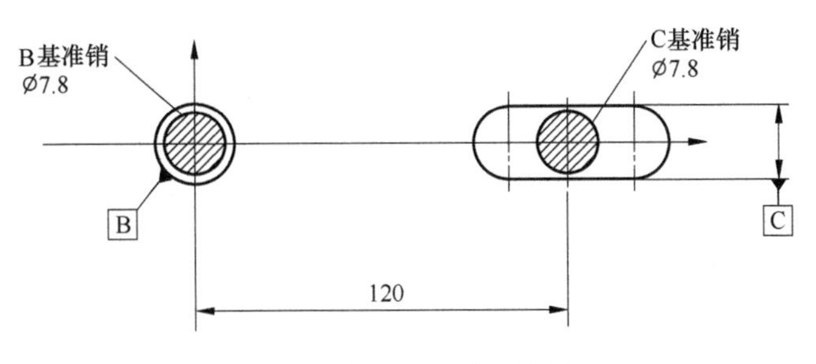

图 22-16　加工用工装定位设置

在加工工装定位基准框架 |A|BⓂ|CⓂ| 下，进一步定位 4 个阵列孔的位置：

4×ϕ9±0.5

|⌖|Ø0Ⓜ|A|BⓂ|CⓂ|

公差控制框使用了 MMC 修正的零位置度公差，当孔在 MMC 尺寸为 ϕ8.5mm 时对应的位置度为 ϕ0mm，当 LMC 尺寸为 ϕ9.5mm 时对应的位置度为 ϕ1mm。测量时应注意基准 B 和 C 的浮动补偿。

图 22-17 使用的是加工中心孔建立的基准框架，联合基准 |A-B| 设计时应该考虑零件的重心和质量分配均匀。对于锻造毛坯的位置度公差使用 LMC 修正。

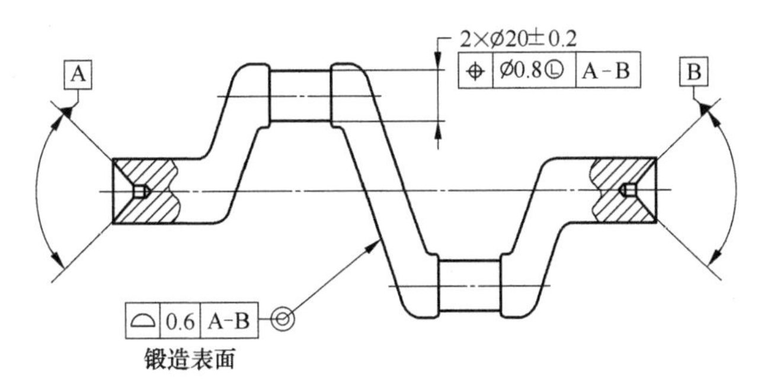

图 22-17　加工中心孔建立基准

参 考 标 准

ISO 8015
ISO 1101
ISO 14405
ISO 2692
ISO 8062
ISO 10579
ISO 16792
ASME Y14. 5
ASME Y14. 41